5G 增强技术丛书

5G终端节能技术

潘学明 沈晓冬 陈力 姜大洁 vivo通信研究院◎编著

Power Saving Technologies for 5G Terminals

人 民 邮 电 出 版 社
北 京

图书在版编目（CIP）数据

5G终端节能技术 / 潘学明等编著. -- 北京 : 人民邮电出版社, 2022.12
（5G增强技术丛书）
ISBN 978-7-115-59851-6

Ⅰ. ①5… Ⅱ. ①潘… Ⅲ. ①第五代移动通信系统－终端设备－节能 Ⅳ. ①TN929.53②TK018

中国版本图书馆CIP数据核字(2022)第148091号

内 容 提 要

5G 三大场景——增强型移动宽带（eMBB）、大连接物联网（mMTC）、超可靠低时延通信（URLLC），都对终端功耗有明确的需求。本书系统地介绍了 5G 系统重要的终端节能技术，并展望后续 B5G 系统终端节能的演进技术。本书共分 6 章，包括 5G 需求和标准化进展、5G 终端功耗面临的挑战和节能技术概述、终端功耗评估方法和模型、空闲态/非激活态终端节能技术、连接态终端节能技术、5G-Advanced 终端节能技术展望等内容。

本书适合移动通信领域的技术研究人员、标准化人员，以及高校通信工程专业的本科生、研究生和其他通信技术爱好者阅读。

◆ 编　　著　潘学明　沈晓冬　陈　力　姜大洁
　　　　　　vivo 通信研究院
责任编辑　李　强　康　荣
责任印制　马振武
◆ 人民邮电出版社出版发行　　北京市丰台区成寿寺路 11 号
邮编　100164　　电子邮件　315@ptpress.com.cn
网址　https://www.ptpress.com.cn
固安县铭成印刷有限公司印刷
◆ 开本：787×1092　1/16
印张：13.25　　　2022 年 12 月第 1 版
字数：260 千字　　　2022 年 12 月河北第 1 次印刷

定价：99.80 元

读者服务热线：(010)81055493　印装质量热线：(010)81055316
反盗版热线：(010)81055315
广告经营许可证：京东市监广登字 20170147 号

前言

全球标准化组织第三代合作伙伴计划（3rd Generation Partnership Project，3GPP）分别在 2017 年 12 月和 2018 年 6 月发布了 5G NR Rel-15 的非独立（NSA，Non-standalone）组网标准和独立（SA，Standalone）组网标准。此后，5G 在全球范围内开始大规模部署。全球移动供应商协会（GSA）的报告显示，截至 2021 年 8 月，全球共有 72 个国家/地区的 176 家运营商推出了基于 3GPP 标准的 5G 网络服务。我国工业和信息化部发布的数据显示，截至 2021 年年底，我国累计建成 5G 基站达 142.5 万个，占全球已部署 5G 基站数量的 70%以上。我国的 5G 网络已覆盖全国所有的地级市，以及 98%以上的县城城区和 80%的乡镇镇区。

5G 商用终端数量也大幅增加。根据 GSA 的数据，全球已发布超过 360 款 5G 终端，已上市商用的 5G 终端超过 160 款。5G 终端类型呈现多样化的特点，如普通消费者使用的智能手机、智能手表、笔记本电脑、智能眼镜、智能家电等；工业场景中使用的智能机器人、无人机、车载模块和自动售货机等；医疗场景中使用的智能医疗设备等。

与 4G 系统相比，5G 系统支持更高的速率、更低的时延、更高的可靠性、更高的终端发射功率和更强的上行覆盖能力，同时伴随着终端功耗的明显增加，电池续航问题成为 5G 商用的痛点之一。因此，产业界一直在研究降低终端功耗的标准化方案和产品实现方案，以提升终端的续航时间。在 3GPP Rel-16/Rel-17 的 5G 增强技术中，终端功耗的优化作为一个重要的技术方向，受到了高度关注。在 3GPP Rel-18（又称为 5G-Advanced）中，仍会对终端功耗进行优化。

本书对 4G 系统中的节能技术进行了回顾，并在此基础上系统地介绍了 5G 系统已有的重要终端节能技术，包括在 Rel-15、Rel-16 中已经标准化的技术，以及为了实现标准化而讨论的 Rel-17 终端节能技术。本书也对后续 5G-Advanced 终端节能技术的潜在演进方向进行了探讨。为使读者能够全面了解 5G 终端节能技术，本书不仅对技术原理、标准化方案进行了介绍，还提供了较为翔实的性能评估结果。

本书由 vivo 通信研究院专家团队编写，其中的主要作者代表 vivo 主导了 5G 终端节能多项相关技术特性的研究和标准化，他们拥有丰富的理论和实践经验。

5G 标准化研究是一个持续演进和迭代的过程，部分技术特别是 Rel-17 技术在本书完成编写时还处于标准制定过程中，并且 5G-Advanced 还未正式启动，因此，相关内容仅代表作者的观点，与最终完成的标准特性可能存在偏差。由于作者的知识水平有限，书中难免存在不准确、不完善之处，敬请广大读者批评指正。

编者

目录

第1章

5G需求和标准化进展

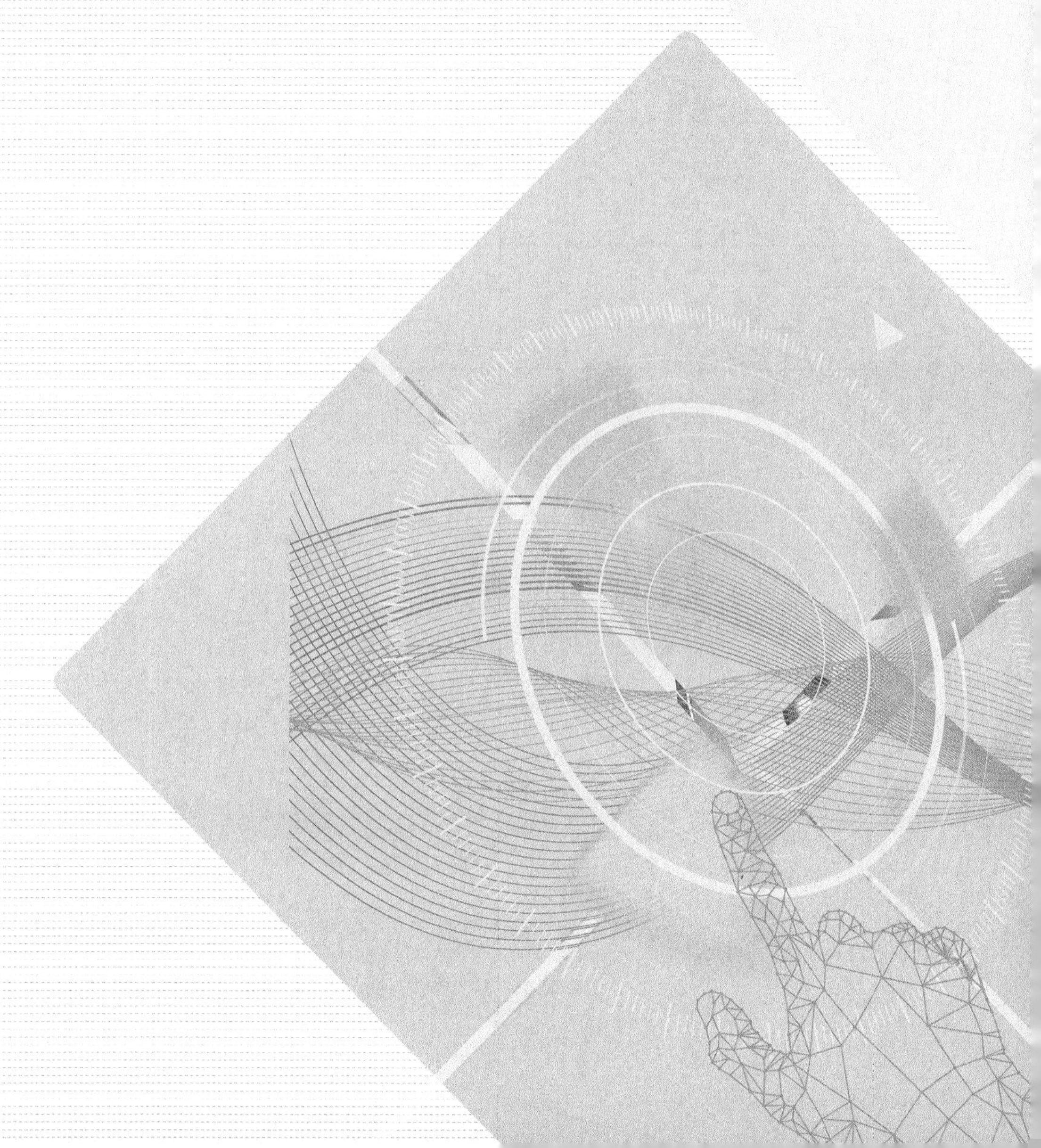

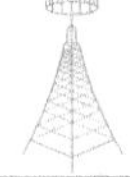

1.1 5G愿景和需求

2015年9月，国际电信联盟（ITU）发布ITU-R M.2083-0《IMT愿景–2020年及之后IMT未来发展的框架和总体目标》建议书（09/2015）（以下简称“建议书”），给出了面向2020年及以后的IMT未来发展框架和目标，正式将5G命名为“IMT-2020”。建议书提出了IMT-2020通信系统应具备的8项核心性能指标及与IMT-Advanced（4G）相比IMT-2020（5G）的性能提升目标，如表1.1和图1.1所示。

表1.1　IMT-2020（5G）关键技术指标

关键指标	数值	与IMT-Advanced（4G）性能对比
峰值速率	20 Gbit/s	20倍
用户体验速率	100 Mbit/s	10倍
时延	1 ms	10%
移动性	500 km/h	1.4倍
连接数密度	10^6/km^2	10倍
能耗效率	—	100倍
频谱效率	—	3倍
区域吞吐量	10 Mbit/（s·m^2）	100倍

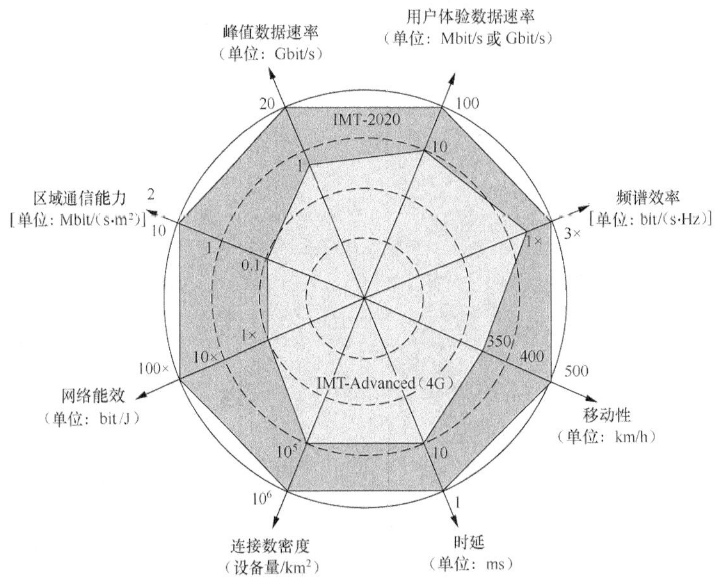

图1.1　IMT-2020（5G）与IMT-Advanced（4G）的性能对比

通过表1.1和图1.1可以看到，相比4G系统，5G的通信传输能力大幅度提升，实现了高速率、大带宽、低时延、高可靠性。这些通信性能的提升伴随着通信功耗的增加，因此，ITU IMT-2020首次将能耗效率（能效）作为5G通信系统的核心性能指标之一提出来，其中能效包括以下两个方面。

（1）对于通信网络：能效指无线接入网络（WAN，Wireless Access Network）的单位能耗所支持的发送或接收的信息比特数量（单位：bit/J）。

（2）对于通信终端：能效指终端通信模块单位能耗所支持发送或接收的信息比特数量（单位：bit/J）。

IMT-2020还将电池续航时间（Battery Life）作为终端能效的重要指标之一，提出机器类通信设备的电池续航时间在10年以上的目标。

建议书还提出了5G的三大应用场景，如图1.2所示，包括增强型移动宽带（eMBB，Enhanced Mobile Broadband）、大连接物联网（mMTC，Massive Machine Type Communication）、低时延高可靠通信（URLLC，Ultra-reliable and Low Latency Communication）。其中eMBB和mMTC具有较高的能效目标。

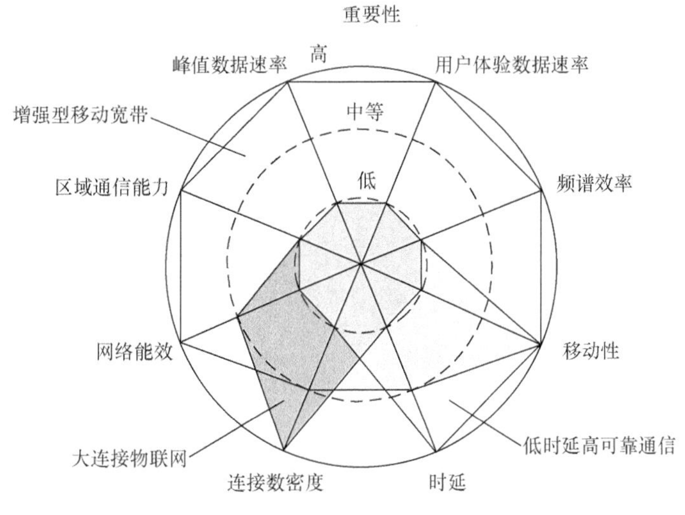

图1.2　5G三大应用场景

中国的5G需求研究走在世界的前列，早在2014年5月，中国IMT-2020（5G）推进组就发布了《5G愿景与需求白皮书》，其中详细阐述了中国在5G愿景、业务趋势、应用场景和关键技术能力等方面的核心观点，提出了表征5G关键能力的“5G之花”（如图1.3所示），以及5G的能效指标。

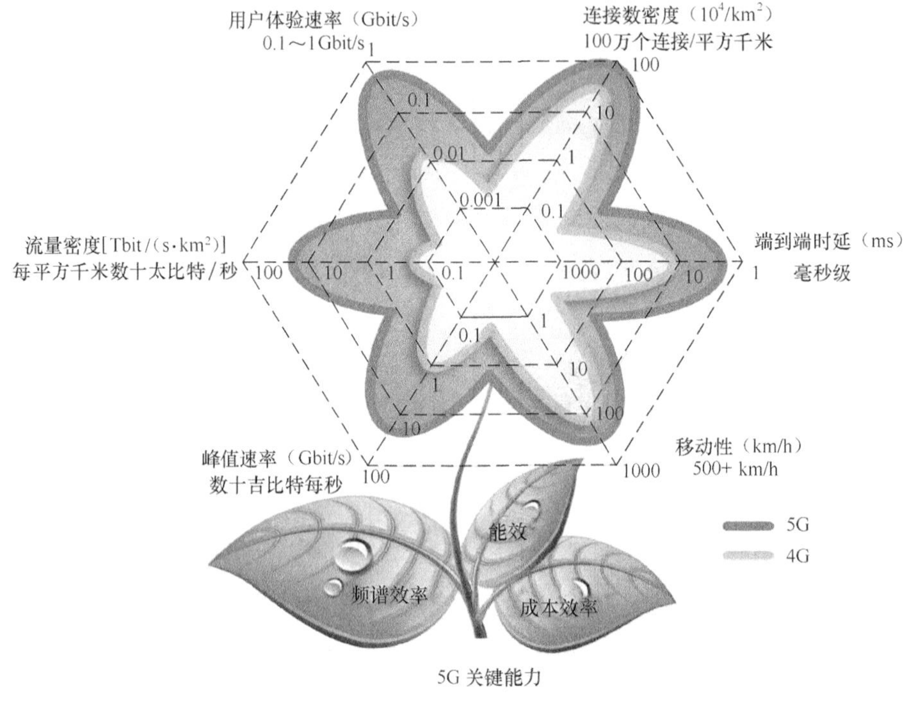

图1.3 “5G之花”

全球移动运营商组织NGMN（Next Generation Mobile Networks）在其2015年2月发布的*NGMN 5G White Paper*中提出，能效是5G网络的核心指标之一，5G网络应具有千倍的能效提升，并提出5G系统应为运营商提供灵活性，使得网络在能效和性能之间达到平衡。

基于上述介绍可知，全球各个标准化组织都十分重视5G通信的功耗性能，5G终端功耗的持续优化是一个重要的技术方向。

1.2 5G标准化进展

目前3GPP已经完成了5G NR 3个版本标准化工作，即Rel-15、Rel-16和Rel-17。3GPP RAN 5G NR的标准化进程如图1.4所示，其中主要的里程碑如下。

（1）2015年9月在美国凤凰城召开3GPP RAN 5G Workshop，标志着3GPP RAN正式启动5G NR标准化研究工作。

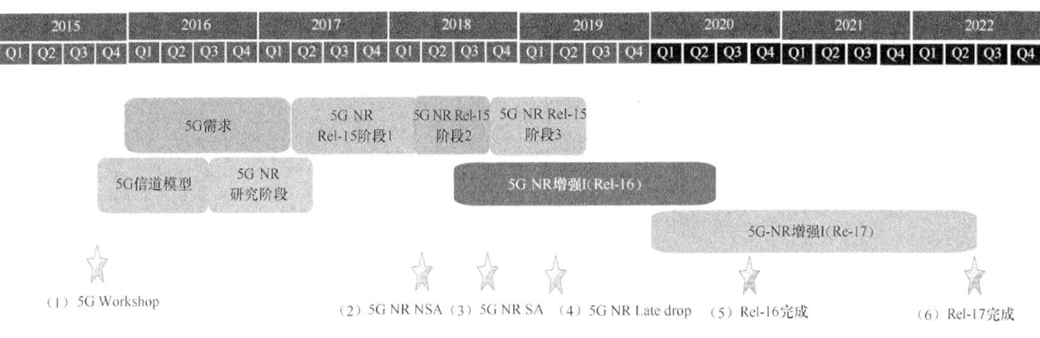

图1.4　3GPP RAN 5G NR标准化进程

（2）5G NR研究阶段：此阶段主要进行5G信道模型、5G需求和5G NR技术研究3项工作内容，研究阶段于2015年第4季度开始，于2017年第1季度基本结束。

（3）5G NR标准化阶段：于2017年第2季度开始，在此阶段完成5G NR第一个版本Rel-15的标准化工作。为了支持运营商的差异化部署需求和时间计划，5G NR Rel-15标准化阶段又进一步分为以下3个阶段。

① 5G NR Rel-15 阶段1：又称Early drop，于2018年3月完成ASN.1冻结。5G NR Rel-15阶段1主要支持5G NR NSA场景，即5G基站连接4G核心网，4G基站为主站，5G基站为辅站，又称为增强的双连接（EN-DC，Enhanced Dual-Connectivity），对应5G网络架构Option 3/3a/3x，如图1.5所示。

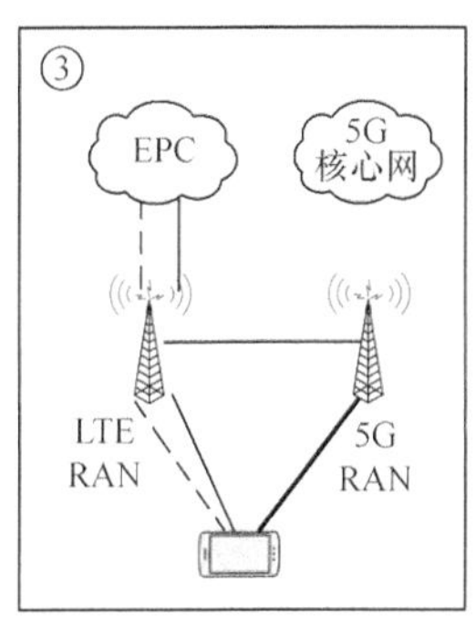

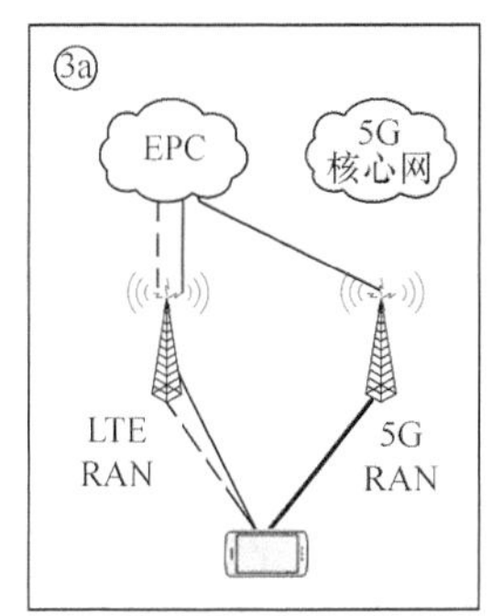

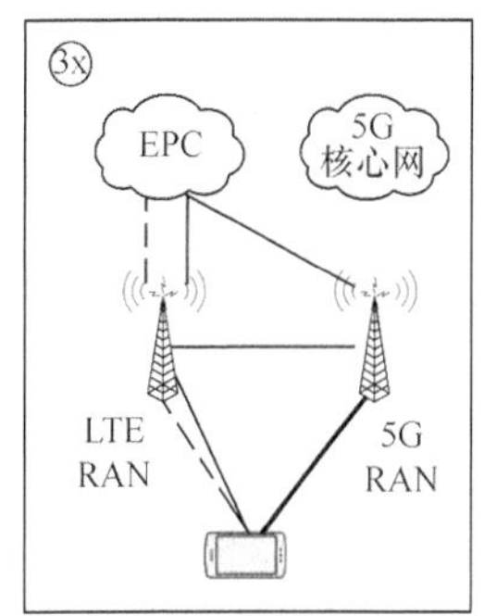

图1.5　5G Rel-15阶段1支持的NSA架构（Option 3/3a/3x）

② 5G NR Rel-15 阶段2：主要支持5G NR SA场景，即5G基站直接连接5G核心网，对应5G网络架构Option 2，如图1.6所示。5G NR Rel-15 阶段2于2018年9月完成ASN.1的冻结。

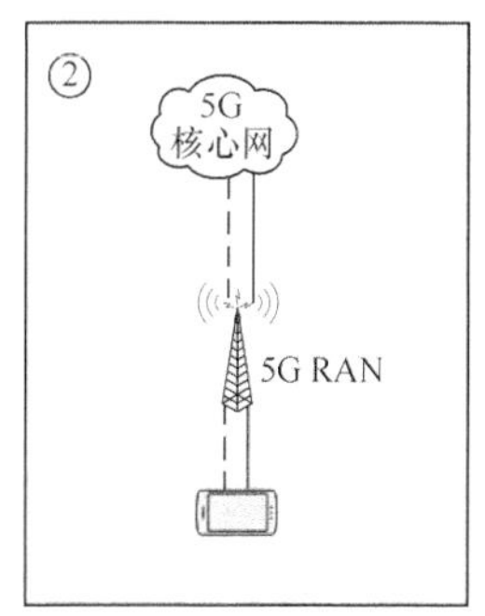

图1.6　5G SA架构（Option 2）

③ 5G NR Rel-15 阶段3：又称Late drop，于2019年6月完成ASN.1的冻结。Late drop主要支持另外两种NSA组网模式，如下。

- NE-DC网络架构：5G基站作为主站连接5G核心网、

4G基站作为辅站，对应5G网络架构Option 4/4a，如图1.7所示。

- NG-EN-DC网络架构：4G基站作为主站连接5G核心网、5G基站作为辅站，对应5G网络架构Option 7/7a/7x，如图1.8所示。

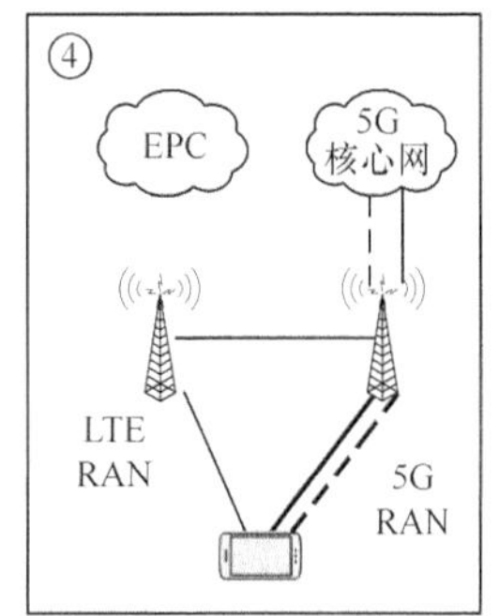

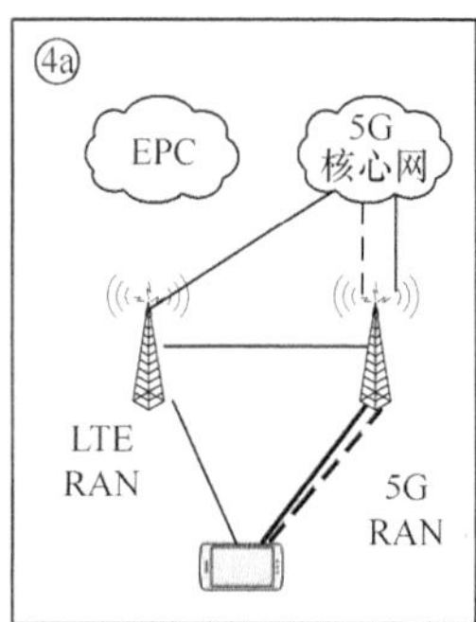

图1.7　5G NE-DC网络架构（Option 4/4a）

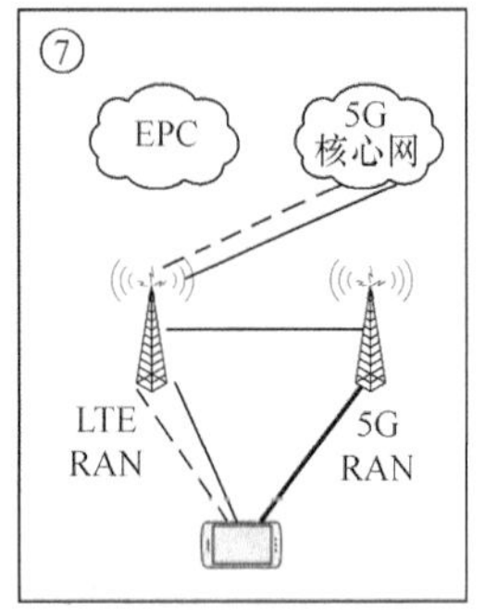

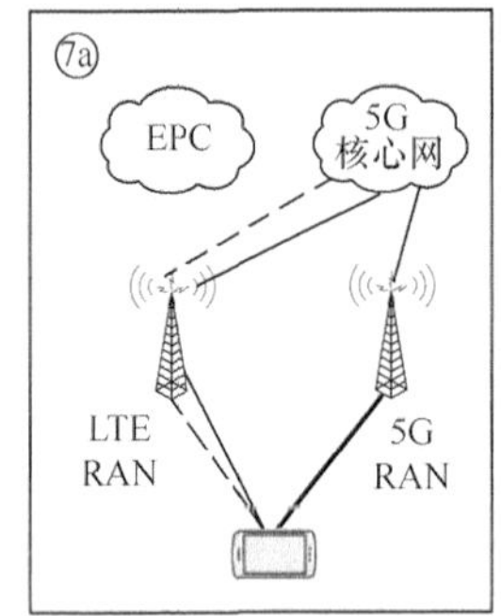

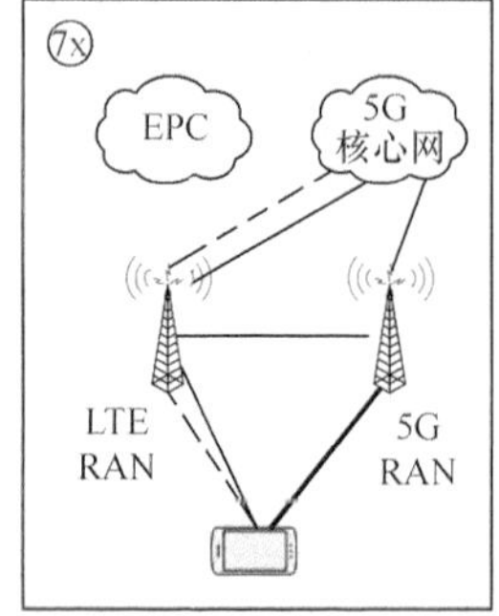

图1.8　5G NG-EN-DC网络架构（Option 7/7a/7x）

（4）5G NR Rel-16阶段：Rel-16为5G NR的第一个增强版本，其中除了eMBB的速率、频谱效率、时延、功耗等性能有所增强外，3GPP RAN开始向垂直行业拓展，如URLLC/工业物联网（IIoT，Industrial IoT）、车用无线通信（V2X，Vehicle to Everything）等。Rel-16的研究工作从2018年6月开始，2020年6月完成ASN.1的冻结。

（5）5G NR Rel-17阶段：3GPP RAN沿着eMBB增强和垂直行业拓展两条主线继续演进。其中垂直行业领域进一步拓展低能力IoT终端、非地面网络、广播多播业务、扩展现实（XR，Extended Reality）业务等；eMBB则在新频谱，提升速率、吞吐量、频率效率，扩展覆盖，降低功耗等方面继续增强。Rel-17的工作从2020年第1季度启动，受疫情影响，Rel-17成为3GPP第一个全程通过线上会议完成的标准化版本，Rel-17版本在2022年2季度完成ASN.1冻结。

表1.2给出了3GPP RAN 5G NR Rel-16和Rel-17主要立项，从表1.2中可以看出3GPP RAN逐渐引入更多的面向垂直行业应用的增强技术，以提升5G NR的标准能力并拓展5G NR的应用场景。同时，3GPP RAN持续引入新的标准化立项，优化终端功

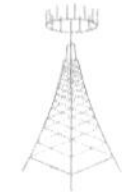

耗和效率。

表1.2　3GPP RAN 5G NR Rel-16和Rel-17主要立项

3GPP RAN 5G NR Rel-16和Rel-17主要立项	
Rel-16 • eMBB增强 　• MIMO增强 　• 终端节能增强* 　• 两步随机接入* 　• MR-DC/CA增强* 　• NR非授权频谱接入* 　• 移动性增强 　• 交叉时隙和远端干扰管理 　• 3G到5G语音连续性 　• NR中继 　• SON/MDT 　• 非正交多址接入研究 • 垂直行业拓展 　• NR V2X 　• URLLC物理层增强 　• IIoT增强 　• NR定位 　• 非公共网络	Rel-17 • eMBB增强 　• MIMO进一步增强 　• 终端节能进一步增强* 　• 非激活状态小数据传输* 　• MR-DC/CA进一步增强 　• NR支持52.6～71GHz频谱接入 　• NR与LTE动态频率共享增强 　• NR覆盖增强 　• NR中继增强 　• 多卡终端 　• SON/MDT增强 　• RAN切片增强 • 垂直行业拓展 　• NR Sidelink增强 　• URLLC/IIoT进一步增强 　• NR定位增强 　• NR降低能力终端* 　• 基于NR的非地面网络 　• XR增强研究* 　• NR广播多播 　• 非公共网络增强 　• 基于Sidelink的中继

注意：*标注的为与终端节能有关的技术特性

第2章

5G终端功耗面临的挑战和节能技术概述

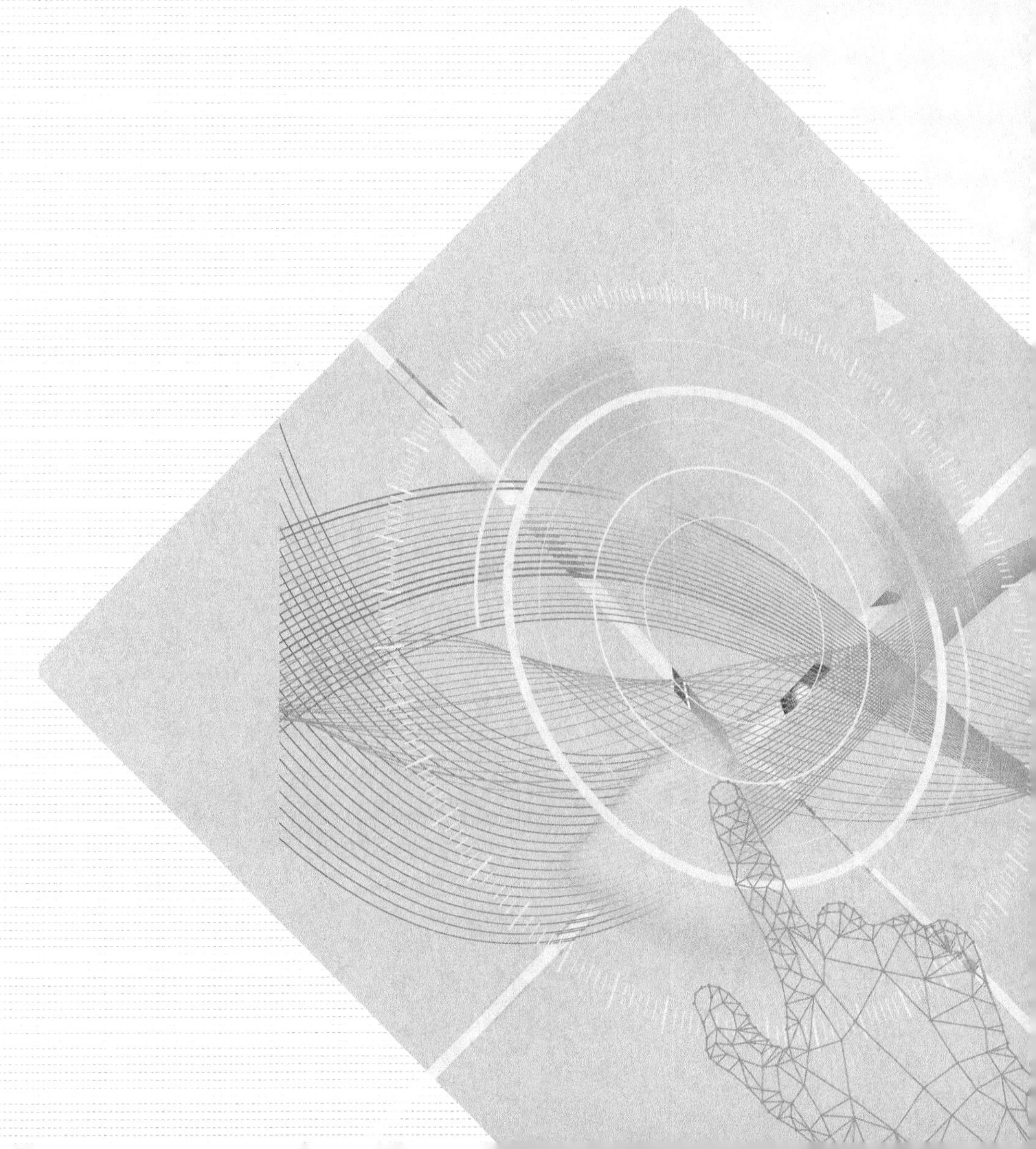

2.1 5G终端功耗面临的挑战

终端功耗由组成终端的多个耗电模块的功耗共同组成。如图2.1所示，以4G长期演进（LTE，Long Term Evolution）终端为例，终端的耗电模块包括屏幕、中央处理器（CPU）和图形处理器（GPU）、调制解调器（Modem）、接收射频（RF，Radio Frequency）、发射RF等。其中，与通信相关的模块主要是调制解调器，接收RF、发射RF等。随着5G通信系统带宽的增大、天线数的增加、峰值速率的提高，通信模块功耗占整机功耗的比例越来越大。

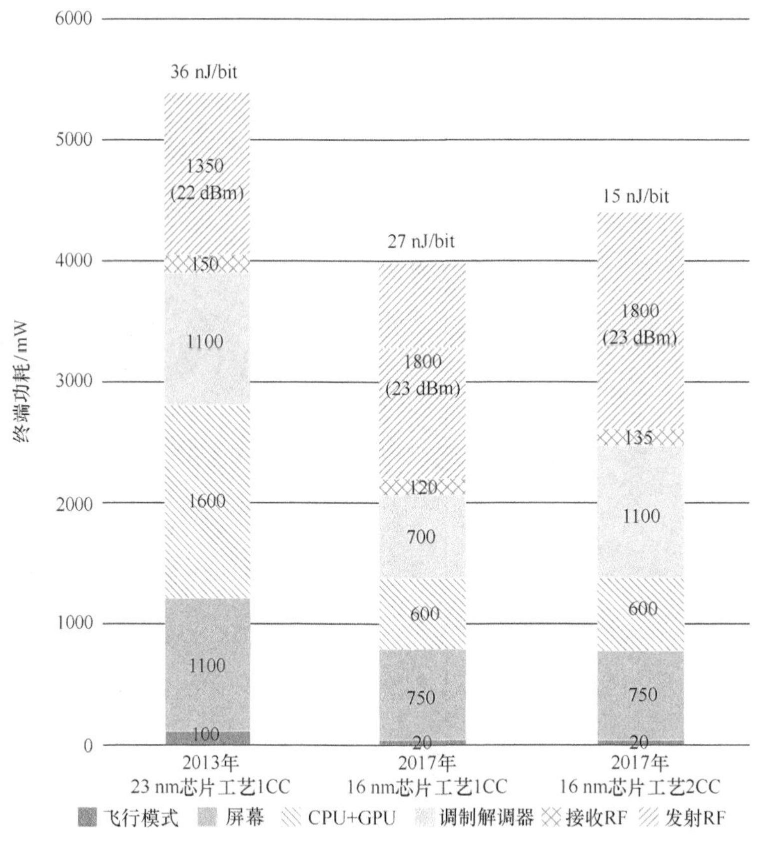

图2.1 终端各模块的功耗占比

由于系统设计和产品实现等，5G终端功耗明显高于4G终端功耗，具体影响因素如下。

1. 更大带宽

4G LTE终端支持的单载波带宽为20 MHz，如果需要更大的传输带宽，可通过载波

聚合技术来实现。为了支持更高的峰值速率，5G系统定义了更大的单载波带宽，如表2.1所示。

表2.1　5G系统支持的单载波带宽

频率范围	子载波间隔（SCS）（kHz）	最大单载波带宽（MHz）
FR1	15	50
	30或60	100
FR2	60	200
	120	400

对终端来说，更大的收/发带宽会导致射频链路、基带处理等方面的功耗增加。测试数据表明，100 MHz带宽对应的终端功耗是20 MHz带宽对应的终端功耗的1.3倍以上。

2. 更多的收发通道数

4G LTE系统对终端的最小要求是1发2收，在5G系统中，因为使用了更高的载波频率，所以5G系统的覆盖性能相比4G有一定的损失。为了保证5G网络的覆盖性能，运营商提出5G终端在FR1（Frequency Range 1）主要的时分双工（TDD）频段（载波频率为2496 MHz及以上）上支持4天线接收（4Rx），如表2.2所示。从终端的角度来看，增加两个接收射频链路不仅明显增加了终端的成本，还使功耗增加了近50%。

表2.2　5G FR1中要求终端支持4Rx的频段

NR频段	上行工作频段范围（终端发射/基站接收）（MHz）	下行工作频段范围（终端接收/基站发射）（MHz）	双工模式
n7	2500～2570	2620～2690	FDD
n38	2570～2620	2570～2620	TDD
n41	2496～2690	2496～2690	TDD
n77	3300～4200	3300～4200	TDD
n78	3300～3800	3300～3800	TDD
n79	4400～5000	4400～5000	TDD

此外，为了更好地支持上行覆盖和峰值速率，一般要求5G SA终端支持上行2天线发送（UL 2Tx），而4G终端一般支持上行单天线发送。这意味着5G终端需要具备更多的发射链路，包括功率放大器、天线等器件，这也会导致功耗增加。测试数据表明，在发射功率为23 dBm的条件下工作时，2Tx的功耗约为1Tx的1.2倍；在发射功率较小的条件下（如0 dBm）工作时，2Tx的功耗约为1Tx的1.4倍。

3. 毫米波功耗

为了弥补毫米波的路径损耗，形成稳定可靠的链路，终端需要利用多个天线形成模拟波束，虽然模拟波束具有方向性，能够有效改善终端的链路质量，但也会导致终端功耗大幅增加，这主要体现在几个方面：一个典型的天线面板可能需要4个或8个天线单元，这会导致收/发通道的射频器件数量大幅增加，造成终端功耗大幅增加；为了有效地覆盖多个方向，终端往往需要安装多个天线面板，天线面板数量的增加也会导致功耗增加；为了保证工作波束的质量及执行波束切换，终端需要额外增加新的波束训练过程，从而导致终端功耗增加；毫米波系统往往覆盖受限，相比FR1小区覆盖半径较大的场景，终端需要进行更频繁的无线资源管理（RRM，Radio Resource Management）测量才能够满足相应的切换需求，这也会导致终端功耗大幅增加。

4. 更频繁的时域操作

在4G LTE中，系统采用15 kHz子载波间隔（SCS）；时域上的子帧长度，即最小调度间隔为1 ms。终端在未开启非连续接收（DRX，Discontinuous Reception）时，或者在DRX 激活时间（DRX Active Time）内，在每个子帧上进行物理下行控制信道（PDCCH，Physical Downlink Control Channel）监听，并对子帧的数据进行采样、缓存，以便随时根据检测到的调度信令进行下行数据的接收。5G NR中为了支持更大的载波带宽，通常在FR1采用30 kHz子载波间隔，其最小调度间隔，即时隙长度为0.5 ms，终端需要每0.5 ms进行一次PDCCH监听和数据采样、缓存。此外，5G NR终端在每毫秒内执行的PDCCH盲检次数也随着子载波间隔的增加而成倍增加，如表2.3所示，在30 kHz SCS情况下终端每毫秒需要支持的PDCCH盲检次数相比15 kHz SCS情况下盲检次数增加了一倍。

可见，5G NR中终端的时域处理更加频繁，这也导致了功耗的增加。

表2.3 5G NR终端PDCCH盲检次数要求

子载波间隔（SCS）（kHz）	终端每时隙（Slot）执行PDCCH盲检次数	终端每毫秒执行PDCCH盲检次数
15	56	56
30	56	112
60	48	192
120	32	256

5. 波束管理和维护

5G NR在FR1也支持基于波束的数据传输，这同样也会导致终端功耗的增加，主要体现在多个方面：在接入过程中，终端需要对更多的波束进行测量才能发起接入；在连接态，如果配置了多个激活的传输配置指示（TCI，Transmission Configuration Indicator）状态，终端需要同时维护多个波束，以便随时在不同的波束之间进行切换；在RRM测量中，终端需要对多个波束的测量结果进行维护，才能对邻区进行有效测量；在无线链路监控（RLM，Radio Link Monitoring）或者波束失败恢复（BFR，Beam Failure Recovery）过程中，终端需要维护多个波束以确保链路质量；在切换过程中，

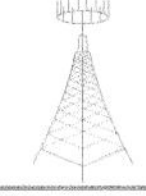

终端同样需要选择合适的波束发起切换，因此需要多次测量。这些都会导致终端进行更复杂的处理流程，从而导致功耗大幅增加。

6. EN-DC

5G的早期部署采用增强的双连接（EN-DC）模式，在EN-DC模式下，终端在LTE和NR两个频率上同时与基站保持连接，对终端来说，LTE为主小区组（MCG，Master Cell Group），NR为辅小区组（SCG，Secondary Cell Group）。这不仅要求终端在下行同时接收LTE和NR两个频段的信号，还要求终端在上行同时发送LTE和NR两个频段的信号。具体来说，终端在LTE频段上需要打开2路接收通道和1路发射通道，且需要同时在NR频段上打开4路接收通道和1路发射通道。作为对比，终端在仅连接LTE网络时，仅需要在LTE频段上打开2路接收通道和1路发射通道，或者终端在仅连接NR SA（NR Standalone）网络时，仅需要在NR频段上打开4路接收通道和1路发射通道。因此，可以明显地看到，EN-DC模式要求终端激活更多的收/发通道和频段，造成了终端功耗的明显增加。

几种架构的终端功耗对比如图2.2所示。

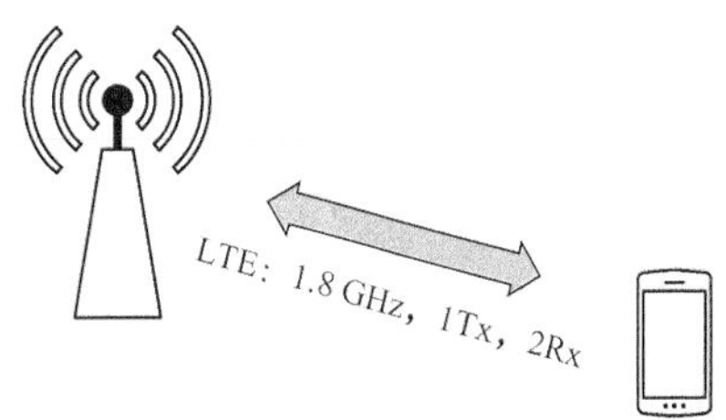

（a）4G LTE单连接

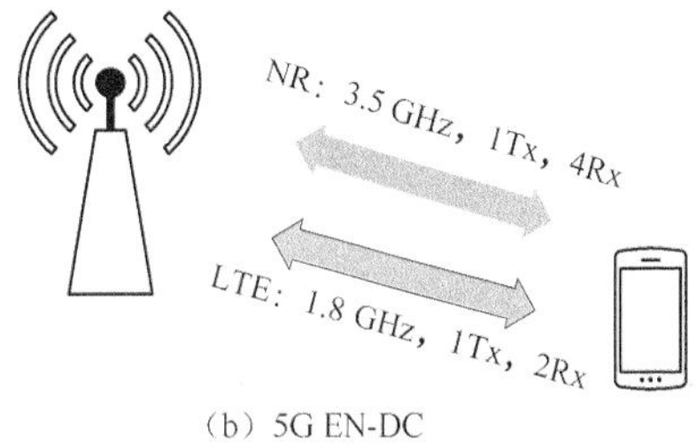

（b）5G EN-DC

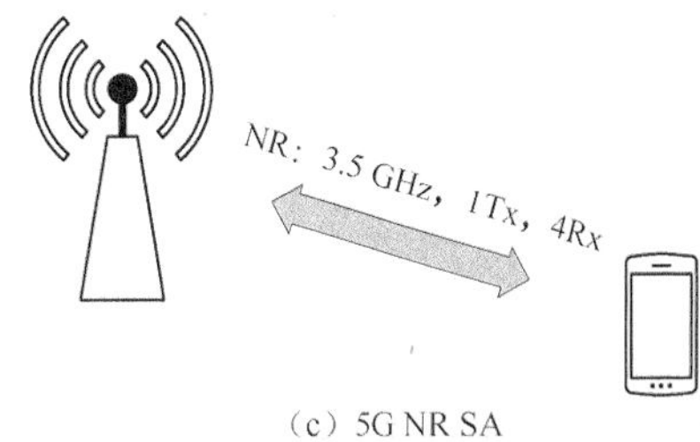

（c）5G NR SA

图2.2　几种架构的终端功耗对比

7. 稀疏的 SSB 发送

LTE中的小区标识信号的主同步信号（PSS，Primary Synchronization Signal）和辅同步信号（SSS，Secondary Synchronization Signal）的发送周期均为5 ms，并且基站在每个下行子帧都发送用于测量和公共信道解调的公共参考信号（CRS，Common Reference Signal）。在5G NR的设计中，同步信号块（SSB，Synchronization Signal Block）信号承载了小区标识和信号测量双重功能，考虑到网络节能，在设计5G系统时将支持初始接入小区的SSB信号发送周期设置为20 ms，这会导致终端在小区搜索时的处理复杂度增大，以及在小区驻留后进行空闲态（IDLE）寻呼消息监听和RRM测量行为的总体功耗增大。以图2.3为例，在LTE系统中，空闲态所在时隙和邻近时隙一定有可以用于RRM测量的CRS，因此每个寻呼周期（Paging Cycle）的终端活动时间为几毫秒；在NR系统中，由于SSB的发送周期为20 ms，且SSB发送时刻可能与寻呼机会（PO，Paging Occasion）不对齐，因此终端根据其所处信噪比环境不同，需要在PO之前处理一个或多个周期的SSB，从而满足寻呼监听和RRM测量的要求，因此每个寻呼周期内终端的活动时间会长达数十毫秒。活动时间的增加直接导致终端功耗的增加。

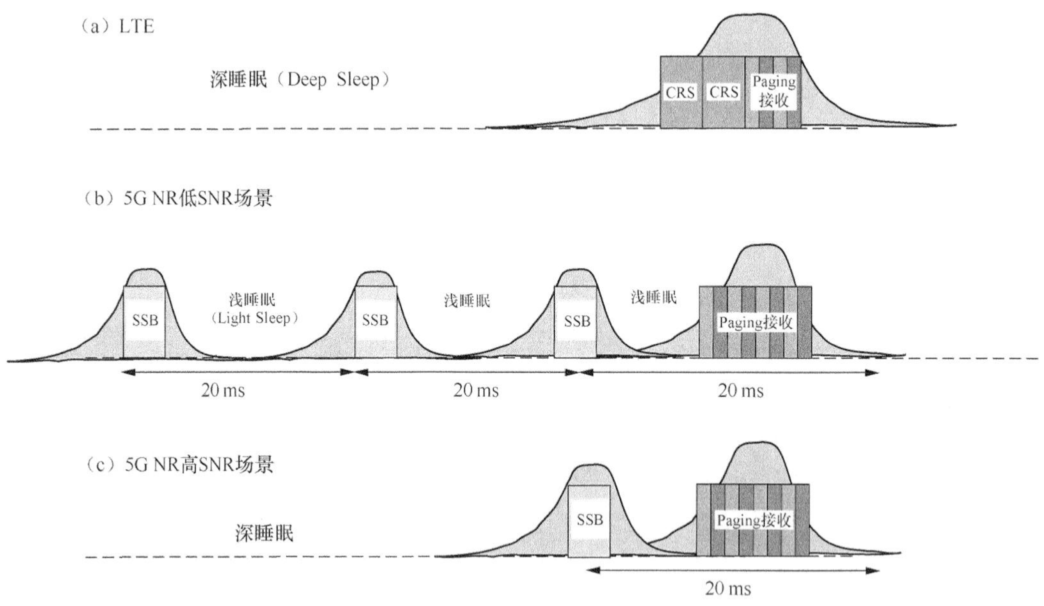

图2.3 5G NR稀疏SSB发送导致终端功耗增加

8. 早期芯片实现采用非集成方案

在5G概念刚被提出时，支持EN-DC的芯片产品采用了外挂5G基带的方案，这导致一定程度的功耗增加。随着芯片方案的逐渐成熟，全集成片上系统（SoC，System on Chip）的方案被更多芯片厂家采用，相应的功耗也得到了较好的控制。

9. 更高的终端发射功率

相比4G LTE，5G部署采用更高的频率，如3.5 GHz，造成5G信号传播性能比LTE差。为了保证覆盖性能，终端通常需要采用更高的发射功率发送上行信号，这就导致终端功耗增加。此外，在终端基本发射功率等级（Power Class）3（23 dBm）的基础上，5G标准中还大量引入了高功率等级终端（High Power UE），包括Power Class 2（26 dBm）、Power Class 1.5（29 dBm）等终端。终端发射功率的提升直接导致终端功耗增加。

2.2 5G终端功耗实测结果

我们对商用的5G终端产品的通信模块功耗进行了测试，在不同测试场景下，它们的功耗差别体现在工作电流方面。

2.2.1　4G终端和5G终端空闲态功耗对比测试

表2.4是5G终端和4G终端空闲态电流的测试结果。在测试过程中，我们采用传导测试，4G终端和5G终端的寻呼周期都被设置为1.28 s，载波频率都是2.6 GHz，采用5G SA模式。

我们对测试结果进行归一化对比，可以看出，5G终端空闲态下平均电流为1.54 mA，约是4G空闲态平均电流（1.21 mA）的1.27倍，两者底电流（指终端处于睡眠状态的基础电流）基本相同。减去底电流后，5G终端的空闲态电流约是4G终端空闲态电流的2.5倍。

表2.4　5G终端和4G终端空闲态电流（归一化数据对比）的测试结果

测试条件（1.28 s寻呼周期，载波频率为2.6 GHz）	空闲态（终端的平均电流（归一化）（mA）	空闲态（底电流（归一化）（mA）
4G终端的空闲态（通信模块功耗）	1.21	1
5G终端的空闲态（平均电流）	1.54	1

图2.4给出了5G终端的空闲态电流随时间变化的示意图，终端在每个寻呼周期附近因为同步、测量、监听寻呼等需求会有一个较高的电流尖峰，持续时间为几十毫秒，其他时间的功耗主要为底电流（mA量级的）。

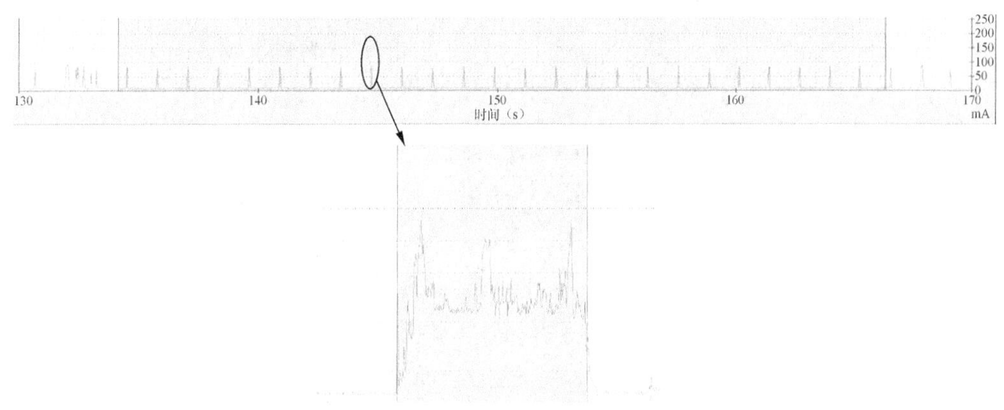

图2.4　5G终端空闲态电流随时间变化的示意图

2.2.2　4G终端和5G终端连接态功耗对比测试

在NR Rel-15中，带宽部分（BWP，Bandwidth Part）和连接态DRX（C-DRX，Connected Mode DRX）是RRC连接态主要的终端节能技术，我们对这两种技术对5G终端功耗的影响进行了实测，并与4G终端进行了对比。

1. 在 SA 和 NSA 场景下 BWP 对 5G 终端功耗的影响对比测试

表2.5所示为5G终端在BWP配置为20 MHz和100 MHz带宽时的射频测试结果。在测试中，终端以低于–40 dBm的发射功率在整个带宽上发送数据，同时接收极少量下行的数据以保持与网络的连接，测试中未加载实际业务。此时因为终端的发射功率很低，因此PA（功率放大器）的功耗很低，这时终端的主要功耗是基带和收发信机的功耗。我们测试了2.6 GHz 5G SA和3.5 GHz 5G NSA两种场景下的BWP功耗，测试结果表明，终端在20 MHz BWP 的配置下相比100 MHz BWP配置节能23%～33%。

从这组结果也可以看到，NSA工作模式下终端的功耗比SA工作模式下终端模式的功耗高93%（当NR BWP配置为20 MHz时）和66%（当NR BWP配置为100 MHz时）以上。

表2.5　5G终端在BWP配置为20 MHz和100MHz带宽时的射频测试结果

频段	带宽	平均电流（mA）	节能增益
5G SA Band n41（2.6 GHz）	20 MHz	189	33%
	100MHz	283	
5G NSA Band n78（3.5GHz）	20 MHz	365	23%
	100MHz	472	

2. C-DRX 对终端功耗的影响对比测试

在5G SA工作模式下，我们对终端通信模块在接收天线数目不同的情况下的电流，以及开启或关闭C-DRX时的电流进行了测试。测试过程中，终端未加载任何业务，仅在每个时隙监听PDCCH。终端接收天线数为4，系统带宽均为100 MHz。C-DRX的参数*drx-Long cycles tart of set*设置为160 ms、*drx-onDurationTimer*设置为10 ms、*drx-Inactivity Timer*为60 ms。因为测试中未加载业务，所以终端不会收到任何调度业务的PDCCH，因此*drx-InactivityTimer*不会被激活。从测试结果可以看出，C-DRX的开启能够大幅度降低终端功耗，开启C-DRX时终端的平均电流比不开启C-DRX时低74%～78%。

同时，我们也可以看到，由于采用4Rx接收，5G终端在相同工作状态下的功耗要明显高于4G终端（2Rx）的功耗。从5G终端自身来看，1Rx工作状态的功耗仅为4Rx工作状态功耗的60%～70%。C-DRX对终端功耗影响的对比测试结果如表2.6所示。

表2.6　C-DRX对终端功耗影响的对比测试结果

	终端接收天线数目	C-DRX	平均电流（mA）
4G LTE，20 MHz，单载波Band 41（2.6 GHz）	2	未开启	128
	2	开启	30
5G SA，100 MHz，单载波Band n41（2.6 GHz）	1	未开启	119
	4	未开启	165
		开启	42

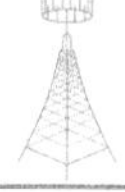

续表

	终端接收天线数目	C-DRX	平均电流（mA）
5G SA，100 MHz，单载波Band n78（3.5 GHz）	1	未开启	124
	4	未开启	203
		开启	45

图2.5给出了5G终端在开启C-DRX时工作电流随时间变化的示意图，终端在每个C-DRX onDuration附近会有一个较高的电流尖峰，持续时间为几十毫秒，其他时间的功耗主要为底电流（mA量级）的。

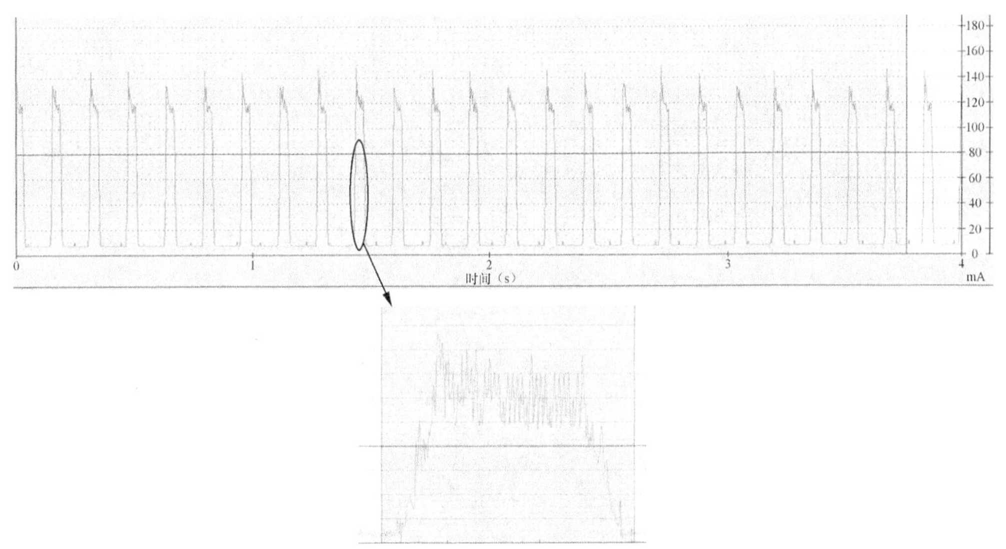

图2.5　5G终端在开启C-DRX时工作电流随时间变化的示意图

2.3　5G终端节能技术概述

3GPP RAN工作组在5G NR Rel-15～Rel-17中都进行了与终端节能相关的讨论和标准化工作。本节从技术特性的维度对各个版本终端节能的相关特性进行了梳理。

图2.6～图2.8以协议版本为线索整理了3GPP Rel-15～Rel-17中引入的终端节能相关特性。

在5G NR第一个版本Rel-15标准的制定过程中，3GPP就已经将终端节能作为一个重要的设计目标。研究人员在小区初始搜索、寻呼和系统信息监听、RRM测量等空闲态的设计中考虑了终端节能的因素；相关设计在连接态则支持非连续的PDCCH监听、跨时隙调度、动态BWP切换、载波激活/去激活等终端节能技术。此外，NR Rel-15中还引入了RRC非激活态（RRC INACTIVE）、PSM（Power Saving Mode）等终端节能工作状态。

Rel-15中的终端节能特性

- 小区初始搜索中的节能设计
- 寻呼监听和I-DRX
- 系统信息监听中的节能设计
- 基本的RRM测量节能
- 非激活态
- PSM
- 连接态C-DRX
- 可配置的PDCCH监听周期
- 跨时隙调度
- 动态BWP切换

图2.6　3GPP Rel-15中的终端节能相关特性

3GPP Rel-16中多个立项都有与终端节能相关的增强特性，其中空闲态节能增强包括两步随机接入、RRM测量放松等；连接态节能增强包括C-DRX唤醒信号、辅载波（Secondary）C-DRX增强、跨时隙调度增强、MIMO层数（Layer）自适应、终端辅助信息、辅载波休眠、毫米波节能增强，以及非授权频谱接入中的节能设计等。

Rel-16中的终端节能增强特性

- 两步随机接入 RACH
- 空闲态/非激活态 RRM测量放松
- C-DRX唤醒信号（WUS）
- 辅载波C-DRX增强
- 跨时隙调度增强
- MIMO层数自适应
- 终端辅助信息
- 辅载波休眠
- 毫米波节能增强
- 非授权频谱接入中的节能设计

图2.7　3GPP Rel-16中的终端节能增强特性

3GPP Rel-17针对垂直行业场景和eMBB场景继续优化终端功耗。其中垂直行业场景的节能优化包括提前数据传输（Early Data Transmission）、扩展不连续接收（eDRX，extended Discontinuous Reception）等；eMBB场景的节能优化包括PDCCH监听动态自

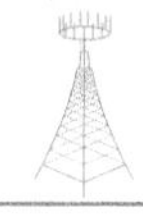

适应、RLM/波束失败检测（BFD，Beam Failure Detection）测量放松等。此外，3GPP Rel-17还支持一些通用的终端节能增强技术，包括寻呼监听增强和寻呼提前指示（PEI，Paging Early Indication）信号、RRM测量进一步放松、空闲态/非激活态同步跟踪信号（TRS，Tracking Reference Signal）等。

Rel-17中的终端节能增强设计

- 提前数据传输
- 寻呼监听增强和PEI
- eDRX
- RRM测量进一步放松
- 空闲态/非激活态TRS
- PDCCH监听动态自适应
- RLM/BFD测量放松

图2.8　3GPP Rel-17中的终端节能增强特性

3GPP在2021年4月27日的第46次项目合作组（PCG，Project Cooperation Group）会议上正式将5G演进的名称确定为5G-Advanced。5G-Advanced中潜在的终端节能增强特性如图2.9所示。

5G-Advanced中潜在的终端节能增强特性

- RRM测量放松进一步增强
- 超低功耗唤醒接收机和唤醒信号
- 基于单频网络（SFN，Single Frequency Network）信号的空闲态/非激活态终端节能增强
- 扩展现实（XR，Extended Reality）终端的节能优化
- 更低终端发射功率等级
- 反向散射（Backscatter）技术

图2.9　5G-Advanced中潜在的终端节能增强特性

综上，我们根据5G NR协议版本的演进时间线对5G终端节能特性进行了梳理。我们知道，终端的工作状态分为空闲态（IDLE）、非激活态（INACTIVE）和连接态（CONNECTED），因此，5G NR的终端节能技术演进也基于这3种终端状态展开研究，如图2.10所示。从图中可以看到，3GPP Rel-15完成了NR基础版本中与终端节能相关的设计；3GPP Rel-16的着重点是使连接态eMBB业务的终端节能性能增强，并对空闲态/非激活态进行了部分优化；3GPP Rel-17则侧重对低能力等级终端（RedCap，Reduced Capability Device）类型的空闲态/非激活态功耗进行优化，同时也兼顾连接态eMBB业务节能性能的进一步增强。在未来的5G-Advanced中，3GPP将继续对空闲态、非激活态和连接态分别进行终端节能增强。

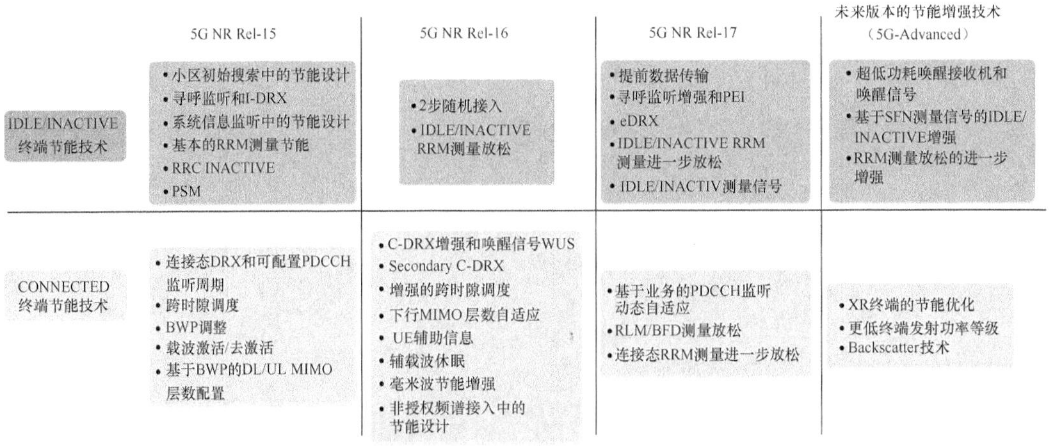

	5G NR Rel-15	5G NR Rel-16	5G NR Rel-17	未来版本的节能增强技术（5G-Advanced）
IDLE/INACTIVE终端节能技术	• 小区初始搜索中的节能设计 • 寻呼监听和I-DRX • 系统信息监听中的节能设计 • 基本的RRM测量节能 • RRC INACTIVE • PSM	• 2步随机接入 • IDLE/INACTIVE RRM测量放松	• 提前数据传输 • 寻呼监听增强和PEI • eDRX • IDLE/INACTIVE RRM测量进一步放松 • IDLE/INACTIV测量信号	• 超低功耗唤醒接收机和唤醒信号 • 基于SFN测量信号的IDLE/INACTIVE增强 • RRM测量放松的进一步增强
CONNECTED终端节能技术	• 连接态DRX和可配置PDCCH监听周期 • 跨时隙调度 • BWP调整 • 载波激活/去激活 • 基于BWP的DL/UL MIMO层数配置	• C-DRX增强和唤醒信号WUS • Secondary C-DRX • 增强的跨时隙调度 • 下行MIMO层数自适应 • UE辅助信息 • 辅载波休眠 • 毫米波节能增强 • 非授权频谱接入中的节能设计	• 基于业务的PDCCH监听动态自适应 • RLM/BFD测量放松 • 连接态RRM测量进一步放松	• XR终端的节能优化 • 更低终端发射功率等级 • Backscatter技术

图2.10　5G终端节能技术的演进（按照RRC状态和协议版本划分）

从技术维度看，终端节能又分为时域节能、频域节能、天线域节能、测量节能等领域的节能技术。此外，还包括系统信息更新、短消息（Short Message）、提前数据传输、更低终端发射功率等级、反向散射技术等其他节能技术，如表2.7所示。

表2.7　从技术维度对5G终端节能技术进行分类

节能技术领域	Rel-15	Rel-16	Rel-17	未来版本
时域	• C-DRX • 可配置PDCCH监听周期 • 跨时隙调度 • 空闲态DRX	• C-DRX唤醒信号 • 增强跨时隙调度 • 非授权频谱的节能增强 • DRX辅助信息 • 2步随机接入	• PDCCH监听动态自适应 • eDRX • PEI	• XR终端的节能优化 • 超低功耗唤醒接收机和唤醒信号
频域	• BWP灵活调整 • 载波激活/去激活 • SCG添加/删除	• 辅载波C-DRX增强 • 辅载波休眠	—	—
天线域	半静态MIMO层数重配置	• 基于DCI的MIMO层数重配置 • 毫米波节能增强 • MIMO 层数辅助信息	—	—
测量	基本的RRM测量节能	空闲态/非激活态RRM测量节能	• 空闲态/非激活态RRM进一步节能 • 连接态RRM节能 • RLM/BFD节能 • 空闲态/非激活态TRS	• 基于SFN测量信号的空闲态/非激活态增强 • RRM测量放松进一步增强
其他	• 系统信息更新 • 短消息	—	提前数据传输	• 更低终端发射功率等级 • 反向散射技术

本节对5G终端节能技术进行了不同维度的分类梳理。后面章节将详细介绍5G NR各个协议版本中的终端节能特性，包括技术原理、标准化方案及节能效果等。

第3章

终端功耗评估方法和模型

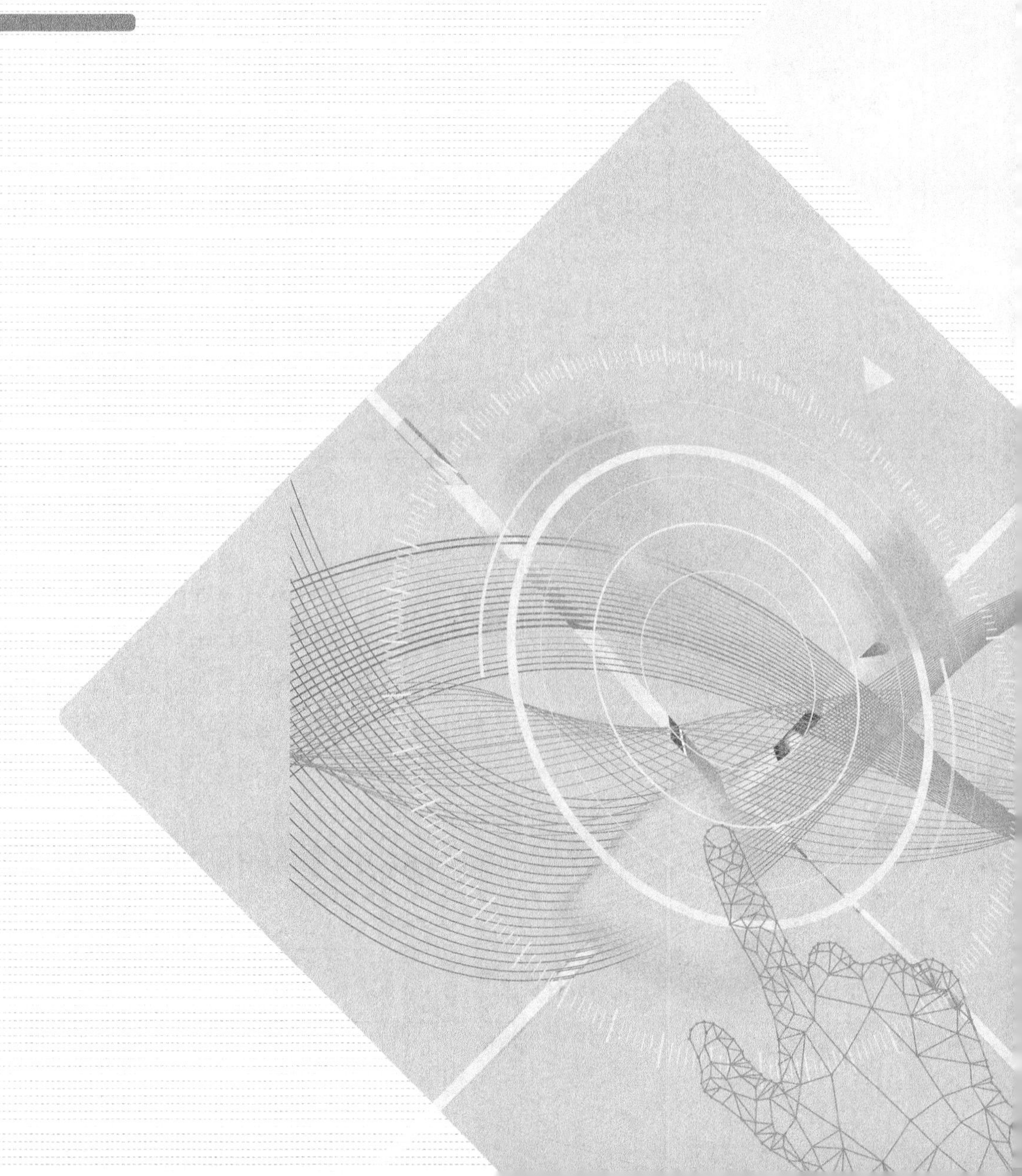

为了对不同的终端节能方案进行对比、评估，3GPP建立了5G终端功耗评估模型，模型中对5G终端不同工作状态的功耗进行了建模。功耗模型具体分为FR1模型、FR2模型、扩展模型、RRM测量模型等。

3.1 FR1终端功耗评估基本模型

FR1终端功耗评估基本模型的建立基于表3.1所示的一系列参数假设。

表3.1 FR1基本参数假设

基本系统参数	双工模式：TDD 子载波间隔：30 kHz 载波数：单载波 系统载波带宽：100 MHz
下行参数	PDCCH参数假设： • PDCCH占用每时隙前两个OFDM符号 • K_0=0（PDCCH和所调度的PDSCH在同一个时隙内） • 终端每时隙处理56个PDCCH控制信道单元（CCE，Control Channel Element） • 终端每时隙处理36次PDCCH盲检测 物理下行共享信道（PDSCH，Physical Downlink Shared Channel）参数假设： • 调制方式：256正交幅度调制（QAM，Quadrature Amplitude Modulation） • 多入多出（MIMO，Multiple-Input Multiple-Output）模式：终端4天线接收、4×4 MIMO
上行参数	终端发射天线：单天线发射 终端发射功率：0 dBm或23 dBm

终端功耗模型仅体现终端通信模块的功耗，其中包括基带和射频部分的功耗，其他模块如屏幕、上层处理器、存储设备的功耗不计入。

每种工作状态的功耗数值通过测试和推导方式得到，考虑到测试的可行性，以时隙为单位进行功耗数值的量化。由于通信模块的功耗水平与不同厂家的芯片和射频架构实现有密切关系，因此功耗模型中不体现功率的绝对值，而定义相对功率数值。具体做法是以深睡眠状态的功耗作为比较基准，设为1，定义各种不同工作状态的相对功率比值。

表3.2给出了FR1终端功耗评估基本模型的具体数值。

表3.2 FR1终端功耗评估基本模型的具体数值

单时隙工作状态	说明	相对功率
深睡眠	只有空闲时间间隔大于进入深睡眠状态和离开深睡眠状态的时间之和，终端才能进入深睡眠状态	1（可选：0.5）

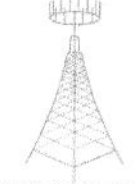

续表

单时隙工作状态	说明	相对功率
浅睡眠	只有空闲时间间隔大于进入浅睡眠状态和离开浅睡眠状态的时间之和，终端才能进入浅睡眠状态	20
微睡眠	终端进入或离开微睡眠状态不需要转换时间	45
PDCCH监听	终端在时隙内仅接收PDCCH（假设K_0=0）	100
SSB 或CSI-RS 处理	SSB处理包含服务小区（Serving Cell）的时间/频率同步和参考信号接收功率（RSRP，Reference Signal Receiving Power）测量 TRS和信道信息参考信号（CSI-RS，Channel State Information Reference Signal）进行相同处理	100
PDCCH + PDSCH	终端在一个时隙内接收PDCCH和PDSCH	300
上行发送	终端发送长物理上行控制信道（PUCCH，Physical Uplink Control Channel）或物理上行共享信道（PUSCH，Physical Uplink Shared Channel）	250（发射功率为0 dBm时） 700（发射功率为23 dBm时）

通过关闭部分基带或射频模块，以及降频处理等，实现在睡眠状态下降低终端功耗，大体上，几种睡眠状态下的功耗从低到高为：深睡眠、浅睡眠、微睡眠。每种睡眠状态下的硬件工作状态与终端基带射频实现强相关。表3.3所示为终端睡眠状态下硬件的工作状态对比。

表3.3　终端睡眠状态下硬件的工作状态对比

硬件模块	OFF/ON转换时延	深睡眠	浅睡眠	微睡眠
晶振	中等	关闭	开启	开启
射频前端	低	关闭	关闭	部分关闭
基带调制调解器	中等	关闭	开启	开启
控制处理器	高	低功耗状态	激活状态	激活状态
存储	非常高	低功耗状态	激活状态	激活状态

终端从激活状态进入睡眠状态(Ramp Down)或者离开睡眠状态到工作状态(Ramp Up) 需要一定的转换时间和功耗。根据不同的睡眠状态，相应的转换时间和功耗如表3.4所示，其中，一次完整的转换是指终端从工作状态进入睡眠状态，再回到工作状态的过程，如图3.1所示。为了简化模型，假设终端侧仅存在工作状态和睡眠状态之间的转换，不存在两种睡眠状态之间的直接转换。需要注意的是微睡眠状态和工作状态之间的转换不需要转换时间和能量消耗。

表3.4 终端状态转换时间和能量消耗

睡眠类型	状态转换的能量消耗[相对功率 × 时间（ms）]	总转换时间（ms）	相对功率
深睡眠	450	20	1（可选0.5）
浅睡眠	100	6	20
微睡眠	0	0	45

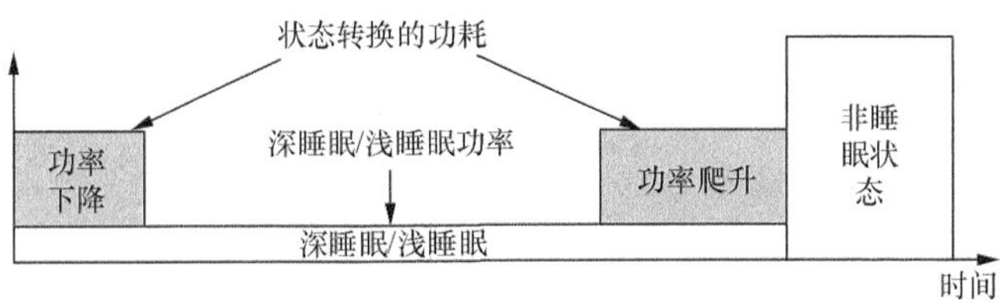

图3.1 终端状态转换示意图

3.2 FR2终端功耗评估基本模型

FR2终端功耗评估模型的建立基于表3.5的一系列参数假设，其中用下画线标识出了FR2与FR1的差异。

表3.5 FR2 基本参数假设

基本系统参数	双工模式：TDD 子载波间隔：120 kHz 载波数：单载波 系统载波带宽：100 MHz
下行参数	PDCCH参数假设： • PDCCH占用每时隙前两个OFDM符号 • K_0=0（PDCCH和所调度的PDSCH在同一个时隙内） • 终端每时隙处理32个PDCCH CCE • 终端每时隙处理20次PDCCH盲检测 PDSCH参数假设（按照峰值速率假设）： • 调制方式：64QAM • MIMO模式：终端2天线接收、2×2 MIMO
上行参数	终端发射天线：单天线发射 终端发射功率：未区分不同发射功率等级

与FR1类似，FR2终端各种工作状态的功耗数值也定义为以时隙为单位的相对功率值，即对应工作状态的功率与深睡眠状态功率的比值。假设FR2各睡眠状态下的功耗

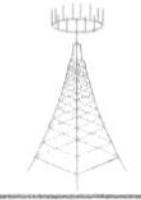

与FR1相同，FR2各工作状态的功耗与FR1各工作状态功耗的对比如表3.6所示，工作状态和睡眠状态的转换时间和功耗与FR1的相同。

表3.6　FR2各工作状态的功耗与FR1各工作状态的功耗对比

单时隙工作状态	说明	相对功率（dBm）	
		FR1	FR2
PDCCH监听	终端在时隙内仅监听PDCCH（假设K_0=0）	100	175
SSB或 CSI-RS处理	SSB处理包含服务小区的时间/频率同步和RSRP测量（假设每个时隙处理两个SSB） TRS和CSI-RS做相同处理	100	175
PDCCH + PDSCH	终端在时隙内接收PDCCH+PDSCH	300	350
UL	终端发送长PUCCH或PUSCH	250（发射功率为0 dBm时） 700（发射功率为23 dBm时）	350（不区分功率等级）

3.3　终端功耗评估扩展模型

3.1节和3.2节给出了终端功耗评估的基本模型，在实际的系统中，终端的行为更加复杂，例如有时终端要使用与基本模型不同的载波带宽、载波数目、天线数目等进行收、发数据。为了对复杂场景中的终端功耗进行测算，3GPP也给出了终端功耗评估的扩展模型，如表3.7所示。

表3.7　终端功耗评估扩展模型

单时隙工作状态	功耗模型扩展	说明
基于DL带宽的模型扩展	当终端实际DL工作带宽为X MHz时，针对每种工作状态，每时隙相对功率在基本模型基础上乘以系数M，M= 0.4 + 0.6×（X – 20）/ 80，其中，X = 10，20，40，80，100	根据实际工作带宽调整后的功耗不低于BWP切换所消耗的功率（50 dBm），仅适用于FR1
基于UL带宽的模型扩展	假设终端在不同的UL工作带宽时的功耗与工作在100 MHz UL带宽时的相同	仅适用于FR1
BWP切换	BWP切换过程中的每时隙功耗为50个功率单位	
基于载波聚合（CA，Carrier Aggregation）的DL模型扩展	2载波进行CA时功耗为单载波时功耗的1.7倍 4载波进行CA时功耗为单载波时功耗的3.4倍	仅考虑激活载波数量，适用于FR1和FR2

续表

单时隙工作状态	功耗模型扩展	说明
基于CA的UL模型扩展	发射功率为0 dBm时： • 2载波CA时功耗为单载波时功耗的1.7倍 • 4载波CA时功耗为单载波时功耗的3.4倍 发射功率为23 dBm时： 2载波CA时功耗为单载波时功耗的1.2倍	仅考虑激活载波（CC）数量，适用于FR1和FR2
基于接收天线数的DL模型扩展	2天线接收时功耗为4天线接收时功耗的0.7倍 单天线接收时功耗为2天线接收时功耗的0.7倍	假设每个接收通道具有相同的天线阵子数，适用于FR1和FR2
基于接收天线数的UL模型扩展	发射功率为0 dBm时： 2发射天线时功耗为单发射天线时功耗的1.4倍 发射功率为23 dBm时： 2发射天线时功耗为单发射天线时功耗的1.2倍	仅适用于FR1
PDCCH监听	跨时隙调度（K_0>0）时PDCCH监听状态功耗是同时隙调度（K_0=0）时功耗的0.7倍	适用于FR1和FR2
简化的PDCCH处理	终端减少PDCCH处理[包括聚合等级/控制信道单元/盲检测（AL/CCE/BD）数量等]带来的功耗降低按照如下公式建模： $P(\alpha)= a \cdot Pt +(1-a)\cdot 0.7Pt$ 其中，α是简化后的PDCCH相关的处理数量与未简化时处理数量的比值；Pt是基本模型中PDCCH监听状态的功率值，即100	仅适用于同时隙调度场景（K_0=0）
SSB	一个时隙内处理一个SSB的功耗是处理两个SSB功耗的0.75倍	
仅处理PDSCH的时隙	FR1：280 FR2：325	与基本模型中PDCCH+PDSCH场景的PDSCH符号数量相同
短PUCCH	一个时隙内仅处理短PUCCH发送的功耗是基本模型中上行功耗的0.3倍	适用于FR1和FR2
探测参考信号（SRS，Sounding Reference Signal）	一个时隙内仅处理SRS发送的功耗是基本模型中上行功耗的0.3倍	适用于FR1和FR2
睡眠状态	3种睡眠状态的功耗与基本模型中对应的功耗一致	
周期性测量活动建模	终端以DRX周期和160 ms两者中的较大值为周期进行测量活动	周期性测量活动包括时间/频率同步、信道跟踪、波束跟踪等
PDCCH+PDSCH+PUCCH	假设与PDCCH+PDSCH场景有相同的功率	

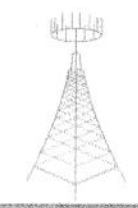

续表

单时隙工作状态	功耗模型扩展	说明
PDSCH+PUCCH	假设与仅处理PDSCH的时隙有相同的功率	
PDCCH+PUCCH	PDCCH监听和短PUCCH场景的功率之和	适用于同时隙调度和跨时隙调度
PDCCH+PDSCH+SSB/CSI-RS	假设与PDCCH+PDSCH场景有相同的功率	不适用于RRM测量评估
PDSCH+SSB/CSI-RS	假设与仅处理PDSCH的时隙有相同的功率	不适用于RRM测量评估
PDCCH+SSB/CSI-RS	PDCCH+SSB/CSI-RS的功耗为基本模型中PDCCH和SSB/CSI-RS两者的功耗之和再乘0.85，即： FR1：0.85×（100+100）= 170 FR2：0.85×（175+175）= 297.5	适用于FR1
SSB+CSI-RS	SSB+CSI-RS的功耗为基本模型中SSB和CSI-RS两者的功耗之和再乘0.85，即： FR1：0.85×（100+100）= 170 FR2：0.85×（175+175）= 297.5	假设每个时隙处理两个SSB，适用于FR1

3.4　终端RRM测量功耗评估模型

为了评估RRM测量过程的终端功耗及评估相应的节能方案，3GPP还定义了RRM测量功耗评估模型，该模型的一些基本假设如表3.8所示。

表3.8　RRM测量功耗评估模型基本假设

SSB处理个数	20 ms SSB周期，终端在每个时隙处理两个SSB
SSB测量时机配置（SMTC，SSB Measurement Timing Configuration）	20 ms SMTC周期； 对于FR1同步网络：SMTC时长为2 ms； 对于其他场景：SMTC时长为5 ms
异频测量	最多测量两个频率层； 异频测量间隔配置：周期为40 ms，时长为6 ms

1. 同频 RRM 测量功耗评估模型

表3.9给出了同步网络场景或异步网络场景中，终端测量不同数量的同频邻小区每个时隙的功率值。考虑到终端在不同时刻的行为不同，还分别给出了终端仅考虑RRM

测量，以及同时考虑RRM测量和小区搜索时的功率值。

表3.9　同频RRM测量相对功耗评估模型

同频RRM测量小区数N	同步网络场景相对功耗		异步网络场景相对功耗	
	FR1	FR2	FR1	FR2
N=8（仅考虑RRM测量）	150	225	170	285
N=8（考虑RRM测量和小区搜索）	200	320	220	380
N=4（仅考虑RRM测量）	120	195	140	255
N=4（考虑RRM测量和小区搜索）	170	290	190	350

2. 异频测量模型

在异频测量场景下，终端的能量消耗与测量的频率层数有关。

$$E_3=\left(\sum_{i=0}^{Nf-1}E_i\right)+Et\cdot\left(Nf+1\right) \quad (3.1)$$

其中，

E_i 是每个频率层上RRM测量能量消耗，它等于该频率层上的测量时间（时隙数目）和单位时间（时隙）内功耗的乘积。

Nf 是测量的频率数目。

$Et = Pt\times Tt$。

- Pt 是终端在不同频率层之间切换所消耗的功率值，我们假设此功率值和微睡眠状态的功率值相等（Pt=45/时隙）
- Tt 为频率切换需要的时间，我们假设Tt =0.5 ms（FR1），Tt =0.25 ms（FR2）

终端在一个频率层上进行小区搜索的功率值如表3.10所示。

表3.10　终端在一个频率层上进行小区搜索的功率值

FR1	FR2
150	270

3.5　混合业务/状态的终端功耗评估

3.1节～3.4节主要给出了终端各个工作状态下的功耗评估模型和一些假设条件，在实际终端与网络进行收/发数据过程中，终端会在各个工作状态之间进行切换。以图3.2为例，终端在一个C-DRX周期过程中经历了PDCCH监听、PDCCH+PDSCH接收、深睡眠3种状态，并经历了进入/离开深睡眠状态的功率下降（Power Ramp-down）和功率上升（Power Ramp-up）等过程。

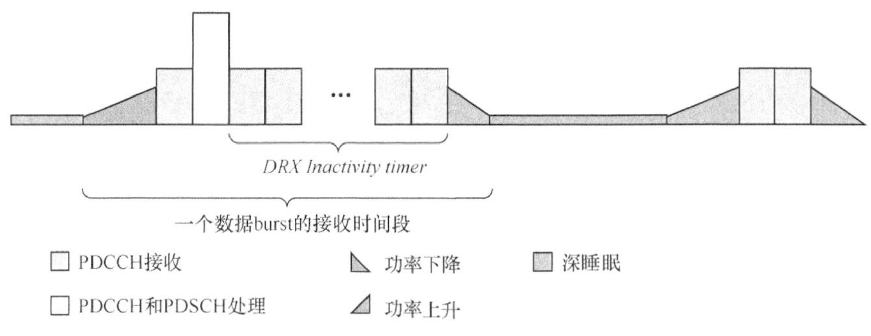

图3.2　C-DRX状态下终端功耗示意图

为了整体评估终端在实际场景中的功耗表现，需要对各个状态的功耗进行加权平均。以公式（3.2）为例，T_1～T_3分别对应终端在PDCCH监听、PDCCH+PDSCH接收、深睡眠状态下的持续时间，以时隙为单位，统计时间窗为一个DRX周期，$E_{\text{state_transition}}$为终端在状态切换过程中的功耗，$T_{\text{C-DRX_cycle}}$为DRX周期的时长。

$$P_{\text{C-DRX}} = \frac{P_{\text{PDCCH-only}} \times T_1 + P_{\text{PDCCH+PDSCH}} \times T_2 + P_{\text{Deep-sleep}} \times T_3 + E_{\text{state\_transition}}}{T_{\text{C-DRX\_cycle}}} \quad (3.2)$$

此外，终端在使用过程中还会经历不同的RRC状态（如空闲态、非激活态、连接态），并传输不同的业务，最终的功耗表现也和RRC状态或者业务的占比有关。文献[3]给出了典型业务下终端在各RRC状态驻留时间和功耗占比的统计数据，如表3.11所示。由于各个状态或业务的功耗并不一样，因此，各状态或业务的最终的功耗占比和其时间占比并不是正比关系。需要说明的是，各状态或业务的功耗占比和终端类型、用户使用习惯等密切相关。例如，智能手机的连接态功耗占比较大，而相对来说，低能力终端如智能手表等则有更多的功耗用于空闲态。

表3.11　典型业务下终端在各RRC状态驻留时间和功耗占比的统计数据

业务类型（RRC状态）	时间占比	功耗占比
网页浏览（连接态）	20%	47.4%
视频流（连接态）	10%	30.5%
即时通信（连接态）	10%	0.8%
背景业务（空闲态）	60%	14.8%

第4章

空闲态/非激活态终端节能技术

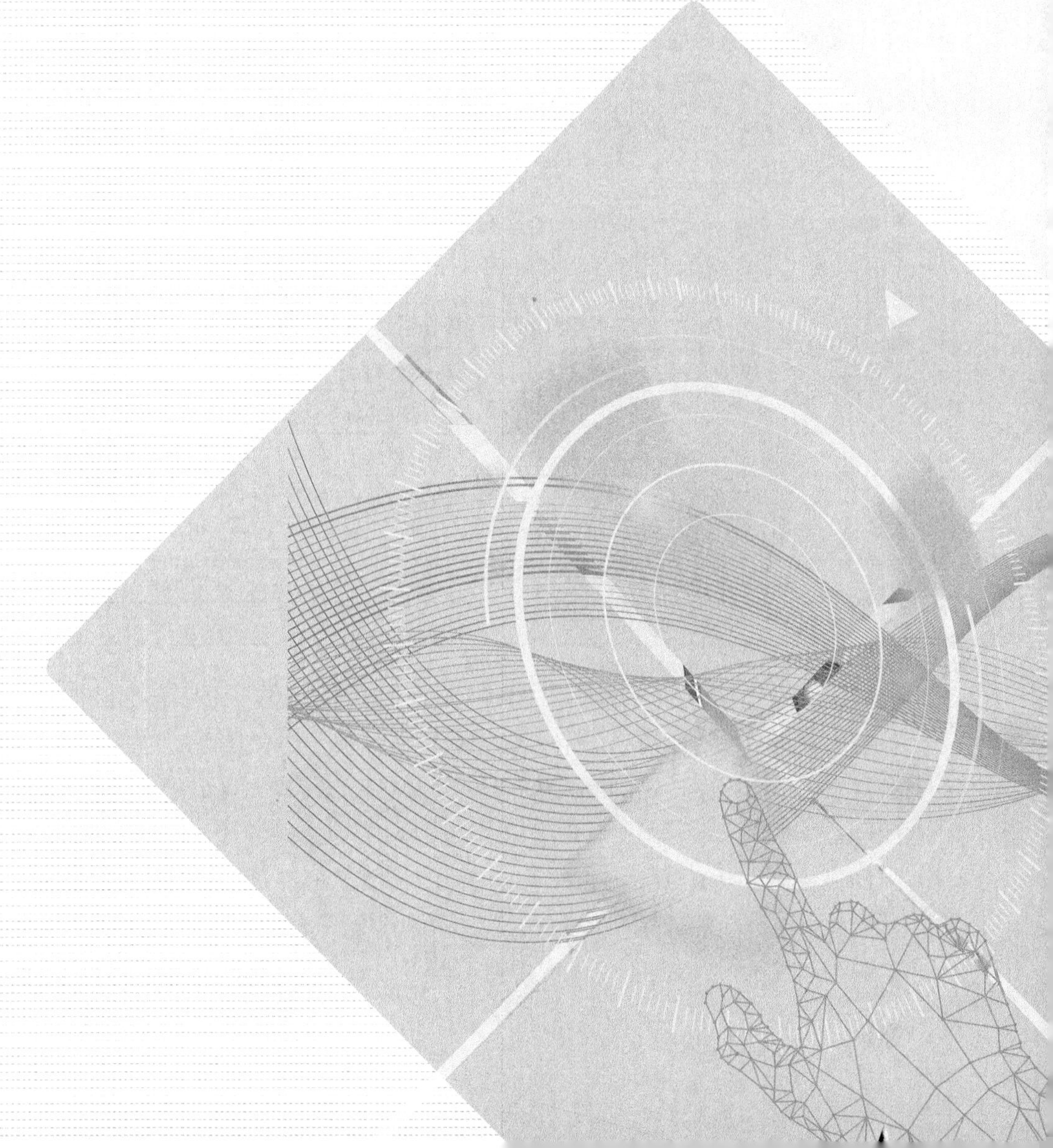

4.1 空闲态节能技术

在较长时间没有业务传输需求时，终端处于空闲态。对空闲态终端节能优化，有助于延长终端的待机时间。对于空闲态时间占比比较大的终端（如手表、工业传感器设备等）来说，在空闲态节能十分重要。本章将对5G中空闲态节能技术进行介绍。

4.1.1 初始接入中的节能设计

1. 同步栅格

在NR系统中，终端通过同步信号块（SSB）搜索服务小区，并根据搜索到的服务小区驻留或者接入服务小区。

NR系统的同步信号块由PSS、SSS和物理广播信道（PBCH，Physical Broadcast Channel）组成，NR系统的终端初始接入方式和LTE的基本相同，都是通过主/辅同步信号（PSS/SSS）获取下行同步信号，通过PBCH获取系统信息中的主信息块（MIB，Master Information Block）及部分时间信息。然而，NR系统和LTE系统在同步信号和PBCH设计上存在表4.1所示的不同。

表4.1 NR系统和LTE系统在同步信号和PBCH设计上的差异

SS/PBCH设计	NR系统	LTE系统
PSS序列	长度为127的M序列	长度为63的ZC序列
PSS序列个数	3个循环移位	3个根序列
SSS序列	长度为127的M序列	长度为31的M序列
SSS序列个数	336	168
PBCH带宽	20 RB	6 RB
发送周期	{5，10，20，40，80，160} ms	5 ms

由表4.1可知，NR系统与LTE系统的SS/PBCH设计有诸多不同，我们将分析部分设计差异对复杂度的影响。首先，NR系统中同步信号的长度为127的M序列，大于LTE系统同步信号序列的长度，更长的同步信号序列可以提供更高的同步精度，但也要求更高的终端接收采样率。此外，由于NR系统的SSB带宽为20RB，终端会进一步将接收带宽扩展到至少20 RB，相比于LTE系统的6 RB带宽，需要进一步提升接收的采样率，更高的接收采样率则意味着同步相关过程的复杂度更高。其次，相比于LTE系统固定的5 ms同步信号周期，NR同步信号的周期可配置，最短为5 ms，最长则为160 ms。同步信

号块发送周期不同，则应用场景不同。当同步信号块发送周期较短时，终端可以快速地搜索到同步信号块，并完成PBCH的解调，但是需要网络频繁地发送同步信号块，这意味着网络功耗和系统开销更高。考虑到NR系统支持多波束，例如，在FR1频段，最多支持8个波束的同步信号块的发送；在FR2频段，最多支持64个波束的同步信号块的发送，NR系统需要在不同的波束上多次发送同步信号块，因此与采用相同同步信号发送周期的LTE系统相比，NR系统的开销和网络功耗也明显增高。当同步信号块发送周期较长时，终端需要较长的时间完成同步并解调出PBCH，这将造成终端功耗增加。所以，尽管NR系统中支持不同的同步信号块的发送周期，但网络侧通常使用20 ms的周期进行同步信号块的发送，以在终端功耗和网络功耗之间达到平衡。由于终端在进行初始接入时并不确定网络进行同步信号发送的周期，因此，终端在初始接入过程中按照20 ms同步信号块发送周期进行小区搜索。如果网络实际以大于20 ms的周期进行同步信号块的发送，那么终端完成同步并解调PBCH的时间会进一步增加，甚至无法完成PBCH解调。

在LTE系统或NR系统中，定义了可以用于发送同步信号块的频率位置，网络只允许在这些频率位置发送同步信号，这些位置被称为同步栅格（Sync Raster）。NR系统中每个同步栅格有唯一的编号，这种编号称为全局同步信道号（GSCN，Global Sync Channel Number）。由于多个频率位置都可用于网络部署，因此，终端需要在多个频率位置进行小区搜索。同步栅格的频率间隔越小，终端需要进行小区搜索的频点也越多，则小区搜索的时延和功耗也越大，反之，则越节省功耗。

在LTE系统中，同步栅格的频率间隔为100 kHz。根据前面的讨论，如果在NR系统中仍然使用LTE系统中的同步栅格设计，那么NR系统中终端的小区搜索的复杂度相对于LTE系统会大幅增加。在NR系统中，为了降低小区初始搜索的功耗和复杂度，引入了相对稀疏的同步栅格。

NR系统中的GSCN与同步信号发送频率位置的转换关系如表4.2所示。可以看到，在FR1中，0～3 GHz频率区间内，同步栅格的频率间隔为1.2 MHz，每隔1.2 MHz有3个频点；在3 GHz以上的频率区间，同步栅格的频率间隔为1.44 MHz。在FR2中，同步栅格的频率间隔为17.28 MHz。由此可见，在NR系统中，通过使用相对稀疏的频率栅格设计，小区搜索的复杂度降低了。

表4.2　NR系统中的GSCN与同步信号发送频率位置的转换关系

频率范围（MHz）	SSB频率位置 SS_{REF}	GSCN	GSCN取值范围
0～3000	N×1200 kHz + M×50 kHz， N=1:2499，$M \in \{1，3，5\}$[1]	3N +（M−3）/2	2～7498
3000～24 250	3000 MHz + N×1.44 MHz N = 0:14 756	7499 + N	7499～22 255

续表

频率范围（MHz）	SSB频率位置 SS_{REF}	GSCN	GSCN取值范围
24 250～100 000	24 250.08 MHz + N×17.28 MHz，N = 0:4383	22 256 + N	22 256～26 639

注1：M的默认值为3。

同步栅格的设计主要需要从以下两个方面进行考虑。

（1）网络在不同带宽、不同频率位置的情况下，保证在信道带宽内有同步栅格。

（2）在满足网络部署的情况下，尽量增大频率栅格的间隔，以减少终端进行小区初始搜索的频点集合。

NR系统支持的最小带宽是5 MHz，由于全球运营商的频谱资源可能在频段内的任意频率位置，因此，NR系统中针对同步栅格的设计，需要保证任意频点位置上带宽为5 MHz的频谱内存在至少一个可用的同步栅格，并且以该同步栅格为中心频点的同步信号块包含在5 MHz的信道带宽内。NR系统支持更高的带宽，例如10 MHz，20 MHz…100 MHz等，如果能够保证一个5 MHz带宽内任意频率位置上都存在有效的同步栅格，那么，该设计也必然能保证更大的信道带宽在任意频率位置的部署。

如图4.1所示，假设信道的带宽为x RB，同步信号块的带宽为y RB，那么满足x RB带宽的信道部署在任意频率位置的条件为：两个同步栅格之间的最大间隔为x（RB）$-y$（RB）$+delta\_f$，其中，$delta_f$为信道部署的最小频率间隔，对于NR系统的FR1频段，$delta_f$为15 kHz，即资源格最小的子载波间隔。所以，最终确定的同步栅格的频率间隔为小于或等于上述数值的频率间隔。

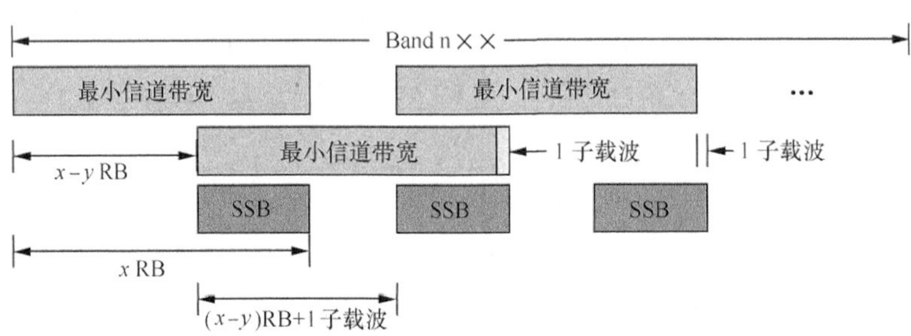

图4.1　同步信道栅格与信道带宽的关系

以20 MHz的系统带宽为例，假设LTE（Band 42）和NR（Band n77）系统都部署在3400～3420 MHz的频段上，那么在LTE系统中，终端需要搜索的同步栅格的频率间隔为100 kHz，因此可用LTE频点数约为200；而在NR系统中，终端需要搜索的同步栅格的频率间隔为1.44 MHz，因此可用的NR频点数仅为13。由此可见，NR系统的同步栅格设计减少了终端在频率上进行搜索的频次，此设计降低了小区初始接入的功耗。

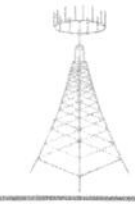

2. PBCH 中的信息指示

在NR系统中，SSB有多种功能，包括小区搜索和移动性测量。终端在接入小区之前需要基于SSB建立下行同步、获取系统信息等，以驻留或者接入该小区。此外，终端还需要基于SSB对服务小区、网络配置的小区及频点进行测量。SSB中的PBCH携带了一些指示信息，可以给终端提供部分小区搜索、驻留的信息，用于优化终端的初始接入行为。NR系统的PBCH包含物理层信息（无线帧号、同步信号块索引、前后半帧信息）和MIB，MIB中包含的信息域如下。

```
MIB ::=                         SEQUENCE {
    systemFrameNumber               BIT STRING (SIZE (6)),
    subCarrierSpacingCommon         ENUMERATED {scs15or60, scs30or120},
    ssb-SubcarrierOffset            INTEGER (0..15),
    dmrs-TypeA-Position             ENUMERATED {pos2, pos3},
    pdcch-ConfigSIB1                PDCCH-ConfigSIB1,
    cellBarred                      ENUMERATED {barred, notBarred},
    intraFreqReselection            ENUMERATED {allowed, notAllowed},
    spare                           BIT STRING (SIZE (1))
}
```

NR系统定义了两种同步信号块：一种为小区标识同步信号块（CD-SSB，Cell Defining SSB）；另一种为非小区标识同步信号块（NCD-SSB，Non-Cell Defining SSB）。CD-SSB在同步栅格的频率上传输，且CD-SSB中的PBCH包含接收系统信息所对应的PDCCH监听信息，即终端可以基于该同步信号块获取系统信息，并驻留或接入小区。NCD-SSB的发送不仅仅限于同步栅格频率，NCD-SSB中的PBCH也不包含系统信息接收的相关信息，因此，即便在同步栅格上检测到NCD-SSB，终端也无法通过NCD-SSB驻留或者接入小区。如果终端在某一同步栅格频点检测到NCD-SSB后，因为无法接入或者驻留小区，终端还需要继续按同步栅格的频率间隔进行小区搜索。终端可能需要在一个频带内所有的同步栅格频点上进行多次搜索之后才能搜索到小区，并驻留或接入该小区。

为了减少终端对同步栅格频点的遍历搜索，同步栅格上的NCD-SSB可以传输一些CD-SSB频率位置指示信息。在Rel-15中，NCD-SSB中的PBCH可以提供两种指示信息帮助终端快速搜索到CD-SSB的频点。

第一种指示信息可以直接指示发送CD-SSB的同步栅格频点，根据这一指示信息终端可以在接收NCD-SSB指示信息后跳转到对应的频点进行CD-SSB搜索。如图4.2所示，终端在f_0频点监测到NCD-SSB，该NCD-SSB的PBCH可以指示该SSB为NCD-SSB，并指示在f_1频点存在CD-SSB。

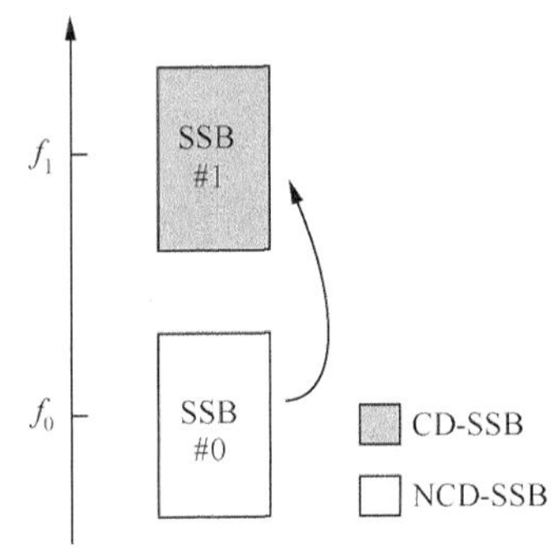

图4.2　NCD-SSB指示CD-SSB的频点

第二种指示信息用于指示一段频率范围内没有CD-SSB发送，终端在获得该信息后可以跳过该频率范围，在其他的频率位置进行CD-SSB的搜索。如图4.3所示，终端在f_0频点检测到NCD-SSB，该NCD-SSB的PBCH可以指示该SSB为NCD-SSB，并指示在f_x～f_y的频率范围内没有CD-SSB。

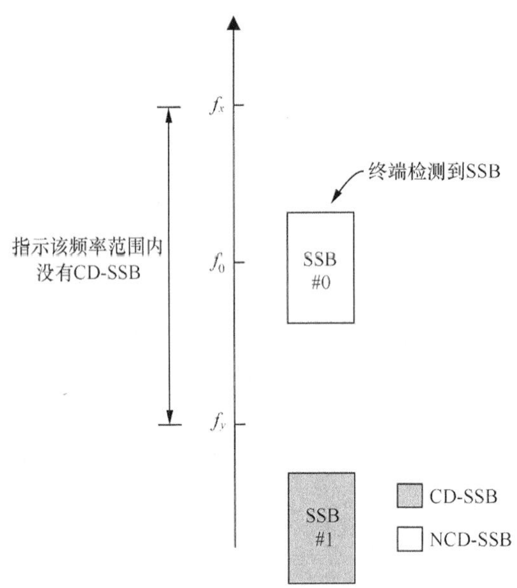

图4.3　NCD-SSB指示频率范围内没有CD-SSB

具体而言，如果终端检测到一个SSB为NCD-SSB，且PBCH指示$24 \leqslant k_{\mathrm{SSB}} \leqslant 29$（对于FR1）或者$12 \leqslant k_{\mathrm{SSB}} \leqslant 13$（对于FR2），则终端可以确定频率上最接近的可发送CD-SSB的同步栅格位置为$N_{\mathrm{GSCN}}^{\mathrm{Reference}}+N_{\mathrm{GSCN}}^{\mathrm{Offset}}$，其中，$N_{\mathrm{GSCN}}^{\mathrm{Reference}}$为终端检测到SSB的GSCN位置，$N_{\mathrm{GSCN}}^{\mathrm{Offset}}$为GSCN的偏移值，根据表4.3和表4.4可以确定具体的偏移值（由*pdcch-ConfigSIB1*中的*controlResourceSetZero*和*searchSpaceZero*参数联合确定）。k_{SSB}通过携带在MIB中的*ssb-SubcarrierOffset*信息域指示。

如果终端检测到一个SSB为NCD-SSB，且PBCH指示的$k_{\mathrm{SSB}}=31$（对于FR1），或者

k_{SSB}=15（对于FR2），则意味着在$\left[N_{GSCN}^{Reference}-N_{GSCN}^{Start}, N_{GSCN}^{Reference}+N_{GSCN}^{End}\right]$频率范围内的同步栅格上网络没有传输CD-SSB。$N_{GSCN}^{Start}$和$N_{GSCN}^{End}$分别由*pdcch-ConfigSIB1*中的*controlResourceSetZero*和*searchSpaceZero*参数指示。如果指示的GSCN的范围为$\left[N_{GSCN}^{Reference}, N_{GSCN}^{Reference}\right]$，则认为检测到的NCD-SSB未提供任何关于CD-SSB的频率位置信息。

表4.3 [k_{SSB},*controlResourceSetZero,searchSpaceZero*]和N_{GSCN}^{Offset}的映射关系（FR1）

k_{SSB}	16×*controlResourceSetZero* +*searchSpaceZero*	N_{GSCN}^{Offset}
24	0，1，…，255	1，2，…，256
25	0，1，…，255	257，258，…，512
26	0，1，…，255	513，514，…，768
27	0，1，…，255	−1，−2，…，−256
28	0，1，…，255	−257，−258，…，−512
29	0，1，…，255	−513，−514，…，−768
30	0，1，…，255	保留值，保留值，…，保留值

表4.4 [k_{SSB},*controlResourceSetZero,searchSpaceZero*]和N_{GSCN}^{Offset}的映射关系（FR2）

k_{SSB}	16×*controlResourceSetZero* +*searchSpaceZero*	N_{GSCN}^{Offset}
12	0，1，…，255	1，2，…，256
13	0，1，…，255	−1，−2，…，−256
14	0，1，…，255	Reserved，Reserved，…，Reserved

此外，PBCH携带的MIB中也包括一些指示信息，这些指示信息可以减少终端不必要的接收动作的指示信息。举例如下。

（1）小区禁止接入（Cell barring）指示，用于指示该小区禁止终端接入，终端可以终止在该小区继续进行初始接入尝试。

（2）同频小区重选指示，用于指示同频邻区是否可以重选，如果不允许重选，则终端可以避免对同频邻区进行重选、驻留、接入的尝试。

上述指示信息有助于终端降低小区搜索和驻留过程中的功耗。

3. 随机接入

根据第3章中的功耗评估方法可知，减少终端发送、接收的活动频次或总活动时间可以有效地降低终端的功耗。在Rel-16的新增功能中包含对随机接入流程进行的增强，在传统的4步随机接入（4-Step RACH）的基础上，进一步引入了传输时延更短、收发频次更少的2步随机接入（2-Step RACH）过程。

2步随机接入过程相比于4步随机接入过程减少了接入流程中终端的上行发送次数和下行接收次数，两者的基本流程如图4.4所示。

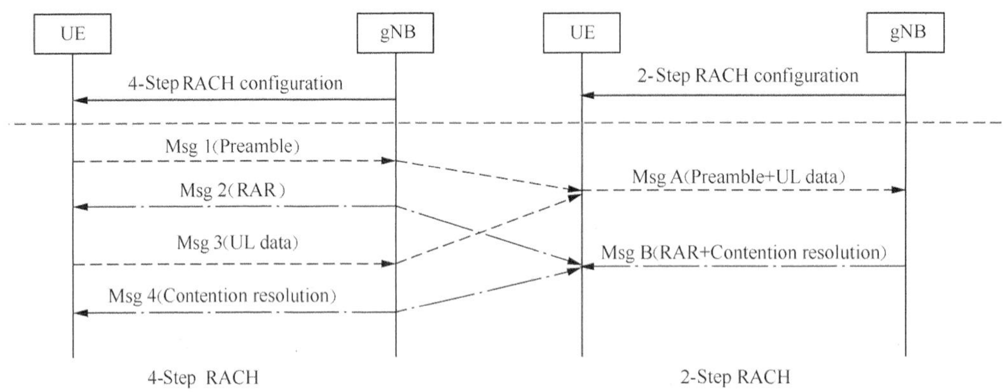

图4.4　4步随机接入和2步随机接入基本流程

在4步随机接入过程中，终端首先发送Msg 1（Message 1），即一个在随机接入过程中标识身份的前导码（Preamble）。发送Msg 1之后，终端在随机接入响应（RAR，Radom Access Response）时间窗口中监听网络的应答RAR，即Msg 2。终端收到RAR后，根据RAR中携带的调度信息进行Msg 3的传输，Msg 3中包含终端的ID和RRC连接建立请求消息。发送Msg 3之后，终端开始监听竞争解决（Contention resolution）信息，即Msg 4。如果竞争解决不成功，终端重新发起整个接入过程。

在竞争的2步随机接入过程中，终端首先发送Msg A，Msg A中包含物理随机接入信道（PRACH，Physical Random Access Channel）的传输和PUSCH的传输，其中，PRACH的发送资源在PUSCH的发送资源之前，且两者的发送资源具有映射关系，如图4.5所示。从功能上，2步随机接入中的Msg A类似于4步随机接入中的Msg 1和Msg 3的合并。Msg A的PRACH为Preamble序列，PUSCH部分承载了RRC连接建立请求消息。

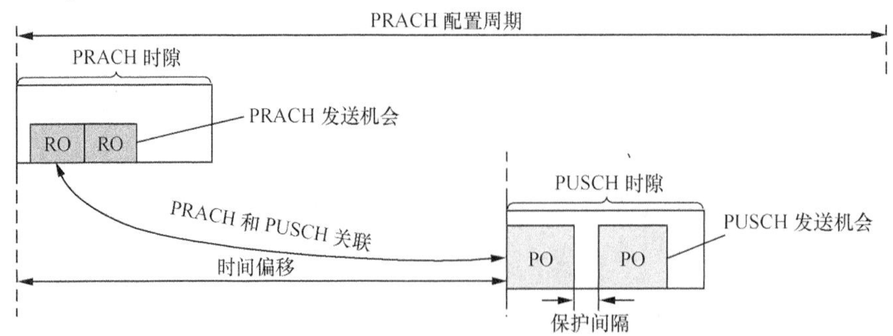

图4.5　Msg A中PRACH部分和PUSCH部分的发送资源的映射

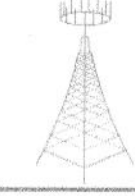

在完成Msg A传输之后，终端进行一个时间窗内监听网络的应答，即Msg B。Msg B中包含竞争解决信息。如果竞争解决不成功，则终端重新发送Msg A。

简单而言，2步随机接入中的Msg A对应的PRACH和PUSCH分别实现了4步随机接入过程中的Msg 1和Msg 3对应的功能，包括发送上行同步信号、传输公共控制信道（CCCH，Common Control Channel）服务数据单元（SDU，Service Data Unit）等。Msg B实现了4步随机接入过程中的Msg 4的功能，包括发送定时提前（TA，Timing Advanced）命令、竞争解决ID等。如图4.6所示，终端在随机接入过程中收发信号的次数从4减少到了2。因此，2步随机接入不仅降低了终端的接入时延，也减少了终端实现相同功能所需的工作时间，从而降低了终端的小区初始接入过程中收发信号的功耗。

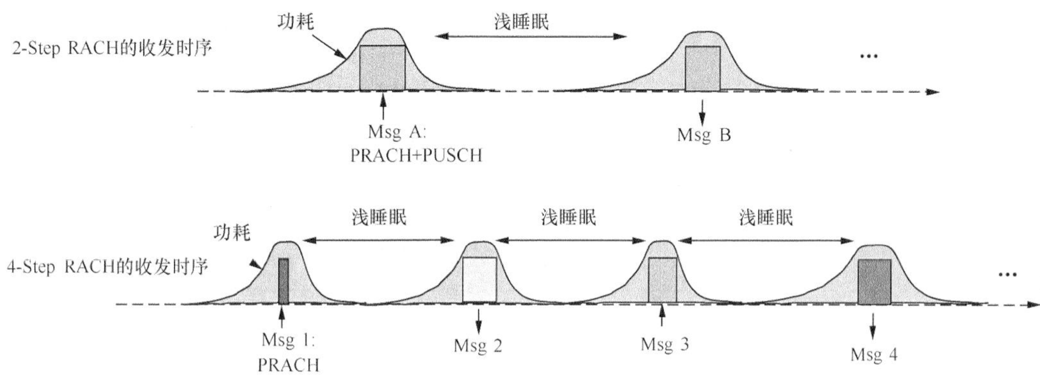

图4.6 2步随机接入的节能原理

我们假设对如下参数进行2步随机接入和4步随机接入的功耗对比。假设帧结构为DDSUUDDDSU，在2步随机接入中，Msg A中的PRACH和PUSCH在相邻的两个时隙，即时隙3、时隙4中传输，Msg B在时隙7中进行传输；在4步随机接入中，PRACH在时隙4中传输，Msg 2在时隙7中传输，Msg 3在时隙9中传输，Msg 4在时隙12中传输。由表4.5的分析可知，在一次成功的随机接入流程中，2步随机接入相比于4步随机接入有约20%的节能增益。

表4.5 2步随机接入的节能效果估算

时隙编号	时隙类型	终端行为（2步随机接入）	相对功率	终端行为（4步随机接入）	相对功率
0	D				
1	D				
2	S				
3	U	发送：PRACH	700		
4	U	发送：PUSCH	700	发送：PRACH	700
5	D	微睡眠	45	微睡眠	45

续表

时隙编号	时隙类型	终端行为（2步随机接入）	相对功率	终端行为（4步随机接入）	相对功率
6	D	微睡眠	45	微睡眠	45
7	D	接收：Msg B（PDCCH+PDSCH）	300	接收：Msg 2（PDCCH+PDSCH）	300
8	S			微睡眠	45
9	U			发送：（Msg 3）PUSCH	700
10	D			微睡眠	45
11	D			微睡眠	45
12	D			接收：Msg 4（PDCCH+PDSCH）	300
13	S				
14	U				
15	D				
16	D				
17	S				
18	U				
19	U				
总功耗			1790		2225

4.1.2 系统信息接收中的节能设计

1. 系统信息更新

为了降低系统频繁更新信息带来的系统复杂度和终端功耗，在NR Rel-15中，人们沿用了LTE系统的信息更新流程和变更周期的设计。

处于空闲态/非激活态的终端在每个非连续接收（DRX，Discontinuous Reception）周期需要利用相应的寻呼机会（PO）监听系统信息变更指示。处于连接态的终端，如果网络配置了PDCCH公共搜索空间，包括监听寻呼消息的搜索空间参数*PagingSearchSpace*、监听SIB1（System Information Block 1，系统信息块1）消息的搜索空间参数*SearchSpaceSIB1*和监听OSI（Other System Information，其他系统信息）的搜索空间参数*searchSpaceOtherSystemInformation*，则终端需要在激活的BWP上，在每个系统信息变更周期（MP，Modification Period）内至少监听一次系统信息变更指示。其中终端可以在任意寻呼机会监听系统信息变更指示。如果终端收到的寻呼短消息（Short Message）中包含了系统信息变更指示，则终端需要在下一个系统信息变更周期开始时获取流程来获取系统信息。

NR系统的信息发送机制与LTE系统类似，都是周期性发送，不同的系统信息块（SIB）的发送周期可以不同。除了MIB和SIB1外，网络可以将发送周期相同的多个其他SIB合并成一个SI进行发送。网络通过SIB1来指示各个SIB和SI的映射关系，以及各SI的发送时间窗口，如图4.7所示。

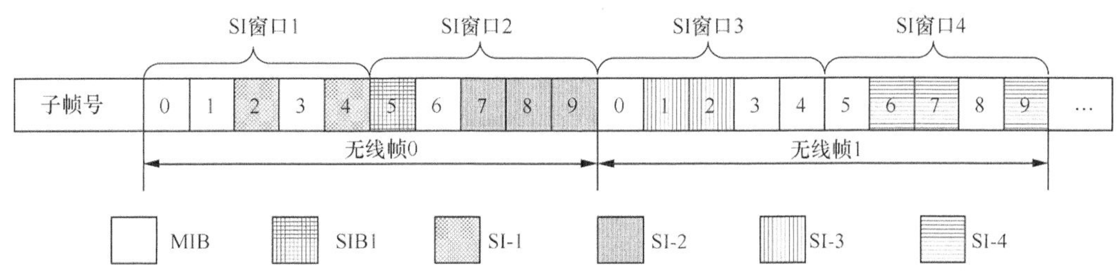

图4.7　NR系统的信息发送窗口

这样设计的好处是，时间窗口内的系统信息可以进行合并，提升成功接收信息的概率，而且终端可以只接收必要的或者发生了变更的系统信息，不需要接收所有的系统信息，这降低了终端接收系统信息的功耗。

当然，在NR系统中，在除了MIB和SIB1外的其他系统信息中，部分系统信息支持基于终端请求的非周期性广播发送方式。这样设计的原因是：网络周期性广播系统信息造成较大的资源开销和网络功耗，且会对邻小区产生干扰，而且部分5G小区覆盖区域小，在大部分时间里小区内没有需要读取系统信息的终端。在基于终端请求的非周期性广播发送方式中，由于终端在获得系统信息之前需要向网络侧发送请求消息，因此，会造成一定的终端功耗增加，但是这也能降低网络功耗和干扰。所以NR系统的设计兼顾了终端和网络侧的整体系统性能。

2. 系统信息有效性验证

为了有效节省终端的功耗，NR系统在设计时针对如何维持系统信息的有效性问题引入了基于单个系统信息块的有效性验证（Per-SIB ValueTag）和基于区域的系统信息有效性验证（Per-Area ValueTag）机制。

（1）基于单个系统信息块的有效性验证（Per-SIB ValueTag）

由于系统信息对终端的小区驻留和接入而言非常重要，因此，必须要有机制来保证终端侧系统信息的实时性和有效性。终端接收到系统信息后会存储下来，通常系统信息的有效期是3小时，即在3小时内，同一版本（ValueTag）对应的系统信息是相同的且有效的。在系统信息有效期内，终端只有在离开本小区范围或者收到系统信息的变更通知时才会重新获取系统信息。

终端一旦发生如下事件之一，就会发起系统信息获取过程：开机、小区选择、小区重选、从无网络覆盖区域移动到有网络覆盖区域内、接收到同步重配完成消息、通过另一种无线接入技术（RAT，Radio Access Technology）进入当前网络、接收到系统信息变更指示、接收到公共告警消息指示或从上层接收到请求（比如定位请求等）且终端没有一个存储系统信息块或请求的系统信息块的有效版本。

因此，终端判断系统信息是否改变的方法如下。

① 连接态终端可以通过如下方法判断系统信息是否改变。

- 定期检测SIB1中的版本信息。
- 监听短消息指示。

② 空闲态或非激活态终端可以通过如下方法判断系统信息是否改变。

- 持续在当前小区的终端，监听短消息指示。
- 离开小区再回到相同小区或者从另一小区移动到当前驻留小区的终端，需要检查系统信息的版本号。系统信息的版本号由SIB1中的*ValueTag*标识符指示，它指示当前网络广播的有效系统信息版本。*ValueTag*字段的取值是0～31，系统每进行1次系统信息变更过程，就将该字段递增1，因此NR系统在系统信息有效期内最多可以指示32个不同版本的系统信息。终端通过对比当前存储的有效期内的系统信息的版本号与网络广播的系统信息的版本号，即可判断当前存储的系统信息的版本是否是最新的。

如果终端在一个系统信息变更周期内没有收到系统信息变更指示，则认为在接下来的一个变更周期里系统信息不会发生变化。所以，如果网络侧要修改常规的系统信息参数，就需要发送系统信息变更指示，终端在收到指示消息后，会接收MIB和SIB1，再检查SIB1中的版本号，以确定接收更新的系统信息。

在LTE系统中，SIB1中只有一个系统信息的版本号：

SystemInfoValueTag　　　　　　*INTEGER*（0…31）

该版本号由除了MIB/SIB1/SIB10/SIB11/SIB12外的其他所有系统信息块共享。如果其中任意一个系统信息块发生变化，则此版本号需要变更。对于终端来讲，若其中任意一个系统信息块发生变化，终端都需要重新读取所有的系统信息块（即便其中有的系统信息块没有发生变化，甚至有可能有的系统信息块并不是当前终端需要的），这样势必会造成终端频繁地读取更新的系统信息，从而增加终端侧的功耗。

造成上述问题的原因是终端无法判断网络中哪些系统信息块发生了变化。所以，在NR系统设计之初，即针对此问题进行了优化设计。在NR系统中，为除了MIB/SIB1/SIB6/SIB7/SIB8外的每个系统信息块引入了各自独立的版本号标识符，即*Per-SIB ValueTag*，在SIB1的*SI-SchedulingInfo*消息中发送。

终端收到系统信息变更指示后，会先接收MIB和SIB1，再根据SIB1中的各个系统信息块的*ValueTag*来确定具体哪些系统信息块发生了变化。这样，终端就可以根据当前存储的各个系统信息块的版本及自身的需求来确定是否获取更新的系统信息块。相比LTE系统的设计，NR中的*Per-SIB ValueTag*特性减少了终端不必要的系统信息块重复

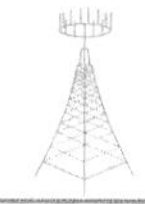

接收次数，有效降低了终端获取系统信息的功耗。

注意：SIB9中携带的系统时间信息的变化不会引起系统信息变更指示及*ValueTag*的改变。

（2）基于区域的系统信息有效性验证（Per-Area SIB ValueTag）

在LTE系统中，终端每更换一个小区，则默认前一个小区的系统信息全部失效，即这时终端需要在新小区重新读取所有的系统信息。而在实际的网络部署中，相邻小区的一部分系统信息块的内容很可能相同，或者相邻小区中相同版本的系统信息的内容很可能相同。终端在这些相邻小区之间移动时，会反复获取相同的或继续有效的系统信息，从而造成终端功耗的浪费。并且，NR系统部署有较多的高频场景，频率越高，小区覆盖范围也会越小，小区部署更加密集，造成终端在这些小区之间频繁切换或重选。如果继续采用LTE系统的设计，终端获取系统信息的功耗也会越多。为了避免由于终端反复获取上述相同或继续有效的系统信息块造成的终端功耗浪费，在5G NR系统中引入了系统信息区域相关的设计。

具体地，根据实际部署将若干个小区组成一个区域（Area），在这些区域内的多个小区可以共享相同的系统信息。例如，在一个区域内，各小区可以具有相同的系统信息，或者具有针对相同的系统信息块的有效版本号，终端会保存当前小区广播的系统信息和对应的版本号。终端在这个区域内不同小区之间移动时，可以根据各小区广播的系统信息的有效版本号和本地存储的版本号，跨小区判断当前存储的系统信息是否继续有效。具体而言，终端进入新小区后，如果新小区广播的系统信息版本号与终端当前保存的系统信息版本号相同，则终端可以直接使用所保存的系统信息，而不需要重新读取系统信息。这样终端可以有效地节省变换小区后重新接收系统信息的功耗。

在NR系统中，SIB1携带所属的区域标识*systemInformationAreaID*和各SIB的版本号*valueTag* 如下。

```
SI-SchedulingInfo ::=                SEQUENCE {
    schedulingInfoList                   SEQUENCE (SIZE (1..maxSI-
Message)) OF SchedulingInfo,
    si-WindowLength                      ENUMERATED {s5, s10, s20, s40, s80,
s160, s320, s640, s1280},
    si-RequestConfig                     SI-RequestConfig
OPTIONAL,  -- Cond MSG-1
    si-RequestConfigSUL                  SI-RequestConfig
OPTIONAL,  -- Cond SUL-MSG-1
    systemInformationAreaID              BIT STRING (SIZE (24))
OPTIONAL,   -- Need R
    ...
}
```

```
SchedulingInfo ::=                  SEQUENCE {
    si-BroadcastStatus                 ENUMERATED {broadcasting,
notBroadcasting},
    si-Periodicity                     ENUMERATED {rf8, rf16, rf32, rf64,
rf128, rf256, rf512},
    sib-MappingInfo                    SIB-Mapping
}

SIB-Mapping ::=                     SEQUENCE(SIZE(1..maxSIB)) OF SIB-TypeInfo

SIB-TypeInfo ::=                    SEQUENCE {
    type                               ENUMERATED {sibType2, sibType3,
sibType4, sibType5, sibType6, sibType7, sibType8, sibType9, sibType10-v1610,
sibType11-v1610, sibType12-v1610, sibType13-v1610, sibType14-v1610, spare3,
spare2, spare1,... },
    valueTag                           INTEGER (0..31)
OPTIONAL, -- Cond SIB-TYPE
    areaScope                          ENUMERATED {true}
OPTIONAL -- Need S
}

-- TAG-SI-SCHEDULINGINFO-STOP
-- ASN1STOP
```

终端在变更的小区获取SIB1后，根据SIB1携带的区域标识可以判断变更前后的两个小区是否属于同一个系统信息区域。如果变更前后两个小区的区域标识相同，且系统信息块的版本号也相同，则终端可以判定两个小区的系统信息块的内容也是相同的，此时终端无须在变更后的小区重新读取系统信息块。这里以NR中的基于区域的系统信息有效性验证（Per-Area SIB ValueTag）和基于单个系统信息块的有效性验证（Per-SIB ValueTag）为例进行说明，如图4.8所示。

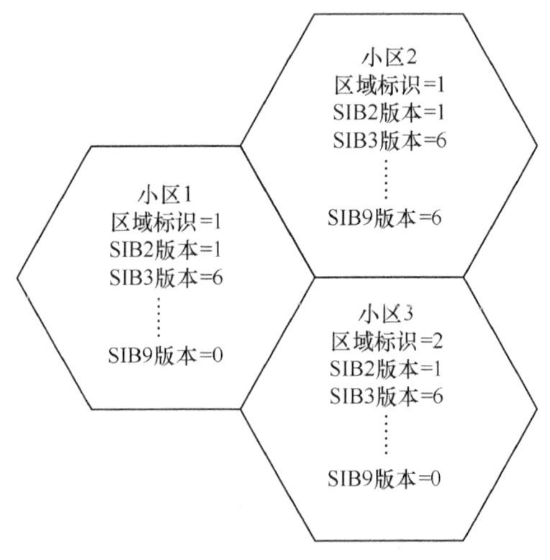

图4.8　NR中基于区域的系统信息有效性验证和基于单个系统信息块的有效性验证

小区1和小区2属于同一个区域（两者的系统信息区域标识相同，都为1），两个小区的部分系统信息块的版本号相同，如SIB2的版本号都为*ValueTag*=1，SIB3的版本号都为*ValueTag*=6，这说明这两个小区广播的SIB2和SIB3系统信息块的内容是相同的。当终端在小区1和小区2之间移动时，不需要重复读取SIB2和SIB3。

两个小区的部分系统信息块的版本号也可以不同，比如小区1和小区2的SIB9的版本号分别是*ValueTag*=0和*ValueTag*=6，当终端在小区1和小区2之间移动时，可以判断当前有效的系统信息块的版本不同，因此需要重新读取SIB9。

而小区1（或小区2）与小区3属于不同的区域（它们的系统信息区域标识不同，分别为1和2），即使小区1（或小区2）与小区3有若干系统信息块的版本号相同，比如SIB2或SIB3在两个小区系统信息块的版本号一样，都是*ValueTag*=1或*ValueTag*=6，但是由于两个小区不属于相同的区域，所以终端在小区1（或小区2）与小区3之间移动时，需要重新读取所有系统信息块。

当然，在实际系统中，网络也可以不配置上述系统信息区域的信息，则对应的每一个小区就可以被看作一个单独的小区，即回退到LTE的每小区系统信息读取方式。

在NR系统中，基于单个系统信息块的有效性验证和基于区域的系统信息有效性验证的设计可以降低终端读取系统信息的频率，从而降低终端的功耗。

4.1.3　寻呼和空闲态非连续接收（DRX）

我们知道，终端处在连接态时需要更频繁地进行测量、同步和控制信道监听，因此相对于空闲态或非激活态，处于连接态的终端的功耗要更高。所以一般情况下，当没有业务需求时，终端会进入空闲态或非激活态。为了使网络能随时“找到”并“唤醒”终端，网络会向终端发送寻呼消息。相应地，处于空闲态和非激活态的终端，需要监听到寻呼消息才能完成后续响应。但是，在绝大多数情况下终端没有业务需求，因此网络并不需要寻呼终端，此时如果终端一直持续监听寻呼，将会带来较大的功耗。

为了降低终端功耗，终端可以和网络侧约定一个周期性的时刻来监听网络侧可能发送的寻呼消息，即终端可以使用非连续接收（DRX）方式周期性地监听寻呼消息。当DRX开启时，除了监听寻呼消息时刻外，终端在其他时间都会进入睡眠状态，从而达到节能的目的。寻呼消息的监听周期即为I-DRX周期。

处于空闲态的终端需要监听来自核心网（CN，Core Network）发起的寻呼，而处于非激活态的终端，除了要监听来自核心网发起的寻呼，还要监听无线接入网（RAN）侧发起的寻呼。如果终端只需要在每个DRX周期内，在终端和网络侧约定的寻呼时刻监听一次寻呼信道，这个寻呼信道监听时刻就被称为寻呼时刻。

具体地，终端在约定的寻呼时刻先去监听由寻呼-无线网络临时标识（P-RNTI，Paging-Radio Network Temprory Identity）加扰的PDCCH，进而判断其调度的PDSCH上是否有承载的寻呼消息。其过程为：如果终端检测到P-RNTI加扰的PDCCH，则会根据PDCCH上指示的PDSCH的参数去接收承载在PDSCH上的寻呼消息；如果终端未检测到P-RNTI加扰的PDCCH，则可以判断在本I-DRX周期内没有寻呼消息，也不需要再去接收PDSCH，此时终端可以进入休眠状态直到下一个I-DRX周期对应的寻呼时刻再醒来进行监听。

利用这种周期性监听寻呼机制，在每个I-DRX周期内，终端只需要在约定的时刻醒来去接收PDCCH，而在其他时间段内都可以休眠，从而达到节能的目的。

上述约定的每个I-DRX周期的寻呼时刻是由寻呼帧（PF，Paging Frame）和寻呼机会（PO）确定的。其中，寻呼机会是指网络用于发送寻呼DCI的一组PDCCH对应的监听机会，它可以包括多个时隙；寻呼帧是指一个无线帧，它可以包括一个或多个寻呼机会的起始位置。

PF和PO都是根据协议中定义的计算方法确定的，具体计算方法如下。

满足公式（4.1）的所有系统帧号（SFN，System Frame Number）的值即是PF。

$$(SFN + PF\_offset) \bmod T = (T \operatorname{div} N) \times (UE\_ID \bmod N) \quad (4.1)$$

计算出PF后，终端需计算出相应的PO在PF上的位置i_s，它用于指示PO对应的编号，再根据i_s与PO之间的映射关系，确定终端需要监听PDCCH所对应的精确的时间位置，计算i_s的公式如下。

$$i\_s = \text{floor}(UE\_ID/N) \bmod Ns \quad (4.2)$$

相关参数含义如下。

- T：终端的I-DRX周期。
- N：一个I-DRX周期内的寻呼帧数。
- Ns：一个寻呼帧内的寻呼机会数。
- PF_offset：寻呼帧的偏移量。
- UE_ID：终端标识或者终端组标识，它根据*5G-S-TMSI* mod 1024计算得出。相当于将所有的终端分为1024组，每一组终端在相同的寻呼机会上被寻呼。

终端的I-DRX周期等于终端特有的DRX周期*UE specific DRX cycle*和系统默认的DRX周期*Default DRX cycle*两者中的较小值。具体地，系统默认的DRX周期在系统信息中广播。对于CN发起的寻呼，终端特有的DRX周期由上层（Upper Layer）通过非接入层（NAS，Non-Access Stratum）信令配置；对于RAN侧发起的寻呼，终端特有的DRX周期由网络通过RRC信令配置。对于空闲态终端，如果上层没有配置终端特有的DRX周期，则使用系统默认的DRX周期。

系统默认的DRX周期是网络侧通过SIB1消息广播中的*DownlinkConfigCommonSIB information element*（信息单元）参数配置给小区中所有终端的，如下。

DownlinkConfigCommonSIB information element

```
PCCH-Config ::=                 SEQUENCE {
   defaultPagingCycle                     PagingCycle,
```

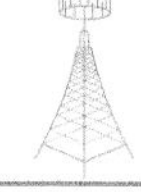

```
-----------ommit-------------
   ...
}
PagingCycle ::=                    ENUMERATED {rf32, rf64, rf128, rf256}
```

当网络没有为终端配置eDRX时，终端的DRX周期取值是320 ms～2.56 s。

N、*Ns*、*PF_offset*由网络通过SIB1配置（包括直接配置或者通过参数*nAndPagingFrameOffset* 隐式配置）。

*i_s*与PO具体的映射关系由网络根据*pagingSearchSpace*、实际传输的SSB数量、*firstPDCCH-MonitoringOccasionOfPO*等参数确定。

终端监听寻呼PDCCH时域位置由参数*pagingsearchspace*指示，终端根据该参数确定接收P-RNTI加扰的PDCCH的搜索空间时域位置。其中，*pagingsearchspace*在SIB1的*PDCCH-ConfigCommon*参数中指示。

通过搜索空间参数配置，终端可以确定搜索空间的周期和偏移，具体由上述以时隙为指示单位的*monitoringSlotPeriodicityAndOffset*、每个周期内的持续监听的时隙个数（*duration*），以及每个时隙内的监听起始符号的位置（*MonitoringSymbolsWithinSlot*）共同确定。终端根据这些配置参数，可以确定所有的寻呼PDCCH监听时域位置，再根据对应的CORESET配置信息，可以确定每个用于监听寻呼的CORESET的时频资源。

在LTE系统中，一个PO即一个子帧（Subframe），终端根据协议中定义的公式计算出PF和PO，就可以确定接收寻呼消息的具体系统帧号和子帧号。而5G NR系统中因为PDCCH搜索空间是可以配置的，所以它不再是每一个帧里的固定时域位置，其周期也不再以帧为单位，而是以时隙为单位。因此，终端需要通过上述PDCCH搜索空间配置信息确定寻呼PDCCH监听的时域位置。而且每个PO都要包含若干个寻呼PDCCH监听的时域位置，每个寻呼PDCCH监听的时域位置对应一个SSB。网络将一个PO中的第*K*个寻呼PDCCH监听的时域位置与实际传输的第*K*个SSB对应起来，其中寻呼PDCCH监听的时域位置的个数*S*即为一个SSB周期内实际发送的SSB个数。因此，在确定了寻呼PDCCH监听的时域位置和PF、PO后，终端还要将寻呼PDCCH 监听的时域位置与PO进行对应，才能确定其寻呼PDCCH 监听的时域位置。

根据上述介绍可知，在5G NR系统中，一个PO不再是一个子帧而是若干个寻呼PDCCH监听的时域位置，PO由SIB1中*PDCCH-ConfigCommon*的参数*firstPDCCH-MonitoringOccasionOfPO*确定。从PF的第一个寻呼PDCCH监听的时域位置开始编号，如果网络配置了参数*firstPDCCH-Monitoring OccasionOfPO*，则第（i_s+1）个PO对应的寻呼PDCCH 监听时域起始位置编号为该参数的第（i_s+1）个值；如果网络未配置该参数，则第（i_s+1）个PO对应的寻呼PDCCH 监听时域起始位置编号为$i_s \times S$，其中，S为系统中SSB的个数。在3GPP TS 38.304中详细地描述了PO的具体确定方法。

另外，在NR系统中，在较高的频率下使用波束赋形来补偿路径损耗，从而导致一个波束不能覆盖全小区，所以引入了多波束（Multi-Beam）进行覆盖增强。在多波束场景下，网络侧需要使用多个波束传输寻呼消息，即需要以发射波束扫描的方式来发送寻呼消息。如图4.9所示，基站在连续6个子帧上发送寻呼信号，并轮询使用6个不同的发射波束（B1～B6）。

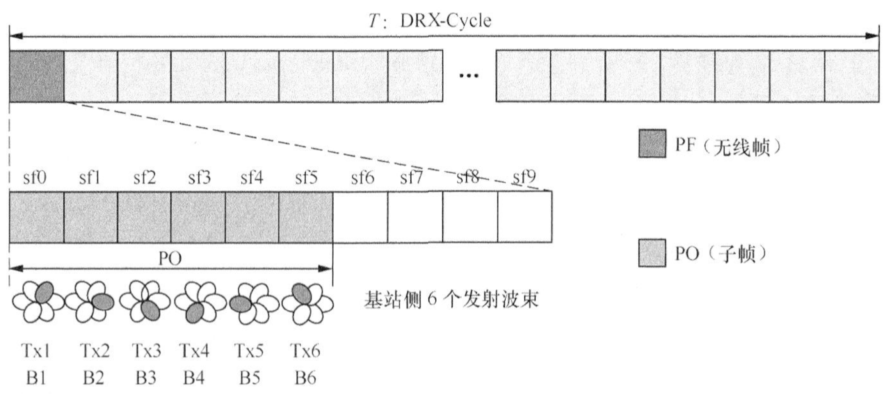

图4.9 基站采用发射波束扫描方式发送寻呼消息

根据当前的标准设计，终端可以假设在所有的传输波束上发送的寻呼消息或短消息（下一节讲到）内容都是一样的，所以终端可以根据需要来选择在部分或者全部波束上接收对应的寻呼消息或短消息。这样的多波束设计可以保证终端无须在扫描所有波束的情况下也能正确接收到寻呼消息，从而节省终端的功耗。

处于空闲态或非激活态的终端，除了需要监听寻呼消息外，还需要保持系统信息的更新，所以当系统信息发生改变时，包括常规的系统信息变更和突发事件引发的系统信息变更，比如网络拥塞触发小区重选参数的调整，或者触发地震海啸预警系统（ETWS，Earthquake and Tsunami Warning System）发送信息等，网络都需要发送短消息及时通知终端，终端可以在收到通知后获取最新的系统信息。

在LTE系统中，网络通过寻呼消息携带系统信息更新指示，即当系统信息改变时，网络侧向终端发送携带系统信息更新指示的寻呼消息，寻呼消息承载在物理层PDSCH上。考虑到在没有寻呼消息的情况下，终端为了接收系统信息的更新依然需要解调PDSCH，从而增加功耗，在后期支持窄带物联网（NB-IoT，Narrow Band IoT）和MTC（Machine-Type Communication）的版本中引入了直接指示信息（Direct Indication Information），使网络可以直接通过MPDCCH（MTC Physical Downlink Control Channel）或NPDCCH（NB-IoT Physical Downlink Control Channel）来指示系统信息的更新。这样终端在没有寻呼消息的情况下，只需要通过解码PDCCH即可获取系统信息变更的指示。

考虑到终端节能的效果，NR系统的设计借鉴了MTC和NB-IoT的设计方案，系统信息的变更指示可通过PDCCH携带短消息的方式来发送。当接收到携带系统信息变更指示的短消息时，终端需要获取所需要的系统信息。

短消息在通过P-RNTI加扰的PDCCH上传输，网络使用DCI（Downlink Control Information）format 1_0中的短消息域来指示，如表4.6所示。

表4.6　NR系统中的PDCCH短消息

比特位	短消息含义
1	系统信息变更指示（*systemInfoModification*） 如果将该参数设置为1，则指示系统信息的变更（除SIB6、SIB7、SIB8外的其他系统信息）
2	公共告警指示（*etwsAndCmasIndication*） 如果将该参数设置为1，则指示ETWS主告知、辅告知、商用移动告警系统（CMAS，Commercial Mobile Alert System）告警
3	停止寻呼监听 此比特位只用于共享频谱信道接入，且网络配置了参数*nrofPDCCH-MonitoringOccasionPerSSB-InPO*。 如果将该参数设置为1，则指示终端可以在当前寻呼时机停止监听寻呼消息对应的PDCCH监听机会
4～8	预留比特位，Rel-15版本中未使用

网络可以单独发送携带短消息的PDCCH或者将短消息与相关的寻呼消息一起发送。

常规系统信息的变更流程为：在系统信息变更前，网络发送寻呼消息，指示系统信息即将变更；在系统信息变更周期（MP，Modification Period）的边界，网络开始发送变更后的系统信息。如果终端在一个寻呼时机接收到短消息，且短消息携带了系统信息变更指示，则终端从下一个变更周期的起始位置按系统信息接收流程接收更新的系统信息，如图4.10所示。

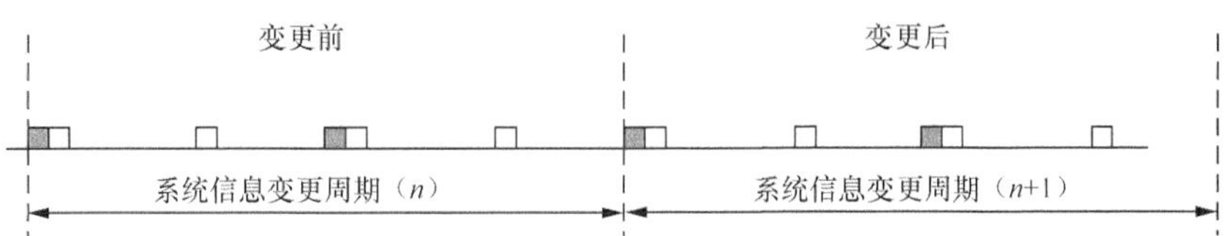

图4.10　NR系统的常规系统信息变更

突发事件触发的系统信息变更流程为：网络发送寻呼消息，指示系统信息变更，同时，网络立即广播变更后的系统信息，即系统信息变更不受变更周期边界的限制。如果短消息携带了公共告警指示，如ETWS或CMAS，则具有相应能力的终端立即接收SIB1和对应的公共告警系统信息（SIB6、SIB7、SIB8）。

通过短消息的设计，终端在接收更新的系统信息或公共告警系统信息时，只需要接收短消息对应的PDCCH，而不需要解调寻呼消息对应的PDSCH，这样可以有效降低终端功耗。

4.1.4 Rel-17寻呼监听增强和寻呼提前指示（PEI）

1. PEI 基本原理

在LTE系统中，网络在每个下行时隙都发送公共参考信号（CRS，Common Reference Signal），处于空闲态的终端可以随时基于CRS进行下行同步跟踪、RRM测量等。为了减少干扰和降低网络能耗，NR系统不支持“ALWAYS ON”的CRS发送，因此处于空闲态或非激活态的NR终端在接收寻呼消息之前，可能需要处理一个或多个SSB来完成下行自动增益控制（AGC，Automatic Gain Control）的调整、下行时频同步和RRM测量等处理，以满足寻呼消息的检测性能要求，这导致了NR系统的终端在空闲态/非激活态的功耗明显高于LTE系统的终端的功耗，本书2.2节提供的LTE和NR系统空闲态终端功耗对比测试也证实了这一点。

如图4.11所示，当终端位于低SINR区域时，在接收寻呼消息前，终端可能需要处理3个SSB完成相应的AGC调整、同步和测量动作；当终端位于中SINR和高SINR区域时，终端在接收寻呼消息前需要处理的SSB数目相应减少，例如，当终端位于中SINR区域时需要处理2个SSB，当终端位于高SINR区域时要处理1个SSB。

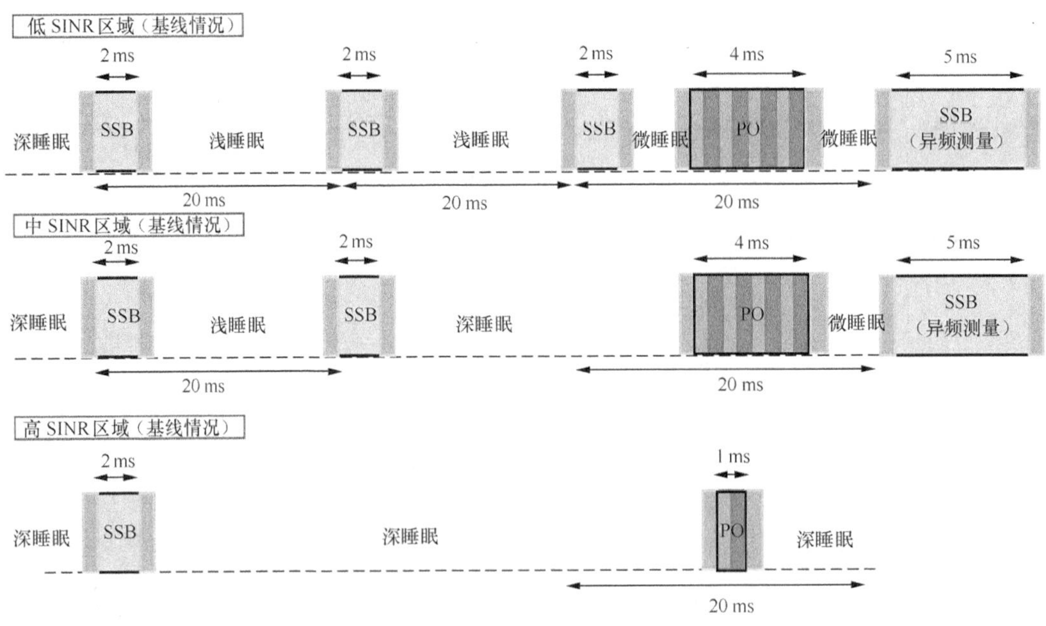

图4.11 NR系统终端接收寻呼处理时序图

为了降低NR系统终端在空闲态和非激活态的功耗，3GPP Rel-17中引入寻呼提前指示（PEI，Paging Early Indication）特性，即终端在检测PO之前，首先检测与PO对应的PEI，根据PEI的检测结果决定是否检测对应的PO。如果终端检测到PEI，则

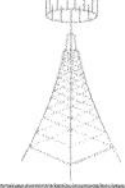

继续在对应PO监听寻呼消息；否则跳过对寻呼消息的监听。由于检测PEI所需的同步精度需求低于检测寻呼消息所需的同步精度需求，因此终端在检测PEI之前需要处理的SSB个数少于直接检测寻呼消息时需要处理的SSB个数。由于在大部分时间段内终端并没有寻呼消息，因此PEI的引入可以减少终端的SSB处理次数，达到节能的目的。

图4.12给出了当终端分别位于低SINR、中SINR和高SINR区域时，终端监听PEI的时间位置。当终端处于低SINR区域时，终端首先处理第一个SSB，当达到检测PEI所需的基本同步要求时，才检测PEI。如果终端检测到有效的PEI，则继续处理后续两个SSB，并在PO位置检测寻呼消息，以达到寻呼检测所需的精同步要求和完成RRM测量等；如果终端没有检测到有效的PEI，则无须处理后面两个SSB，也无须在PO位置检测寻呼消息。可以看到，当没有寻呼消息发送时，网络不发送PEI，因此，支持PEI的终端需要处理的SSB个数相比传统NR系统终端需要处理的SSB个数减少了2/3，达到了明显的终端节能效果。终端位于中、高SINR区域下的节能原理与上述原理类似，只是节能量较少。

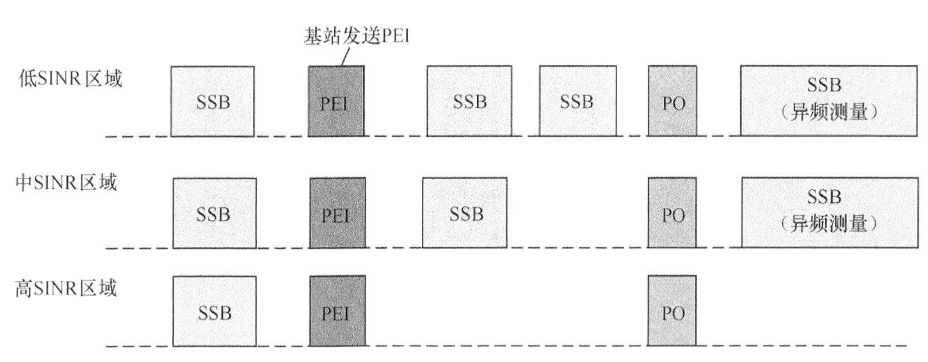

图4.12　PEI与SSB和PO的时间关系

根据Rel-17标准的讨论，PEI相关的终端行为有两种，如表4.7所示。

表4.7　PEI相关的两种终端行为

终端行为	描述
行为A	如果终端检测到PEI，则终端需要监听对应的寻呼消息； 如果终端在寻呼对应的所有PEI资源上没有检测到PEI，则不需要监听对应的寻呼消息
行为B	如果终端检测到PEI，则根据PEI的指示内容确定是否需要监听寻呼消息； 如果终端在寻呼对应的所有PEI资源上没有检测到PEI，则需要接收对应的寻呼消息

从表4.7中可以看出，行为A和行为B的设计逻辑正好是相反的：行为A中的PEI类似于唤醒指示信号（Wake up Signal），终端仅在收到PEI时才开始监听寻呼消息；行为

B中的PEI类似于睡眠指示信号（Go-to-Sleep Signal），终端在未收到PEI时开始监听寻呼消息。此外，行为A和行为B的区别还包括PEI指示内容，行为B的PEI除了可以指示终端监听寻呼消息外，还可以指示终端不需要监听寻呼消息。

因此，对于行为A而言，如果一个终端所在分组没有被寻呼，为了节省系统资源，基站不需要发送该终端分组对应的PEI，此时终端检测不到PEI，自然也不需要监听寻呼消息。但是对于行为B，如果终端所在分组没有被寻呼，则基站需要发送PEI指示，告知终端不需要监听寻呼消息，如果基站不发送与该终端对应的PEI，则终端检测不到PEI，将继续接收对应的寻呼消息，这不利于终端节能。行为A和行为B的差异导致了如果终端所在分组没有被寻呼，行为A要求基站可以不发送PEI，而行为B要求基站必须发送PEI。当终端所在分组被寻呼的概率较低时，与行为A相比，行为B的基站发送PEI所引起的资源开销明显增加。

根据上述对行为A和行为B的具体分析，图4.13给出了在组寻呼概率为10%时，行为A和行为B对应的基站和终端的处理流程。从图4.13中可以看出，采用行为A的基站有90%的概率（没有寻呼）不发送PEI，而采用行为B的基站仅有10%的概率（有寻呼）不发送PEI。行为B的基站发送PEI导致的资源开销明显大于行为A的基站发送PEI导致的资源开销。

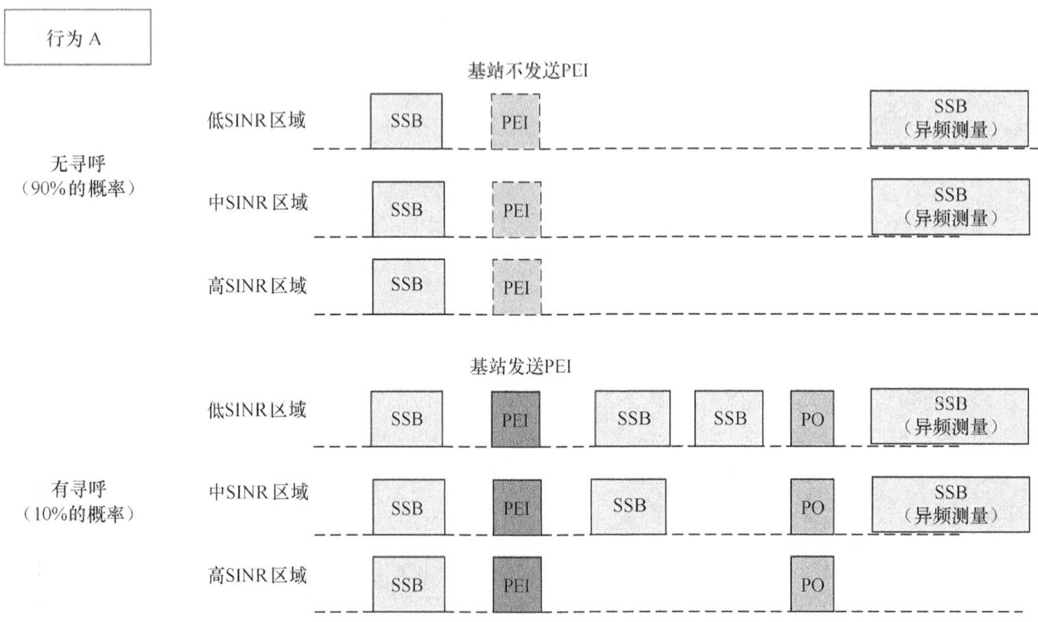

图4.13　行为A和行为B对应的基站和终端处理流程（组寻呼概率为10%）

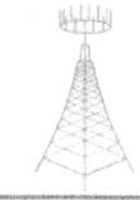

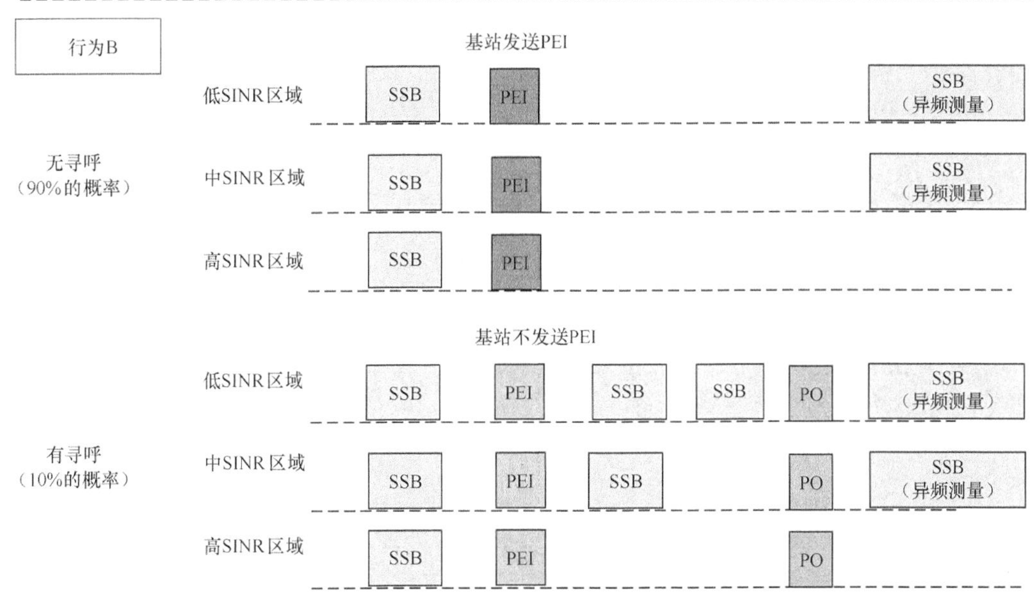

图4.13 行为A和行为B对应的基站和终端处理流程（组寻呼概率为10%）（续）

2. PEI 的设计

关于PEI的具体设计主要有两种观点：第一种观点是PEI是基于序列的；第二种观点是PEI是基于PDCCH的。

（1）基于序列的PEI

LTE Rel-15 NB-IoT/eMTC的唤醒信号是一种基于序列的PEI。对NR系统来讲，类SSS序列或者类TRS序列可以作为PEI的候选序列。如果采用类SSS序列或者类TRS序列作为PEI，那么终端可能基于PEI序列进行载波频偏（CFO，Carrier Frequency Error）校准，这是基于PDCCH的PEI不具备的特点。基于序列的PEI能够减少终端在PO前需要处理的SSB个数，因此，基于序列的PEI可以提供相比基于PDCCH的PEI更高的终端节能增益。此外，基站可以通过配置现有标准支持的速率匹配图案来支持基于序列的PEI与其他已有信号/信道的共存。

（2）基于PDCCH的PEI

NR Rel-16引入的连接态唤醒信号采用了基于PDCCH的PEI设计，具体为基站使用DCI format 2_6来发送唤醒信号。相比基于序列的PEI，终端检测基于PDCCH的PEI需要消耗更多的能量，因为每一次PDCCH的盲检测都需要信道估计和Polar（极化码）译码等步骤。目前协议支持的最小DCI载荷（Payload）为12比特。当前，处于空闲态或者非激活态的终端需要盲检测用于寻呼PDCCH的DCI format 1-0/0-0，其载荷大小约为40比特。如果基于PDCCH的PEI采用了不同的DCI载荷大小，那么处于空闲态或者非激活态的终端需要盲检测多种DCI载荷，这增加了终端盲检的复杂度；如果基于

PDCCH的PEI采用与用于寻呼PDCCH相同的DCI载荷大小（约40比特），将会降低PEI的检测性能。

下面我们将评估基于序列的PEI和基于PDCCH的PEI的性能。对基于序列的PEI检测，终端使用了非相干检测（Non-coherent Detection）的方法来检测两个目标序列，即一个公共序列和一个该终端所在分组对应的专属序列。如果序列检测的相关值大于预设门限，则终端认为检测到了目标序列。预设门限的取值需要确保序列的虚警概率（False Alarm Rate）低于0.01。具体的仿真假设参考表4.8。

表4.8 PEI链路仿真假设

参数	取值
载频	4 GHz
信道模型	TDL-C,300 ns,100 Hz
基站天线数	1
终端天线数	4
子载波间隔	30 kHz
类SSS的PEI	序列长度：127（每符号RE个数）； 序列类型：采用与SSS序列相同的序列； 序列占用的符号个数：1、2 或 4
类TRS/ CSI-RS的PEI	占用的RB个数：48 占用的符号数： • 1符号/时隙 • 2符号/时隙 • 4符号/2个连续时隙 密度：3 RE/RB
基于DCI/PDCCH的PEI	聚合等级：4、8或16 DCI载荷大小：12比特（最小值）或40比特（DCI format 1-0）
载波频偏（CFO，Carrier Frequency Error）	在[$-X$，X] ppm范围均匀分布； 对于基于序列的PEI或基于PDCCH的PEI：X=0.5； 对于寻呼PDCCH和PDSCH：X=0.1

注：基于PDCCH的PEI虚警概率很低，假设为0

图4.14(a)和图4.14(b)分别给出了在行为A和行为B下基于CSI-RS、SSS和PDCCH的3种PEI的联合漏检概率（MDR，Missed Detection Rate）链路仿真结果，其中，联合MDR定义了终端检测PEI，以及检测可能的寻呼PDCCH和寻呼PDSCH的总的MDR。在图4.14（a）中，基于行为A，寻呼PDSCH MCS0[采用调制与编码策略（MCS），不使用TBS缩放]的联合MDR（图中黑色实线）性能比大部分基于CSI-RS、SSS和PDCCH的PEI的联合MDR性能都要差，聚合等级（AL，Aggregation Level）为4的基于PDCCH的PEI和承载40比特信息的聚合等级为8的基于PDCCH的PEI除外；在图4.14（b）中，基于行为B，基于PDCCH的PEI的联合MDR性能好于基于序列的PEI的MDR性能，因为基于PDCCH的PEI的FAR（虚警概率）接近于0。

图4.14（c）和图4.14（d）分别给出了在行为A和行为B下，基于CSI-RS、SSS和DCI的PEI的MDR性能，与联合MDR的区别是这里仅考虑PEI检测性能，不考虑寻呼PDCCH和寻呼PDSCH的联合MDR性能。从图4.14（c）和图4.14（d）可以看出，基于序列的PEI的MDR性能整体上要好于基于PDCCH的PEI的MDR性能。

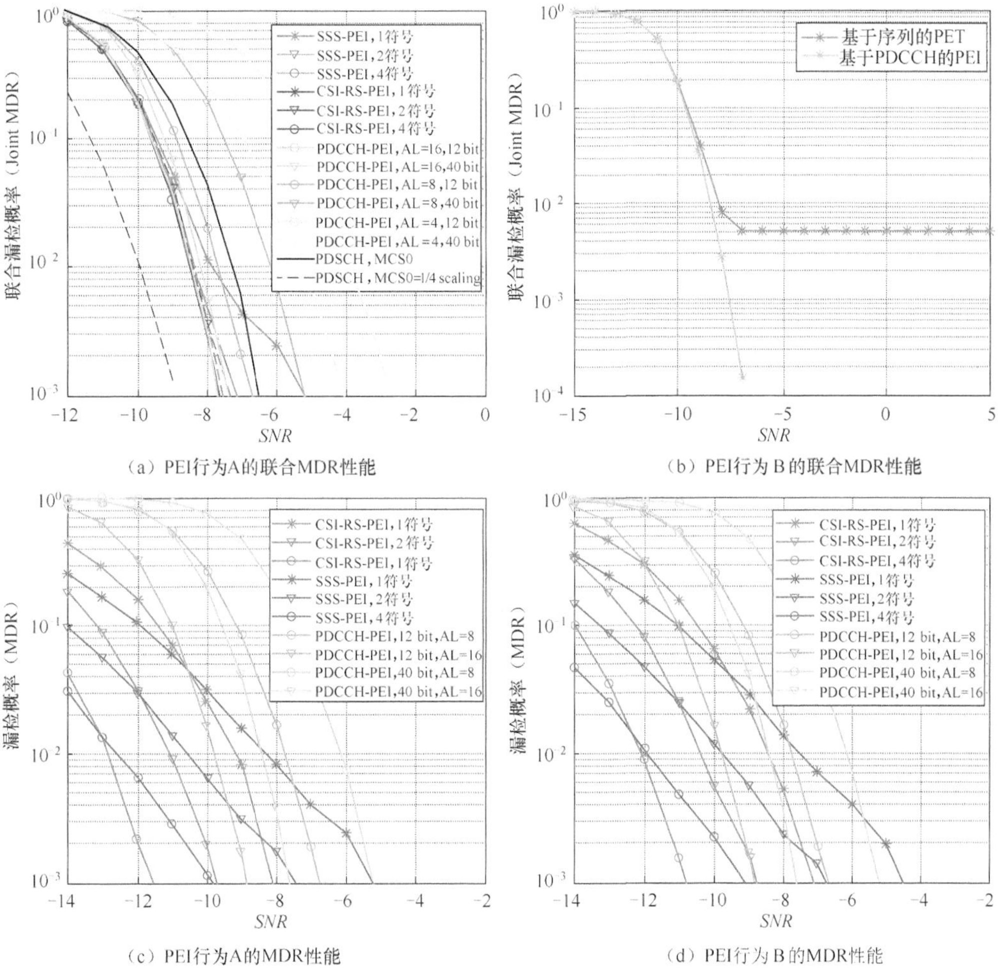

（a）PEI行为A的联合MDR性能

（b）PEI行为B的联合MDR性能

（c）PEI行为A的MDR性能

（d）PEI行为B的MDR性能

图4.14 几种PEI设计方案的链路仿真性能对比

除了联合MDR性能，终端节能效果也是选择PEI方案的重要指标。对于基于PDCCH的PEI来讲，终端在接收PEI之前需要处理至少一个SSB来消除频偏误差。如果PEI检测结果指示终端需要监听寻呼消息，则对于低SINR区域的用户来讲，在PO位置监听寻呼消息之前终端还可能需要处理额外两个SSB来获得解调寻呼消息所需要的时频同步精度，具体如图4.15所示。对于基于序列的PEI，以基于TRS的PEI为例，因为TRS本身具有和SSB类似的时频同步和RRM测量功能，因此，理论上当低SINR区域的终端检测到PEI指示终端在PO位置监听寻呼消息时，只需要处理额外一个SSB就能获得足够的时频同步精度。因此，对比基于PDCCH的PEI，基于序列的PEI能获得更大的节能增益。

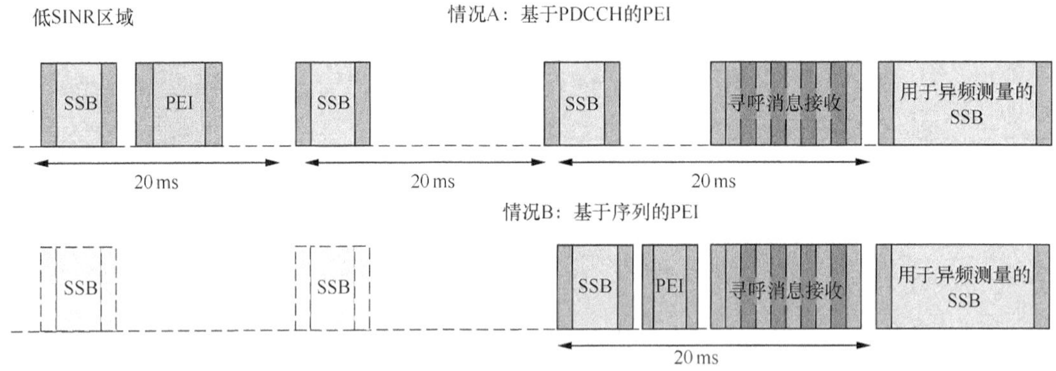

图4.15　不同PEI方案对应的寻呼消息接收流程

表4.9给出了不同PEI方案的终端节能增益比较，可以看出，相比没有开启PEI功能，基于PDCCH的PEI能够提供2.9%～24.43%的终端节能增益；相比没有开启PEI功能，基于序列的PEI能够提供7.54%～28.62%的终端节能增益。两种方案的具体增益大小与PO寻呼概率和SINR区域有关。需要说明的是，这组评估中假设每个PO仅有一个终端组。

表4.9　不同PEI方案的终端节能增益比较

PEI类型	未开启PEI功能时，在接收PO前，终端需要处理的SSB burst数量	每PO寻呼概率	节能增益	在检测PEI前，终端需要处理的SSB burst数量	在检测PEI后到检测寻呼前，终端需要处理的SSB burst数量
基于PDCCH的PEI	1（高SINR区域）	10%	9.25%	1	0
		20%	7.12%	1	0
		40%	2.90%	1	0
	2（中SINR区域）	10%	18.27%	1	1
		20%	15.67%	1	1
		40%	10.59%	1	1
	3（低SINR区域）	10%	24.43%	1	2
		20%	21.07%	1	2
		40%	14.49%	1	2
基于序列的PEI	1（高SINR区域）	10%	10.50%	1	0
		20%	9.51%	1	0
		40%	7.54%	1	0

续表

PEI类型	未开启PEI功能时，在接收PO前，终端需要处理的SSB burst数量	每PO寻呼概率	节能增益	在检测PEI前，终端需要处理的SSB burst数量	在检测PEI后到检测寻呼前，终端需要处理的SSB burst数量
基于序列的PEI	2（中SINR区域）	10%	21.82%	1	0
		20%	21.29%	1	0
		40%	20.25%	1	0
	3（低SINR区域）	10%	28.62%	1	0
		20%	28.09%	1	0
		40%	27.05%	1	0

基于序列的PEI和基于PDCCH的PEI的终端节能增益对比如表4.10所示，基于序列的PEI相对于基于PDCCH的PEI能获得1.38%～14.68%的节能增益，节能增益的大小与PO寻呼概率和SINR区域有关。

表4.10　基于序列的PEI和基于PDCCH的PEI的终端节能增益对比

	每时隙的平均功耗				基于序列的PEI相对于基于PDCCH的PEI的节能增益		
	基于序列的PEI（无寻呼/有寻呼）		基于PDCCH的PEI（无寻呼/有寻呼）		寻呼概率10%	寻呼概率20%	寻呼概率40%
低SINR区域	2.15	2.47	2.19	3.39	5.54%	8.89%	14.68%
中SINR区域	2.15	2.47	2.19	3.10	4.34%	6.66%	10.81%
高SINR区域	1.61	1.84	1.61	2.05	1.38%	2.57%	4.77%

从标准化工作量的角度考虑，基于PDCCH的PEI可以重用现有的某种DCI格式，重新定义其中的比特序列指示内容。终端还可以基于现有搜索空间集合（Search Space Set）确定PEI的监听时刻，从而减少标准化工作量。基于PDCCH的PEI还可以和其他的PDCCH共享控制资源集（CORESET，Control Resource Set），使控制信道资源得到高效利用。基于序列的PEI则要求设计序列的格式，例如，从已有序列中选择重用并设计序列的资源集和序列监听时刻。整体上看，基于序列的PEI的标准化工作量会大于基于PDCCH的PEI的标准化工作量。

最终，3GPP Rel-17接受了终端PEI监听行为A，以及基于PDCCH的PEI设计。

3. 指示终端分组的 PEI

当前设计的NR系统，多个终端可以共享同一个PO。如果共享同一个PO的多个终端中有任何一个终端需要被寻呼，那么基站需要在该PO前发送PEI，共享该PO的多个终端都可能检测到该PEI，且该PEI指示终端监听寻呼消息，这些终端都需要在后续的PO位置监听寻呼消息。而实际上该组内大部分终端可能并没有寻呼消息，这就导致了终端的虚警，不利于终端节能。

为了解决上述虚警问题，我们在设计PEI时可考虑将终端分组信息包含在PEI中。即PEI中包含终端分组信息，用于指示共享同一PO的哪些终端分组需要监听寻呼消息，这样处于不同组的终端可以按需监听寻呼消息，从而避免上述虚警问题。这类终端分组的PEI思想在LTE Rel-16 NB-IoT的唤醒信号标准化中已经被采纳。具体设计方案为：终端需要同时监听两个基于序列的唤醒信号，第一个唤醒信号为终端所在分组对应的专属唤醒信号，第二个唤醒信号为与共享PO的所有终端对应的公共唤醒信号。如果终端检测到两个唤醒信号中的任意一个，则终端需要监听唤醒信号对应的PO；如果终端未检测到这两个唤醒信号，则不需要监听PO。相应地，在网络侧，当共享PO的多个终端中只有一个组中的一个或多个终端需要被寻呼时，基站发送该组终端对应的唤醒信号序列；当共享PO的多个终端中没有任何一个终端需要被寻呼时，基站不需要发送任何唤醒信号；当共享PO的多个终端中有大于或等于两个组的终端需要被寻呼时，基站仅需要发送公共唤醒信号。

综上，从基站的角度来看，在唤醒信号发送时刻，基站要么只发送一个唤醒信号，要么不发送唤醒信号，具体由需要被唤醒的终端分组情况来决定；从终端的角度来看，在唤醒信号接收时刻，终端只需要检测两个目标唤醒信号，一个是与终端所在分组对应的唤醒信号，另一个是公共唤醒信号。如果终端检测到两个目标唤醒信号的任意一个，则终端需要接收目标唤醒信号对应的寻呼消息；如果终端未检测到这两个唤醒信号，则终端不需要接收对应的寻呼消息。

表4.11给出了LTE Rel-16 NB-IoT中基于序列的唤醒信号分组指示的概率分析，假设有8个终端组共享PO，系统采用9个PEI序列进行指示，其中，8个PEI序列分别与每个终端分组对应，1个公共PEI序列在大于或等于2个组的终端被唤醒的情况下进行指示。当所有终端分组都不需要唤醒时，网络可以不发送PEI。假设每个PO的寻呼概率（共享PO的所有终端中至少一个终端被寻呼的概率）为10%，表4.11给出了不同终端分组的终端需要被唤醒或不需要被唤醒的概率。从表中可以看出，有大于或等于2个子组的终端需要被同时唤醒的概率只有0.0046%，这说明基于该设计方案，不同终端子组的虚警概率很低。因此，NR Rel-17的PEI设计可以参考LTE Rel-16 NB-IoT的类似设计思想。

表4.11　LTE Rel-16 NB-IoT中基于序列的唤醒信号分组指示的概率分析

场景	对应的PEI序列索引	发生概率
大于或等于2个组的终端需要被唤醒	0	0.0046%
只有组1的终端需要被唤醒	1	0.0119%
只有组2的终端需要被唤醒	2	0.0119%
只有组3的终端需要被唤醒	3	0.0119%

续表

场景	对应的PEI序列索引	发生概率
只有组4的终端需要被唤醒	4	0.0119%
只有组5的终端需要被唤醒	5	0.0119%
只有组6的终端需要被唤醒	6	0.0119%
只有组7的终端需要被唤醒	7	0.0119%
只有组8的终端需要被唤醒	8	0.0119%
所有组的终端都不需要被唤醒	不需要发送PEI	0.9%

相较于不支持终端分组的PEI，支持终端分组的PEI能够带来额外的终端节能增益。表4.12给出了在每PO寻呼概率分别为10%、20%和40%时，共享PO的终端组数目分别是2、4、8的情况下，支持终端分组的PEI设计方案相比不支持终端分组的PEI设计方案带来的额外节能增益的评估结果。从表中可以看出，与不支持终端分组的PEI相比，支持终端分组的PEI带来的额外节能增益随着系统中每PO寻呼概率的增加而增加，并且该额外增益随着共享相同PO的终端分组个数的增加而增加。此外，低SINR区域终端获得的节能增益高于高SINR区域终端获得的节能增益。因此，Rel-17 PEI设计中支持使用PEI指示终端分组的方式。

表4.12　支持终端分组的PEI相比不支持终端分组的PEI带来的额外节能增益评估

支持终端分组的PEI相比不支持终端分组的PEI的节能增益	终端分组个数	低SINR区域	高SINR区域
每PO的寻呼概率=10%	2	2.80%	0.90%
	4	4.26%	1.37%
	8	5.01%	1.62%
每PO的寻呼概率=20%	2	5.11%	1.71%
	4	7.94%	2.66%
	8	9.36%	3.14%
每PO的寻呼概率=40%	2	8.59%	3.08%
	4	13.75%	4.93%
	8	16.59%	5.95%

4.1.5 eDRX

在NR Rel-15/16中，终端在空闲态和非激活态的DRX周期最长为2.56 s，也即终端在2.56 s内至少需要唤醒并监听一次寻呼消息，终端能够获得的节能增益受限于可用的DRX周期。为了进一步降低终端功耗，延长待机时间，可以使用扩展不连续接收（eDRX）模式。

eDRX最早在LTE Rel-13中引入，当时主要是为了服务于IoT/MTC相关业务类型的终端。eDRX技术是对原有的I-DRX技术的增强，即支持更长的寻呼休眠周期，从而达到终端更加节能的目的。

在5G NR前两个版本（Rel-15/16）都未引入eDRX，直到在Rel-17的低能力终端（RedCap，Reduced Capability Devices）项目中，eDRX才被研究和标准化。

在eDRX标准化的过程中，一个基本的设计原则是尽量重用LTE系统中的eDRX机制。

1. LTE eDRX

在接入分组核心网（EPC，Evolved Packet Core）的LTE RAN中，网络可以为终端配置一个eDRX周期。只有当核心网通过NAS为终端配置了eDRX，且LTE小区在系统信息中指示支持eDRX时（对于NB-IoT系统，没有此系统信息指示），终端才能在该小区中以eDRX模式工作。对于空闲态终端，eDRX周期的最大值为2621.44 s（43.69 min），对于NB-IoT系统，eDRX周期的最大值为10 485.76 s（2.91 h）。eDRX在LTE系统中的具体机制介绍如下。

在LTE系统中，终端和基站之间同步的时间单位为系统帧号（SFN），一个系统帧长度为10 ms，SFN的取值是0～1023，SFN达到1023后归零，从0重新开始计数，整个周期包含1024个SFN，即10 240 ms（10.24 s）。LTE中空闲态、非激活态和连接态的DRX周期以整数个SFN为单位，其通常要小于10.24 s。

为了获得更高的终端节能增益，DRX周期应大于10.24 s，因此，标准中引入了超帧（H-SFN，Hyper SFN）的概念。H-SFN通过系统信息广播，SFN达到最大值1023时归零，H-SFN值递增1。一个H-SFN对应1024个SFN（10.24 s）。H-SFN的取值是0～1023，H-SFN的最大周期为1024，对应的长度为1024 × 10.24 s = 2.9127 h，如表4.13所示。

表4.13　LTE中的SFN和H-SFN

	单位长度	最大计时时长
SFN	1 SFN =10 ms	1024×SFN =10.24 s
H-SFN	1 H-SFN=1024×SFN=10.24 s	1024×H-SNF =2.9127 h

在常规I-DRX周期中，终端通过计算PF/PO的位置（分别对应于SFN和子帧号）来确定监听寻呼消息的位置。在引入eDRX后，系统通过计算寻呼超帧（PH，Paging Hyperframe）、PF、PO来确定监听寻呼消息的位置，其中的寻呼超帧是指终端在一个寻呼窗口（PTW，Paging Time Window）内监听寻呼消息的H-SFN号。

$$H\text{-}SFN \bmod T_{\mathrm{eDRX,\,H}} = UE\_ID\_H \bmod T_{\mathrm{eDRX,\,H}} \tag{4.3}$$

其中，UE_ID_H：与临时移动用户身份（S-TMSI，Serving-Temporary Mobile Subscriber Identity）或5G-S-TMSI对应的Hashed ID有关，对于MTC或普通LTE终端，UE_ID_H为Hashed ID的最高10位；对于NB-IoT终端，UE_ID_H为Hashed ID的最高12

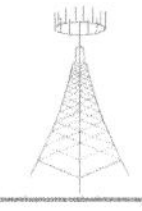

位。Hashed ID的定义在协议TS 36.304中可找到。

$T_{eDRX,H}$：为eDRX周期长度（单位为超帧HF），取值为1，2，…，256（单位为HF），对于NB-IoT，$T_{eDRX,H}$=2，……，1024（单位为HF）。它由上层NAS参数配置。

PTW指寻呼时间窗口，对应SFN范围为[*PTW_start*，*PTW_end*]，终端在eDRX周期内只在此范围内监听寻呼消息。其中：

PTW_start：指PTW内的第一个无线帧，满足公式$SFN = 256 \times i_{eDRX}$，其中，$i_{eDRX} = floor(UE\_ID\_H / T_{eDRX,H}) \bmod 4$

PTW_end：指PTW的最后一个无线帧，满足公式$SFN = (PTW_start + L \times 100 - 1) \bmod 1024$，其中，$L$为PTW的长度（单位为s），它也是由上层NAS参数配置的。

上述参数的具体计算过程在协议TS 36.304中有所定义。

eDRX周期和PTW长度是通过终端附着（Attach）过程和跟踪区域更新（TAU，Tracking Area Update）过程配置的，如图4.16所示。

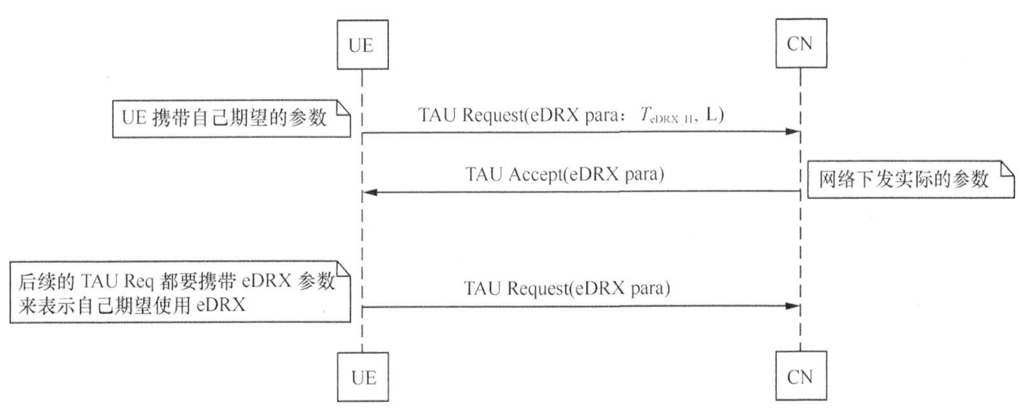

图4.16　eDRX参数配置过程

引入eDRX后，终端监听寻呼消息的位置通过PH、PF、PO来确定。具体地，终端首先计算出PH的位置，PTW位于PH上，PTW的具体位置根据计算出来的[*PTW_start*，*PTW_end*]来确定。终端在PTW内按照普通的DRX周期的机制来计算PF/PO，最终确定监听寻呼消息的位置，如图4.17所示。

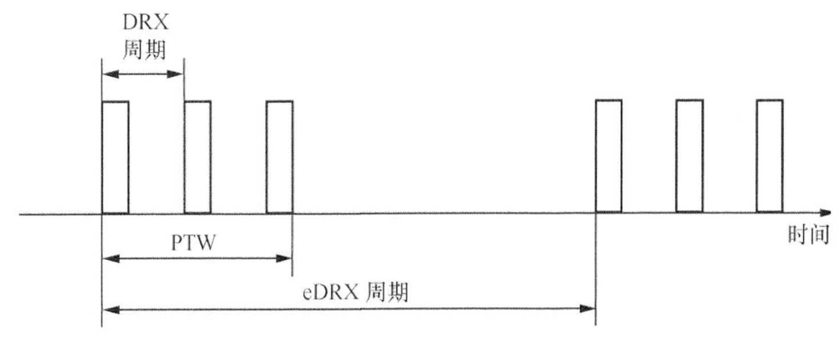

图4.17　eDRX周期和PTW

举例说明如下。

假设eDRX周期为4个*H-SFN*，PTW窗口长度为512个*SFN*。PTW长度为5.12 s，即512个无线帧。寻呼周期为1.28 s，即128个无线帧，其中包含128个PF，每个PF包含两个PO，如表4.14和表4.15所示：

表4.14　eDRX配置例1

$T_{eDRX, H}$	*UE_ID_H*	*H-SFN*	*PTW-start*	*L*	*PTW-end*
4（40.96 s）	57	*H-SFN* mode 4 =1，即{1，5，9，…}	512	5.12 s（512 SFN）	1023

表4.15　eDRX配置例2

T(rf128)	*nB*(2*T*)	*N*=min(*T*，*nB*)	*UE_ID*	*SFN*(*PF*)	*Ns*	*i_s*	*PO*
128	256	128	57	57/185/313/441/569/697/825/953/57	2	0	4
			185	57/185/313/441/569/697/825/953/57		1	9

从表4.14和表4.15可知，PF（569/697/825/953）在PTW内，如图4.18所示。

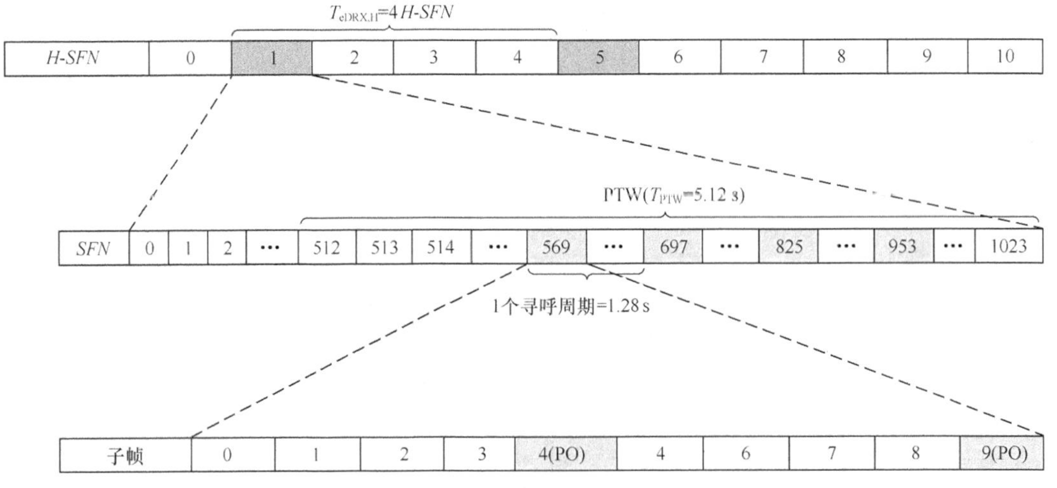

图4.18　一个eDRX配置的例子

2. NR eDRX

如前面所述，5G NR的eDRX特性在Rel-17 RedCap项目中完成标准化，其主要技术特性如下。

处于空闲态和非激活态终端的eDRX周期为（2.56 s～10 485.76 s）。此外，为了保证与NR Rel-15/Rel-16中终端的兼容性，空闲态和非激活态的eDRX机制一致，且在eDRX周期大于10.24 s时，重用LTE系统中的PH/PTW对应的机制；而当eDRX小于或等于10.24 s时，不使用PH/PTW对应的eDRX机制。

对于核心网的寻呼，eDRX和PTW参数的确定方式类似于LTE系统中由核心网NAS

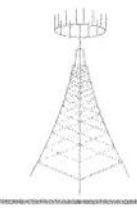

配置，即通过附着（Attach）流程或TAU流程将相关参数配置给终端。而对于非激活态的接入网寻呼，对应的eDRX和PTW参数由接入网使用RRC参数配置给终端，这些参数取值可以不同于核心网配置的eDRX和PTW参数值。由于处于非激活态的终端需要同时监听核心网寻呼和接入网寻呼，为了最大限度地节省终端功耗，接入网寻呼对应的eDRX周期及PTW最好与核心网寻呼对应的eDRX周期和PTW相同。

此外，在3GPP Rel-17标准设计中，eDRX周期中的系统信息更新和紧急消息的接收过程与LTE系统中的相关机制保持一致。

4.1.6　基本的空闲态RRM测量节能

RRM 测量模型

空闲态的终端的移动性管理是通过小区选择和重选来实现的，通常由终端基于网络侧配置的辅助信息自行执行测量并做决定。空闲态的终端根据测量结果决定驻留在一个小区后，它会测量驻留小区和邻区的信号质量，并基于测量结果，根据小区重选规则选择继续驻留在当前小区，或者重选驻留一个更好的相邻小区。无论是小区选择还是重选，相关的S准则和R准则都是基于终端的测量来判断的。

对于小区选择，终端会基于空闲态或非激活态的测量和小区选择准则选择一个合适的小区（Suitable Cell）进行驻留，具体地，当小区测量结果满足S准则时，终端可以驻留在该小区，其中的S准则指的是小区测量的参考信号接收功率（RSRP，Reference Signal Received Power）和参考信号接收质量（RSRQ，Reference Signal Received Quality）分别大于一个对应的预设门限。如果想了解具体的S准则定义，可参考TS 38.304。

终端驻留在一个小区后，需要周期性地根据小区重选准则去搜索一个“更好的”小区。当找到一个“更好的”小区时，终端重新选择此小区进行驻留。这种驻留小区的变化可能会引起RAT的变化。

终端基于R准则执行小区重选的过程，其中的R准则是指根据小区测量质量和波束测量质量来确定：终端对本小区和邻小区进行测量，并根据测量结果对各个小区的质量进行排序，当网络未配置参数*rangeToBestCell*时，终端重选驻留到质量排序最前面的小区；当网络配置了参数*rangeToBestCell*时，终端从与最好的小区质量相差*rangeToBestCell*范围内的小区中，选择满足波束质量优先配置门限（*absThreshSS-Blocks Consolidation*）最多的波束所在的小区作为重选对象。如果想了解详细的R准则，可参考TS 38.304。NR系统中的波束测量和小区测量模型如图4.19所示，具体过程如下。

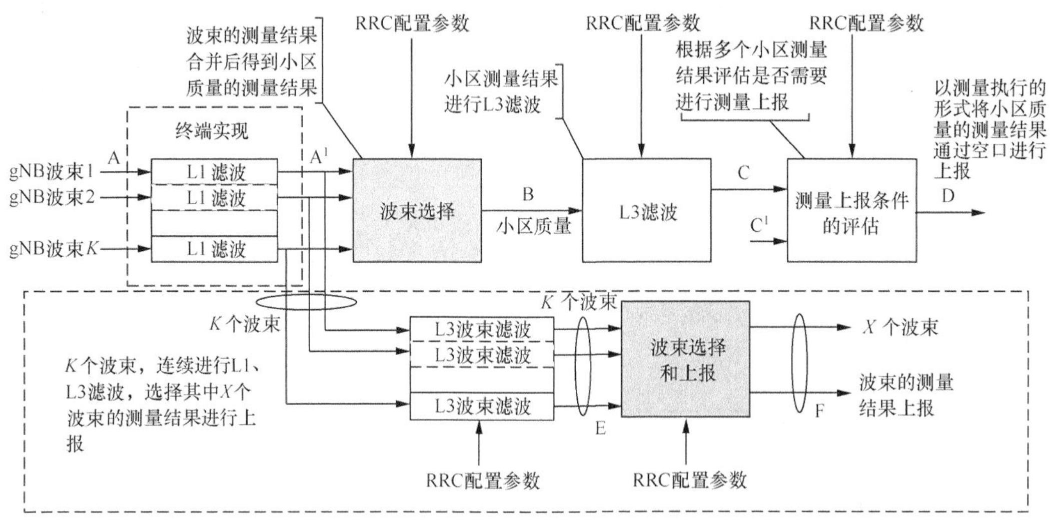

图4.19 NR系统中的波束测量和小区测量模型

终端通过对本小区SSB的测量，获得小区内各个波束方向上的波束测量结果，而对应的小区测量质量是基于具有“较好”测量质量的波束计算得到的，具体过程如下。

• 当系统信息（SIB2/SIB4）中配置了波束合并对应参数（进行合并的最大波束数量*nrofSS-BlocksToAverag*和“较好”波束的判断门限 *absThreshSS-BlocksConsolidation*），且最优波束的测量质量高于判断门限时，终端可以将至多*nrofSS-BlocksToAverag*个高于*absThreshSS-BlocksConsolidation*判断门限的波束质量测量结果进行线性平均，得到小区测量质量。

• 当网络侧未配置波束合并对应参数（*nrofSS-BlocksToAverag*或*absThreshSS-BlocksConsolidation*），或者最优波束的测量质量低于判断门限*absThreshSS-BlocksConsolidation*时，终端将最优波束的测量质量确定为小区测量质量。

空闲态或非激活态的终端的RRM测量结果用于移动性管理，目的是使终端能选择到更好的小区。为了获得最优的性能，终端驻留在一个小区后，总是会通过对邻小区及其他频点的测量来尝试寻找一个具有更高优先级或者测量质量更好的频点或小区。

如果终端当前所处小区的质量足够好，则终端可以减少对邻小区的测量，此机制称为S-Measure机制，该机制是为了实现终端节能引入的。S-Measure机制和小区重选规则都与邻小区所在频点的重选优先级相关。

（1）小区重选优先级

在终端对邻小区进行测量或进行小区重选时，需要用到小区的重选优先级信息。在小区重选过程中，不同的NR频点或异系统（Inter-RAT）频点都会有一个绝对优先级，终端可以通过系统信息、*RRC Release*消息获得频点优先级信息，或者终端也可以在异系统小区重选过程中将其他RAT的频点优先级继承过来。其中：

终端通过SIB2中的*cellReselectionServingFreqInfo→cellReselectionPriority*（和*cellReselectionSubPriority*）配置信息获得当前小区所在频点的小区重选优先级信息；

终端通过SIB4中的*InterFreqCarrierFreqInfo→cellReselectionPriority*（和*cellReselectionSubPriority*）配置信息获得异频点（Inter-frequency）的小区重选优先级信息；

终端通过SIB5中的*CarrierFreqEUTRA→cellReselectionPriority*（和*cellReselectionSubPriority*）配置信息获得异系统的小区重选优先级信息。

当频点优先级信息通过*RRC Release*消息配置时，使用如下配置消息格式。

```
FreqPriorityEUTRA ::=                SEQUENCE {
   carrierFreq                           ARFCN-ValueEUTRA,
   cellReselectionPriority               CellReselectionPriority,
   cellReselectionSubPriority            CellReselectionSubPriority
OPTIONAL          -- Need R
}

FreqPriorityNR ::=                   SEQUENCE {
   carrierFreq                           ARFCN-ValueNR,
   cellReselectionPriority               CellReselectionPriority,
   cellReselectionSubPriority            CellReselectionSubPriority
OPTIONAL          -- Need R
}
```

如果频点优先级是通过RRC专用消息配置的，则终端忽略系统信息中配置的频点，此时网络可能会为系统信息中没有配置优先级的频点分配一个专用的小区重选频点优先级。终端只需要且只能在配置有频点优先级的频率上执行小区重选评估。当终端重选同频小区时，会忽略频点优先级信息，将同频小区都当作相同优先级的小区进行重选。

（2）S-Measure机制

S-Measure机制是指终端根据服务小区的接收电平（*Srxlev*）、服务小区的接收质量（*Squal*）及邻小区所在频点的小区重选优先级来确定是否启动邻区测量，终端根据测量结果和小区重选规则进行小区重选。

具体地，终端在确定小区重选的各频点优先级后，可以根据如下机制来减少部分测量。

① 同频测量（Intra-frequency Measurements）

如果服务小区的测量结果满足条件：*Srxlev*大于同频测量启动门限电平（$S_{IntraSearchP}$）且*Squal*大于同频测量启动门限质量（$S_{IntraSearchQ}$），则终端可以选择不执行同频测量；否则，终端需要执行同频测量。具体的测量需求根据网络是否给终端配置了高速场景RRM测量增强特性而有所不同，如表4.16和表4.17所示，详细内容见协议TS 38.133。

表4.16　未配置高速场景RRM测量增强时的同频测量需求（FR1）

DRX周期长度[s]	缩放因子（$N1$）		$T_{detect.NR\_Intra}$ [s] （DRX周期个数）	$T_{measure.NR\_Intra}$ [s] （DRX周期个数）	$T_{evaluate.NR\_Intra}$ [s] （DRX周期个数）
	FR1	FR2			
0.32	1	8	11.52×$N1$×$M2$ （36×$N1$×$M2$）	1.28×$N1$×$M2$ （4×$N1$×$M2$）	5.12×$N1$×$M2$ （16×$N1$×$M2$）
0.64		5	17.92×$N1$ （28×$N1$）	1.28×$N1$ （2×$N1$）	5.12×$N1$ （8×$N1$）
1.28		4	32×$N1$ （25×$N1$）	1.28×$N1$ （1×$N1$）	6.4×$N1$ （5×$N1$）
2.56		3	58.88×$N1$ （23×$N1$）	2.56×$N1$ （1×$N1$）	7.68×$N1$ （3×$N1$）

说明：$N1$适用于终端发射功率等级2/3/4；对于终端发射功率等级1，$N1$ = 8（所有DRX周期）。
当待测量的同频小区的SSB测量时机配置（SMTC，SSB Measurement Timing Configuration）周期长于20 ms时，$M2$=1.5；否则$M2$=1。

表4.17　配置了高速场景RRM测量增强时的同频测量需求（FR1）

DRX周期长度[s]	$T_{detect.NR\_Intra}$ [s] （DRX周期个数）	$T_{measure.NR\_Intra}$ [s] （DRX周期个数）	$T_{evaluate.NR\_Intra}$ [s] （DRX周期个数）
0.32	2.56×$M2$ （8×$M2$）	0.32×$M3$ （1×$M3$）	0.96×$M4$ （3×$M4$）
0.64	5.12 （8）	0.64 （1）	1.92 （3）
1.28	8.96 （7）	1.28 （1）	3.84 （3）
2.56	58.88 （23）	2.56 （1）	7.68 （3）

说明：当$SMTC \leqslant 40$ ms时，$M2 = M3 = M4 = 1$；当$SMTC > 40$ ms时，$M2 = 1.5$，$M3 = M4 = 2$。

具体地，终端在执行小区选择和重选时，需要识别出同频邻小区并在对应的小区测量RSRP和RSRQ。表4.16和表4.17中的测量需求参数的说明如下。

T_{detect,NR_Intra}：终端需要在T_{detect,NR_Intra}范围内（当$T_{reselection}$= 0）评估新检测到的同频邻小区质量是否满足小区重选准则，具体的小区重选准则定义见协议TS 38.304。

$T_{measure,NR\_Intra}$：终端需要根据测量准则测量识别出的同频邻小区的RSRP和RSRQ，两次测量时间的间隔至多为$T_{measure,NR_Intra}$。对于测量到的每个同频邻小区的RSRP和RSRQ，终端是根据对至少两个测量值进行平滑滤波（Filter）计算得到的；在进行平滑滤波计算过程中，两个测量值的测量时间至少需要间隔$T_{measure,NR_Intra}/2$。

$T_{evaluate,NR\_Intra}$：对于已经识别出但还未重选过的同频邻小区，终端需要在$T_{evaluate,NR_Intra}$时间内（当$T_{reselection} = 0$）评估出满足协议TS 38.304中定义的重选准则的同频邻小区。

在测量过程中，对于服务小区的测量控制系统信息指示的不允许测量的小区，终端不能测量，也不能将此类小区作为小区重选的候选目标小区。

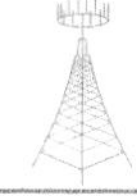

② 异频测量（Inter-frequency Measurements）或异系统测量（Inter-RAT Measurements）

如果异频频点的重选优先级等于或低于当前服务频点的重选优先级，或异系统频点的重选优先级低于当前服务频点的重选优先级，那么，当服务小区的测量性能满足条件$Srxlev$大于非同频测量启动门限电平（$S_{nonIntraSearchP}$），且$Squal$大于非同频测量启动门限质量（$S_{nonIntraSearchQ}$）时，终端可以选择不执行具有相同重选优先级或更低重选优先级的异频或异系统测量，只测量具有更高重选优先级对应的异频或异系统。此时终端的测量需求定义为：终端至少需要在时间间隔$T_{higher_priority_search}$内搜索高优先级的频点，其中，$T_{higher_priority_search}$定义在协议TS 38.133中可以看到。当服务小区的$Srxlev$小于非同频测量启动门限电平（$S_{nonIntraSearchP}$）或服务小区的$Squal$小于非同频测量启动门限质量（$S_{nonIntraSearchQ}$）时，终端需要执行所有的异频或异系统测量，包括相同、更高或更低重选优先级的异频或异系统测量。

对于异频测量，其具体的测量需要如表4.18所示，详细内容见协议TS 38.133。

表4.18　异频RRM测量需求

DRX周期长度[s]	缩放因子（$N1$）		T_{detect,NR_Inter} [s]（DRX周期个数）	$T_{measure,NR\_Inter}$ [s]（DRX周期个数）	$T_{evaluate,NR\_Inter}$ [s]（DRX周期个数）
	FR1	FR2			
0.32	1	8	11.52×$N1$×1.5（36×$N1$×1.5）	1.28×$N1$×1.5（4×$N1$×1.5）	5.12×$N1$×1.5（16×$N1$×1.5）
0.64		5	17.92× $N1$（28×$N1$）	1.28×$N1$（2×$N1$）	5.12×$N1$（8×$N1$）
1.28		4	32×$N1$（25×$N1$）	1.28×$N1$（1×$N1$）	6.4×$N1$（5×$N1$）
2.56		3	58.88×$N1$（23×$N1$）	2.56×$N1$（1×$N1$）	7.68×$N1$（3×$N1$）

说明：适用于终端发射功率等级2/3/4；对于终端发射功率等级1，$N1$ = 8（所有DRX周期）。

具体地，终端在执行小区选择和重选时，需要在识别出异频邻小区以后在对应的小区上测量RSRP和RSRQ。表4.18中的测量需求参数的说明如下。

T_{detect,NR_Inter}：终端需要在$K_{carrier}$×T_{detect,NR_Inter}时间段内评估新检测到的异频邻小区是否满足小区重选准则，其中，$K_{carrier}$是由当前服务小区指示的异频载波数量。

$T_{measure,NR\_Inter}$：对于搜索到的高优先级频点的邻小区，终端的测量时间间隔至多为$T_{measure,NR_Inter}$，终端需要根据测量准则测量识别出异频邻小区的RSRP和RSRQ。对于识别出的低优先级或相同优先级频点的邻小区，终端在执行SS-RSRP（SSB-RSRP）或SS-RSRQ（SSB-RSRQ）测量时，测量时间间隔至多为$K_{carrier}$×$T_{measure,NR\_Inter}$。对于测量到的每个异频邻小区的RSRP或RSRQ值，终端需要根据至少两个测量值进行平滑滤波计算得到，在进行平滑滤波计算过程中，两个测量值的测量时间至少需要间隔$T_{measure,NR_Inter}/2$。

$T_{evaluate,NR\_Inter}$：对于已经识别出但还未重选过的异频邻小区，终端需要在$K_{carrier} \times T_{evaluate,NR_Inter}$时间段内（当$T_{reselection}=0$时）评估出满足协议TS 38.304中定义的重选准则的异频邻小区。

在测量过程中，对于服务小区的测量控制系统信息指示的不允许测量的小区，终端不能测量，也不能将此类小区作为小区重选的候选目标小区。

对于异系统邻小区测量，其具体的测量需求如表4.19所示，详细定义在协议TS 38.133中。

表4.19 异系统邻小区测量需求

DRX周期长度[s]	$T_{detect, EUTRAN}$ [s]（DRX周期个数）	$T_{measure, EUTRAN}$ [s]（DRX周期个数）	$T_{evaluate, EUTRAN}$[s]（DRX周期个数）
0.32	11.52（36）	1.28（4）	5.12（16）
0.64	17.92（28）	1.28（2）	5.12（8）
1.28	32（25）	1.28（1）	6.4（5）
2.56	58.88（23）	2.56（1）	7.68（3）

具体地，NR终端在执行E-UTRAN小区测量并根据测量结果进行异系统邻小区选择和重选时，需要在识别出E-UTRAN邻小区后，在对应的小区上测量RSRP和RSRQ。表4.19中的测量需求参数的含义与表4.18中的异频邻小区测量的相应测量需求参数含义类似。

如果网络侧广播了S-Measure机制对应的参数且终端获得了具体的频点重选优先级，则终端可以执行S-Measure机制以降低终端的测量功耗。

4.1.7 增强的空闲态RRM测量节能

1. 对增强的 RRM 测量节能的研究和评估

在NR系统中，终端需要在空闲态、非激活态和连接态下执行RRM测量。RRM测量包括服务小区/邻小区/同频或异频/同系统或异系统的测量。根据前面介绍的S-Measure机制，终端只有在服务小区质量不满足设定条件时，才进行邻小区和频率间测量。因此，与邻小区/频率间测量相比，终端通常会更频繁地执行服务小区测量。

在RRC连接态下，终端还需要执行更多的操作，如更频繁的PDCCH和PDSCH接收，因此，RRM测量功耗在终端总功耗中占比不算很高。然而，在RRC空闲态下，终端主要执行RRM测量和寻呼监听，因此，放松RRM测量会使处于空闲态的终端有更加显著的节能增益。对于空闲态下的小区测量，TS 38.133规定：终端应使用至少两次服务小区的SS-RSRP或SS-RSRQ测量值进行平滑滤波得到相应的RSRP和RSRQ测量结果。在用于平滑滤波的测量值集合中，应当有至少两个测量值，且两个测量值对应的测量时间间隔大于I-DRX周期的一半。

另外，对于非高速情况下的测量，协议TS 38.133定义了T_{detect,NR_Intra}、$T_{measure,NR_Intra}$和$T_{evaluate,NR_intra}$这3个周期。

其中，measure（测量）是终端需要执行的测量动作，evaluate（评估）是终端根据测量结果进行基带处理并进行判断的过程，evaluate相比measure耗电更少。detect（检测）是指终端尝试发现新的小区，是一个周期较长的动作。

为了降低RRM的测量功耗，需要考虑终端的移动性和RRC的状态。在考虑RRM测量的终端节能技术时，RRM节能进一步研究的部署场景应为静止（如0 km/h）或行人（如3 km/h）和车辆低速移动（如30 km/h）的场景。

在Rel-16终端节能研究项目中，3GPP RAN1对空闲态增强的RRM测量节能方案进行了研究，包括如下技术方案，详见3GPP TR 38.840。

- 时域RRM测量放松；
- 同频RRM测量放松；
- 通过增加额外的测量资源降低终端功耗；
- 其他方法，如异频RRM测量放松。

下面将对这几类方案的原理进行介绍。

（1）时域RRM测量放松

减少RRM的时域测量样本的数量有利于空闲态终端的节能，具体如下。

对于具有低移动性和较好的RSRP场景，可以适当减少终端在给定的持续时间（例如，测量周期或评估周期）内的时域RSRP测量样本，且不会对RRM测量性能造成明显的影响。

对于具有低移动性和较高的RSRP场景，也可以在给定的时间段内减少RRM测量活动（例如，RSRP测量、报告），这对于所有RRC状态的终端节能来说都是有好处的。这里的减少测量活动可以包括停止测量。

对于同频/异频测量，有如下一些时域RRM测量放松方案可以降低终端的功耗。

① 增加终端的RRM测量周期；

② 减少终端在测量周期内（例如，SMTC窗口）的测量样本数（例如，OFDM符号/时隙）；

③ 将终端的RRM测量限制在测量窗口内并且延长用于同频或异频测量的测量窗口的出现周期。

具体地，时域的RRM测量放松可以是基于基站控制的终端自适应RRM时域测量的，所以可以考虑如下自适应调整方案。

① 终端基于一个RSRP阈值自适应调整RRM测量周期。

② 终端基于一个RSRP阈值自适应调整在一个测量周期内的RRM测量样本数量。

③ 终端基于RSRP阈值自适应调整RRM测量或报告周期。

④ 终端基于一段时间内的RSRP变化阈值，自适应调整RRM测量或报告周期。

⑤ 终端基于如下测量值中至少一个自适应调整RRM测量周期。

- 终端驻留在特定小区或波束的时间（用于RRM测量）。
- 终端检测PDCCH的活动TCI（传输配置指示）状态保持不变的时间。
- 终端在特定时间段内的小区重选次数。

⑥ 终端基于自身的移动性状态、服务小区质量等测量值并与对应阈值做比较，基于比较结果自适应调整SMTC窗口长度、每个目标小区的CSI-RS测量资源集数量、CSI-RS测量资源的周期。

3GPP TR 38.840中包含了时域RRM测量放松的仿真和评估，根据仿真结果可以得出如下结论。

① 对于RRC连接态的终端，如果RRM测量周期延长4倍，则终端可以获得的节能增益为11.1%～26.6%；如果RRM测量周期延长2倍，则终端可以获得的节能增益为7.4%～17.8%。

② 对于RRC空闲态或非激活态终端，延长测量周期，终端可以通过在多个I-DRX/寻呼周期进行一次测量，以及在每个周期内减少需要测量的SSB数目实现节能。

- 当终端每4个寻呼周期进行一次RRM测量，且每次仅需要测量一个SSB时，相比在每个寻呼周期都进行RRM测量的情况，终端可以获得的节能增益为17.9%～19.7%。
- 当终端每4个寻呼周期进行一次RRM测量，且每次需要测量2个或3个SSB时，相比在每个寻呼周期都进行RRM测量的情况，终端可以获得的节能增益为0.89%～5.36%

③ 维持终端测量周期不变，减少终端RRM测量样本数可以为RRC连接态终端提供2.57%～36%的节能。对于静止或低速移动（3 km/h和30 km/h的移动速度）的终端，其RSRP测量误差（5%～95%概率）均在（–2 dB，3 dB）内。

（2）同频RRM测量放松

为了实现终端的节能，3GPP Rel-16中还研究了除时域测量放松外的同频RRM测量放松的方法，主要包括以下两种。

① 减少终端测量的同频邻小区数目。

方法1：减少终端RRM测量的采样时间和处理复杂度。

方法2：减少终端RRM测量的邻小区个数。

对于上述方法1，终端可以不必测量SMTC内的所有时隙，而只测量包含来自“*N*个最强相邻小区”（例如*N*=2，4）的SSB的时隙，这样可以降低终端的功耗。例如，当SMTC的长度为4 ms，来自较强邻小区的SSB仅位于SMTC内的2 ms时间内时，终端可

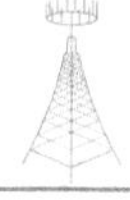

以仅在2 ms的时间窗口上进行测量。更少的被测SSB也意味着RRM测量的时间更短，从而可以降低相应的终端功耗，这在小区间非同步场景或来自不同邻小区的SSB位于不同时隙的场景中是非常有用的。3GPP TR 38.840中的仿真评估结果显示，减少RRM测量的采样时间和处理复杂度，能够提供26.43%～37.5%的终端节能增益。

对于上述方法2，3GPP TR 38.840中提供了仿真评估结果。结果显示：通过减少终端RRM测量的邻小区个数，处于空闲态的终端可获得4.7%～7.1%的节能增益；处于连接态的终端可以获得1.8%～21.3%的节能增益。

② 减少终端对同频邻小区的测量动作，例如，在不需要时停止频率内的测量。

（3）通过增加额外的RRM测量资源降低终端功耗

3GPP Rel-16还研究了在特定条件和部署场景下，通过引入空闲态终端可用的额外RRM测量资源实现终端节能的方案，具体方法如下。

① 减少终端测量参考信号（例如，SSB）和监听寻呼时机之间的时间间隔。

② 在RRM测量时刻附近为终端提供额外的物理信号，如用于调整AGC的信号。

③ 提供具有更高测量精度的额外的测量资源来减少终端的测量活动。其中，额外的测量资源可以是SSB、CSI-RS、TRS、PSS、SSS或DMRS等。从网络侧看，这些额外的测量资源可以通过单小区发送，也可以通过多小区以单频网络（SFN，Single Frequency Network）的形式共同发送。

如图4.20所示，在低SINR的情况下，终端可能需要在解码寻呼消息之前接收3个SSB，以进行AGC、时间/频率跟踪等，因此终端的功耗较大。当系统发送了空闲态TRS时，终端可以在TRS上实现上述处理，此时终端在解码寻呼消息之前需要处理的SSB可以由3个减少为1个，以实现节能的目标。该方案最终在3GPP Rel-17中进行了标准化。

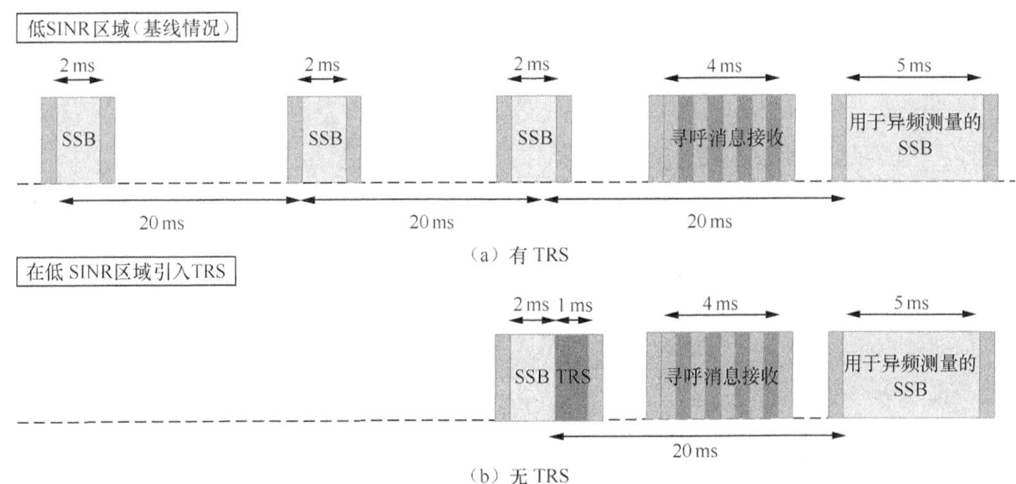

图4.20　空闲态下有TRS和无TRS场景的终端行为比较

如果网络以SFN（Single Frequency Network，单频网络）形式发送参考信号和寻呼消息，则可以减少空闲态或非激活态的终端对邻小区的测量。如图4.21所示，网络侧将一个包含多个小区的较大区域设置为SFN区域。具体地，网络侧可以在如接入网通知区域（RNA）内的小区通过单波束发送基于SFN的参考信号和寻呼消息，终端侧使用SFN参考信号来执行RRM测量和AGC、时间和频率同步跟踪等。SFN参考信号方案的优点如下。

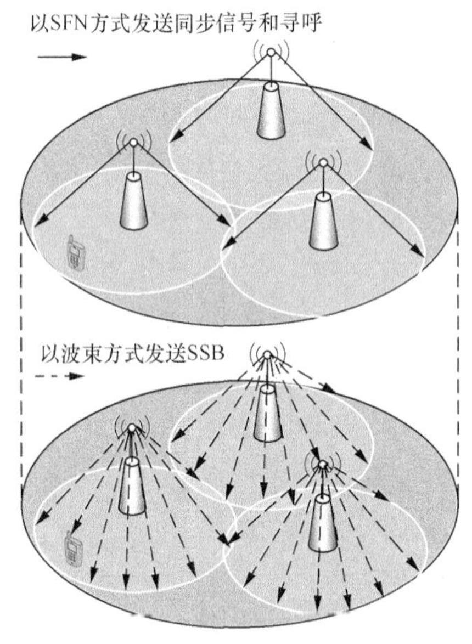

图4.21　SFN参考信号与寻呼传输

• 由于仅执行单波束移动性测量和寻呼接收，因此，终端仅需要较短的RF接收时间和较低的处理开销即可完成相应的测量，降低了终端的处理功耗。

• 当空闲态或非激活态终端在SFN区域内的小区之间移动时，不需要进行小区重选（包括测量、搜索相邻小区及从候选小区获取系统信息等），因此实现了终端节能。仿真分析表明，终端在SFN区域内部的小区之间移动时不需要进行小区重选，仅在占据SFN区域面积约3%的区域边界上移动时才执行小区测量和重选相关操作。这种避免小区测量和重选的方法可以提供显著的终端节能增益。

• 网络可以仅在单个波束上发送寻呼消息，达到了节省网络功耗和资源开销的目的。

3GPP TR 38.840中对于通过增加额外的RRM测量资源实现终端节能的方案进行了仿真和评估。对于空闲态或非激活态终端，增加额外的测量资源进行RRM测量，可以实现19%～38%的终端节能增益。

2. 3GPP Rel-16 中增强的空闲态 RRM 测量节能方案

在研究和评估了RRM测量节能方案的增益和可行性后，3GPP随即在Rel-16中完成了适用于空闲态和非激活态终端的RRM测量节能方案的标准化。该标准化工作是在

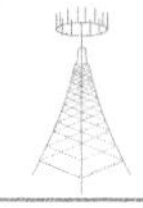

3GPP Rel-16终端节能项目中完成的。

（1）RRM测量放松概述

终端功耗的一个重要评价指标为“待机时长”，而影响待机时长的重要因素之一是终端在空闲态和非激活态的功耗。从2.2节的终端功耗测试数据中可以看出，终端在空闲态和非激活态的主要功耗来自寻呼消息的监听和RRM测量。因此，为了达到终端节能的目的，除了尽量降低寻呼消息监听所带来的功耗，还需要降低终端的RRM测量功耗。

从4.1.6节介绍的终端RRM测量模型可以看出，现有的S-Measure机制可以减少空闲态和非激活态终端对于同频邻小区及异频/异系统邻小区的测量，达到一定的节能效果。但是终端还是会根据协议3GPP TS 38.133中定义的需求对高优先级频点的参考信号进行测量，并且当终端无法满足S-Measure机制设定的门限时，也需要进行RRM测量。为了减少对终端移动性性能的影响，现网中配置的S-Measure机制相关门限一般都会比较高，也就是大量的终端都无法满足S-Measure机制相关门限。这类场景下的空闲态和非激活态终端的RRM测量的功耗依然很高。

随着智能终端技术的发展，越来越多的智能化应用场景融合在一起，在这些场景中，终端可以比较精准地感知自身所处的信道环境、自身正处于移动状态还是静止状态，以及移动的速度等其他相关信息。此外，智能终端可以通过装备的传感器（Sensor）获得终端自身的状态、环境信息或者覆盖信息等，根据这些信息，终端可以对自身行为进行更多的控制、优化，从而达到节能的目的。

在3GPP Rel-15 NR协议中，无论是静止终端还是低速移动终端、高速移动终端，它们的空闲态和非激活态的测量都按照统一的机制，即基于S-Measure机制触发对邻小区的测量，这将造成处于静止或低速移动的终端（信道环境变化较慢），或者处于小区中心的终端（信道条件足够好）频繁地进行RRM测量，不利于终端节能。

对于这类终端，网络可以为其配置不同的测量触发条件或参数，处于空闲态或非激活态的终端根据所处的状态或信道环境选择相应的触发条件或参数来控制对邻小区的测量。因此，不同的终端根据自身的状态进行不同的邻小区测量，从而达到对终端在空闲态或非激活态的RRM测量节能目的。例如，对于某些状态变化不频繁或信道条件足够好的空闲态或非激活态终端，可以执行放松的RRM测量，以达到终端节能的目的，而当运动状态或者信道环境等发生快速变化时，终端可以恢复到正常的测量行为，这样也不会影响到终端的移动性能。

因此，为了实现空闲态和非激活态终端的节能，3GPP Rel-16中引入了RRM测量放松机制，基本原理是：处于空闲态或非激活态的终端根据4.1.6节中介绍的测量需求对服务小区进行测量，然后根据测量结果和网络侧配置的触发条件判断当前服务小区是否满足触发条件，如果满足触发条件，则终端执行测量放松；否则，终端执行常规的测量行为。

（2）RRM测量放松触发条件

空闲态和非激活态的终端测量放松有两个触发条件：

① 终端具有低移动性；

② 终端处在非小区边缘位置。

如果网络开启了空闲态和非激活态终端的RRM测量放松，当终端满足至少一个触发条件时即可以执行测量放松。而具体的测量放松机制与网络侧配置的触发条件及终端当前满足的条件相关。具体的触发条件定义见3GPP TS 38.304协议。

低移动性触发条件定义为：

$$(Srxlev_{Ref} - Srxlev) < S_{SearchDeltaP}$$

其中，

$Srxlev$ 为当前服务小区的$Srxlev$ 值。

$Srxlev_{Ref}$ 为服务小区的参考$Srxlev$ 值，它通过如下方式设置。

当满足如下任一条件时，终端将服务小区的参考值$Srxlev_{Ref}$ 设置为当前服务小区的$Srxlev$值。

① 当终端重选一个新小区时。

② 当（$Srxlev–Srxlev_{Ref}$）> 0时。

③ 当测量放松触发条件满足持续时长$T_{SearchDeltaP}$时。

上述门限值$S_{SearchDeltaP}$、持续时长$T_{SearchDeltaP}$均由网络侧通过系统信息配置给终端。

从触发条件的定义可以看出，终端并不只是简单地根据测量值的大小或者变化程度来判断低移动性触发条件，当终端在向着小区中心移动时，测量参考值与服务小区的测量值立即发生变化，这时较为容易触发低移动性触发条件，因此更容易触发终端的测量放松；而当终端背向小区中心移动时，测量参考值的变化有一定滞后性，此时触发低移动性触发条件较为困难，因此更不容易触发终端的测量放松。

具体如图4.22所示，当终端向着小区中心方向移动时，小区的测量值$Srxlev$高于参考值$Srxlev_{Ref}$（图4.22左侧区域），终端的测量结果一直在增强，此时测量参考值$Srxlev_{Ref}$紧跟当前的服务小区测量值$Srxlev$的变化，即可触发终端的RRM测量放松。当终端背向小区中心移动时，小区测量值$Srxlev$低于参考值$Srxlev_{Ref}$（图4.22右侧区域），终端的测量结果一直在减弱，此时测量参考值会保持不变，只有当终端的绝对移动速度非常低时，才有机会满足上述低移动性触发条件，从而触发RRM测量放松。

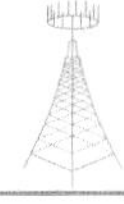

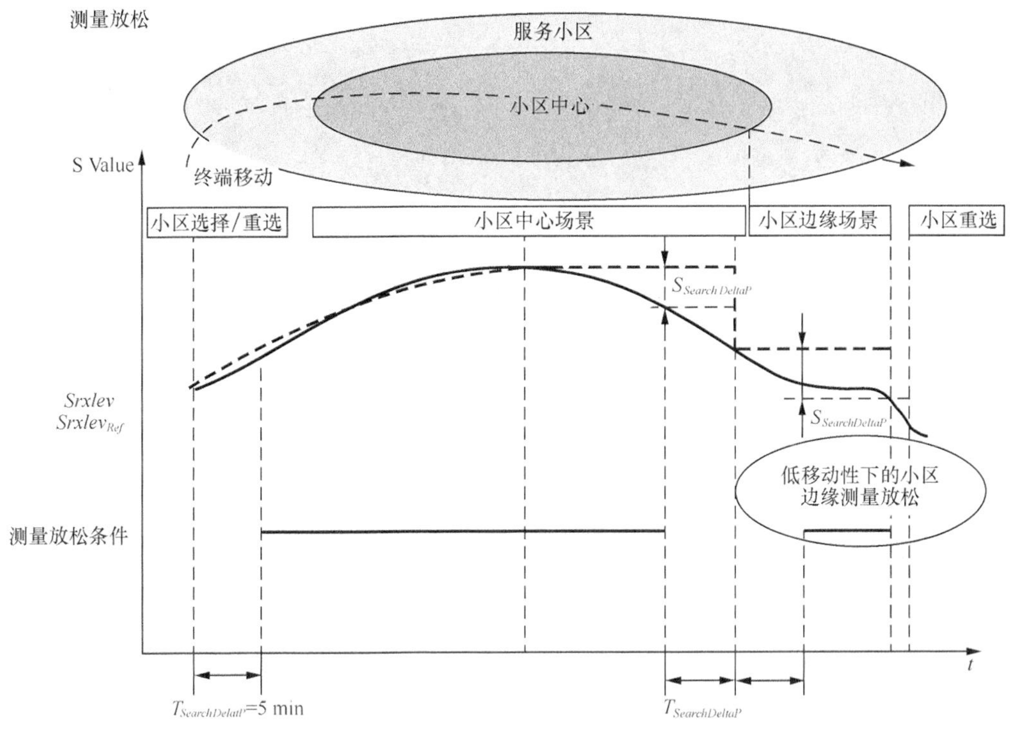

图4.22 终端判断低移动性触发条件示意图

非小区边缘触发条件的定义为：$Srxlev > S_{SearchThresholdP}$，并且当网络配置了参数$S_{SearchThresholdQ}$时，$Squal > S_{SearchThresholdQ}$。

其中，*Srxlev*为当前服务小区的*Srxlev*值，它根据测量的RSRP值计算获得；*Squal*为当前服务小区的*Squal*值，它根据测量的*RSRQ*值计算获得；RSRP门限值$S_{SearchThresholdP}$和RSRQ门限值$S_{SearchThresholdQ}$均由网络侧在系统信息中配置。

从上述触发条件的定义可以看出，非小区边缘触发条件判断的依据是测量量RSRP和RSRQ值的大小。当终端处于非小区边缘时，测量的RSRP和RSRQ值比较大，所以终端就会触发非小区边缘条件，进而触发终端RRM测量放松；当终端处于小区边缘时，测量的RSRP和RSRQ值会比较小，此时较难触发非小区边缘条件，从而也不容易触发终端的RRM测量放松。

如图4.23所示，如果终端测量的小区*Srxlev*值高于网络侧配置的门限值$S_{SearchThreshold}$，且小区*Squal*值高于网络侧配置的门限值$S_{SearchThresholdP}$（如果有此门限的配置），则可以判断终端处于非小区边缘位置，即可触发终端的RRM测量放松。如果终端测量的小区*Srxlev*值或*Squal*值低于网络侧配置的门限值，则可以判断终端处于小区边缘位置，此时终端需要维持原有的测量需求，即不执行RRM测量放松。

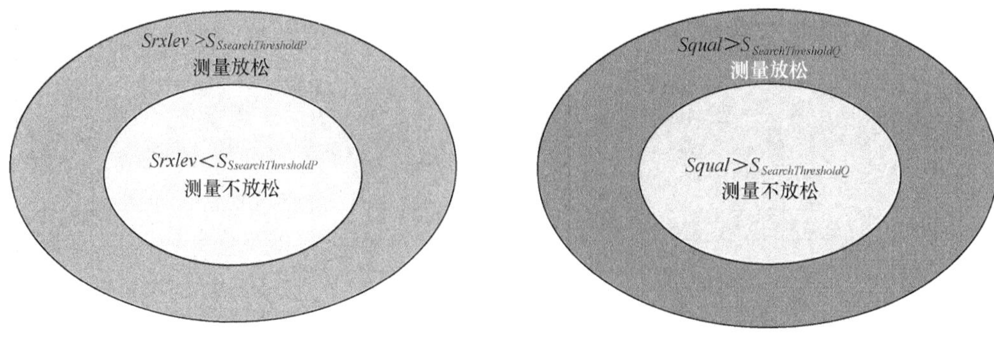

图4.23　终端判断非小区边缘触发条件示意图

上述触发条件是由网络侧的配置决定的。具体地，网络在系统信息（SIB2）中配置用于触发空闲态和非激活态终端的RRM测量放松的条件如下。

```
relaxedMeasurement-r16              SEQUENCE {
    lowMobilityEvaluation-r16           SEQUENCE {
        s-SearchDeltaP-r16                  ENUMERATED {
                                                dB3, dB6, dB9, dB12, dB15,
                                                spare3, spare2, spare1},
        t-SearchDeltaP-r16                  ENUMERATED {
                                                s5, s10, s20, s30, s60, s120, s180,
                                                s240, s300, spare7, spare6, spare5,
                                                spare4, spare3, spare2, spare1}
    }
OPTIONAL,       -- Need R
    cellEdgeEvaluation-r16              SEQUENCE {
        s-SearchThresholdP-r16              ReselectionThreshold,
        s-SearchThresholdQ-r16              ReselectionThresholdQ
OPTIONAL        -- Need R
    }
OPTIONAL,       -- Need R
    combineRelaxedMeasCondition-r16     ENUMERATED {true}
OPTIONAL,       -- Need R
    highPriorityMeasRelax-r16           ENUMERATED {true}
OPTIONAL        -- Need R
  }
OPTIONAL        -- Need R
  }}
```

其中，*combineRelaxedMeasCondition*：用于指示网络同时配置低移动性和非小区中心触发条件，终端只有在两个条件都满足的情况下才能执行测量放松。

highPriorityMeasRelax：用于指示网络是否允许终端对高优先级频率的测量进行放松。

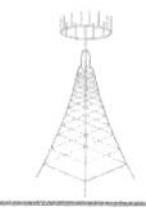

$S_{SearchDeltaP}$：用于指示RRM测量放松的触发条件之一，即低移动性的门限，也即*Srxlev*变化量的门限值。

$S_{SearchThresholdP}$：用于指示RRM测量放松的触发条件之二，即用于判断终端处于非小区中心的RSRP门限值。

$S_{SearchThresholdQ}$：用于指示RRM测量放松的触发条件之二，即用于判断终端处于非小区中心的RSRQ门限值。

$T_{SearchDeltaP}$：用于配置终端评估RRM测量放松低移动性触发条件满足的时长。

上述参数的使用规则与下面提到的终端RRM测量放松机制有关。

（3）RRM测量放松机制

上述RRM测量放松触发条件共涉及以下3种配置。

① 网络只为终端配置低移动性触发条件。

② 网络只为终端配置非小区中心触发条件。

③ 网络同时为终端配置低移动性和非小区中心触发条件。

对于第3种配置，即当网络为终端同时配置两个触发条件时，根据终端实际所处的场景又可以分为3种情况：

- 终端仅满足低移动性触发条件。
- 终端仅满足非小区中心触发条件。
- 终端既满足低移动性又满足非小区中心触发条件。

为了保证终端在进行测量放松时其移动性性能不受影响，在不同配置和场景下，终端的测量放松机制应有所不同，具体如下。

当终端需要执行同频邻小区、异频或异系统邻小区测量时，场景如下。

场景一：网络只为终端配置低移动性触发条件，而未配置非小区中心触发条件。

如果终端持续满足低移动性触发条件达到时长$T_{SearchDeltaP}$，且终端在小区选择或重选到一个新小区后持续执行了同频、异频或异系统邻小区测量达到时长$T_{SearchDeltaP}$，则：

对于同频邻小区测量：终端可以选择进行RRM测量放松；

对于异频或异系统邻小区测量，终端进行如下选择。

① 当终端测量值满足S-Measure准则，即服务小区的当前测量值$Srxlev > S_{nonIntraSearchP}$且$Squal > S_{nonIntraSearchQ}$（根据4.1.6小节可知，终端只需测量高优先级频点邻小区，无须测量同频邻小区或低优先级频点邻小区）时，如果网络侧配置的参数*highPriorityMeasRelax*取值为True，则终端可以选择在1 h内不执行该频点的RRM测量。

② 当终端测量值不满足S-Measure准则，即服务小区的当前测量值$Srxlev \leq S_{nonIntraSearchP}$或$Squal \leq S_{nonIntraSearchQ}$时，终端可以选择基于缩放因子的测量放松。

场景二：网络仅为终端配置非小区中心触发条件，而未配置低移动性触发条件。

如果终端满足非小区中心触发条件，则：

对于同频邻小区测量：终端可以选择进行RRM测量放松。

对于异频或异系统邻小区测量进行如下操作。当终端测量值不满足S-Measure准则，即服务小区的当前测量值$Srxlev \leqslant S_{nonIntraSearchP}$或$Squal \leqslant S_{nonIntraSearchQ}$时，终端在相应的异频或异系统小区频点可以选择进行RRM测量放松。

场景三：网络为终端同时配置低移动性触发条件和非小区中心触发条件。

如果终端测量值同时满足非小区中心触发条件和低移动性触发条件，且持续时间达到时长$T_{SearchDeltaP}$，并且终端在小区选择或重选到一个新小区后持续执行了同频、异频或异系统邻小区测量达到时长$T_{SearchDeltaP}$，则终端可以选择在1小时内不执行同频、异频或异系统邻小区测量。

如果终端持续满足非小区中心触发条件或者持续满足低移动性触发条件达到时长$T_{SearchDeltaP}$，并且终端在小区选择或重选到一个新小区后持续执行了同频、异频或异系统邻小区测量达到时长$T_{SearchDeltaP}$：

对于同频邻小区、低优先级的异频或异系统邻小区测量，终端可以执行RRM测量放松；

对于高优先级的异频或异系统邻小区测量，当终端测量值不满足S-Measure准则，即服务小区的当前测量值$Srxlev \leqslant S_{nonIntraSearchP}$或$Squal \leqslant S_{nonIntraSearchQ}$时，终端可以选择进行RRM测量放松。

上述场景中终端RRM测量放松的具体方法为，在现有的测量需求基础上按缩放因子扩展终端的RRM测量间隔、检测周期和评估周期。

对于同频邻小区，其放松后的测量需求如表4.20所示。

表4.20　放松的同频邻小区RRM测量需求（3GPP TS 38.133 Rel-16）

DRX周期长度[s]	缩放因子（$N1$）		$T_{detect.NR\_Intra}$ [s]（DRX周期个数）	$T_{measure.NR\_Intra}$ [s]（DRX周期个数）	$T_{evaluate.NR\_Intra}$[s]（DRX周期个数）
	FR1	FR2			
0.32	1	8	11.52×$N1$×$M2$×$K1$（36×$N1$×$M2$×$K1$）	1.28×$N1$×$M2$×$K1$（4×$N1$×$M2$×$K1$）	5.12×$N1$×$M2$×$K1$（16×$N1$×$M2$×$K1$）
0.64		5	17.92×$N1$×$K1$（28×$N1$×$K1$）	1.28×$N1$×$K1$（2×$N1$×$K1$）	5.12×$N1$×$K1$（8×$N1$×$K1$）
1.28		4	32×$N1$×$K1$（25×$N1$×$K1$）	1.28×$N1$×$K1$（1×$N1$×$K1$）	6.4×$N1$×$K1$（5×$N1$×$K1$）
2.56		3	58.88×$N1$×$K1$（23×$N1$×$K1$）	2.56×$N1$×$K1$（1×$N1$×$K1$）	7.68×$N1$×$K1$（3×$N1$×$K1$）

说明：M适用于终端发射功率等级2/3/4；对于终端发射功率等级1，$N1$ = 8（所有DRX周期）。
当待测量的同频邻小区的SMTC周期大于20 ms时，$M2$=1.5；否则，$M2$=1。
$K1$ = 3即测量的缩放因子。

对于异频邻小区测量，其放松后的测量需求如表4.21所示。

表4.21　放松的异频邻小区RRM测量需求（3GPP TS 38.133 Rel-16）

DRX周期长度[s]	缩放因子（$N1$）		T_{detect,NR_Inter} [s]（DRX周期个数）	$T_{measure,NR\_Inter}$ [s]（DRX周期个数）	$T_{evaluate,NR\_Inter}$ [s]（DRX周期个数）
	FR1	FR2			
0.32	1	8	$11.52 \times N1 \times 1.5 \times K1$ （$36 \times N1 \times 1.5 \times K1$）	$1.28 \times N1 \times 1.5 \times K1$ （$4 \times N1 \times 1.5 \times K1$）	$5.12 \times N1 \times 1.5 \times K1$ （$16 \times N1 \times 1.5 \times K1$）
0.64		5	$17.92 \times N1 \times K1$ （$28 \times N1 \times K1$）	$1.28 \times N1 \times K1$ （$2 \times N1 \times K1$）	$5.12 \times N1 \times K1$ （$8 \times N1 \times K1$）
1.28		4	$32 \times N1 \times K1$ （$25 \times N1 \times K1$）	$1.28 \times N1 \times K1$ （$1 \times N1 \times K1$）	$6.4 \times N1 \times K1$ （$5 \times N1 \times K1$）
2.56		3	$58.88 \times N1 \times K1$ （$23 \times N1 \times K1$）	$2.56 \times N1 \times K1$ （$1 \times N1 \times K1$）	$7.68 \times N1 \times K1$ （$3 \times N1 \times K1$）

说明：M适用于终端发射功率等级2/3/4；对于终端发射功率等级1，$N1 = 8$（所有DRX周期）。
$K1 = 3$即测量的缩放因子。

对于异系统邻小区测量，其放松后的测量需求如表4.22所示。

表4.22　放松的异系统邻小区测量需求（3GPP TS 38.133 Rel-16）

DRX周期长度[s]	$T_{detect,\ EUTRAN}$ [s]（DRX周期个数）	$T_{measure,\ EUTRAN}$ [s]（DRX周期个数）	$T_{evaluate,\ EUTRAN}$[s]（DRX周期个数）
0.32	$11.52 \times K1$ （$36 \times K1$）	$1.28 \times K1$ （$4 \times K1$）	$5.12 \times K1$ （$16 \times K1$）
0.64	$17.92 \times K1$ （$28 \times K1$）	$1.28 \times K1$ （$2 \times K1$）	$5.12 \times K1$ （$8 \times K1$）
1.28	$32 \times K1$ （$25 \times K1$）	$1.28 \times K1$ （$1 \times K1$）	$6.4 \times K1$ （$5 \times K1$）
2.56	$58.88 \times K1$ （$23 \times K1$）	2.56 （$1 \times K1$）	$7.68 \times K1$ （$3 \times K1$）

说明：$K1 = 3$即测量的缩放因子。

需要说明的是，当终端支持双连接（DC，Dual Connectivity）或载波聚合（CA，Carrier Aggregation）时，网络可以在部分频点上为终端配置空闲态或非激活态时的提早测量报告（EMR，Eearly Measurement Report），用于终端进入连接态时快速配置DC或CA。此时，在配置了EMR的频点，终端不能执行RRM测量放松或停止测量操作。

（4）总结

从前面的描述可以看出，当网络仅为终端配置一个触发条件，或终端只满足一个触发条件时，终端在空闲态和非激活态进行RRM测量时，可以在一定程度上实现测量放松，即终端按照以原有的测量需求放松3倍来进行测量放松；当网络为终端同时配置两个触发条件，或终端同时满足两个触发条件时，终端在在空闲态和非激活态进行RRM测量时，可以维持一段时间，如1小时不进行对应的RRM测量。

综合上述定义的测量放松机制，以及已有技术中的S-Measure准则和高优先级频点的测量，我们总结了空闲态RRM测量放松行为，如表4.23所示。

表4.23 3GPP Rel-16 空闲态RRM测量放松行为总结

<table>
<tr><th>触发条件</th><th>同/异频测量</th><th>网络配置的测量放松条件和终端侧满足触发条件的情况</th><th>终端RRM测量放松行为</th></tr>
<tr><td colspan="4">对于异频及异系统频点测量</td></tr>
<tr><td rowspan="6">终端满足S-Measure准则，即$Srxlev > S_{nonIntraSearchP}$且$Squal > S_{nonIntraearchQ}$</td><td rowspan="5">高优先级频点</td><td rowspan="2">低移动性条件
（网络只配置低移动性触发条件且终端满足此条件）</td><td>如果网络配置了参数highPriorityMeasRelax，终端可以在最多1 h内不对高优先级的异频或异系统邻小区进行测量，测量需求见3GPP TS 38.133（Rel-16）</td></tr>
<tr><td>如果网络未配置参数highPriorityMeasRelax，终端需要根据3GPP TS 38.133（Rel-16）测量需求对高优先级的异频或异系统邻小区进行正常测量，即测量周期为$T_{higher_priority_search}$</td></tr>
<tr><td>非小区边缘条件（网络只配置非小区边缘触发条件且终端满足此条件）</td><td>终端需要根据3GPP TS 38.133的测量需求对高优先级的异频或异系统邻小区进行正常测量，即测量周期为$T_{higher_priority_search}$</td></tr>
<tr><td>当网络同时配置两个触发条件，未配置参数combineRelaxedMeasCondition，且终端只满足非小区边缘条件，不满足低移动性条件</td><td>终端需要根据3GPP TS 38.133的测量需求对高优先级的异频或异系统邻小区进行正常测量，即测量周期为$T_{higher_priority_search}$</td></tr>
<tr><td>当网络同时配置两个触发条件，且终端同时触发非小区边缘触发条件和低移动性触发条件，而无论网络是否配置了参数combine Relaxed MeasCondition</td><td>终端可以在最多1小时内不对高优先级的异频或异系统邻小区进行测量，测量需求见3GPP TS 38.133</td></tr>
<tr><td>相同优先级及低优先级频点</td><td>所有场景</td><td>根据Rel-15中的S-Measure准则，终端不需要对异频和异系统邻小区进行测量</td></tr>
<tr><td rowspan="2">终端不满足S-Measure准则，即$Srxlev \leq S_{nonIntraSearchP}$或$Squal \leq S_{nonIntraSearchQ}$</td><td rowspan="2">高优先级、低优先级、相同优先级频点</td><td>终端具有低移动性，包括：
（1）网络只配置低移动性触发条件且终端满足此条件；
（2）网络同时配置两个触发条件，未配置参数combine RelaxedMeasCondition，且满足低移动性条件，不满足非小区边缘触发条件</td><td>终端可以选择基于缩放因子的RRM测量放松，具体测量需求见3GPP TS 38.133（Rel-16）</td></tr>
<tr><td>终端处在非小区边缘，包括：
（1）网络只配置非小区边缘触发条件且终端满足此条件；
（2）网络同时配置两个触发条件，未配置参数combine RelaxedMeasCondition，且终端侧只满足非小区边缘触发条件，不满足低移动性触发条件</td><td>终端可以选择基于缩放因子的测量放松，具体测量需求见3GPP TS 38.133（Rel-16）</td></tr>
</table>

续表

触发条件	同/异频测量	网络配置的测量放松条件和终端侧满足触发条件的情况	终端RRM测量放松行为
终端不满足S-Measure准则，即$Srxlev \leq S_{nonIntraSearchP}$或$Squal \leq S_{nonIntraSearchQ}$	高优先级、低优先级、相同优先级频点	当网络同时配置两个触发条件且同时满足非小区边缘触发条件和低移动性触发条件，而无论是否配置参数*combineRelaxedMeasCondition*	终端可以在最长1小时时间间隔内不对异频或异系统邻小区进行测量
对于同频邻小区测量			
终端满足S-Measure准则，即$Srxlev > S_{nonIntraSearchP}$且$Squal > S_{nonIntraSearchQ}$	N/A	所有场景	根据Rel-15中的S-Measure准则，终端可以选择不对同频邻小区进行测量
终端不满足S-Measure准则，即$Srxlev \leq S_{nonIntraSearchP}$或$Squal \leq S_{nonIntraSearchQ}$	N/A	终端具有低移动性，包括： （1）网络只配置低移动性触发条件且终端满足此条件； （2）网络同时配置两个触发条件，未配置参数*combineRelaxedMeasCondition*，且终端侧只满足低移动性触发条件，不满足非小区边缘触发条件	终端可以选择基于缩放因子的测量放松，具体测量需求见3GPP TS 38.133（Rel-16）
		终端处于非小区边缘，包括： （1）网络只配置非小区边缘触发条件且终端满足此条件； （2）网络同时配置两个触发条件，未配置参数*combineRelaxedMeasCondition*，且终端只满足非小区边缘触发条件，不满足低移动性触发条件	终端可以选择基于缩放因子的测量放松，具体测量需求见3GPP TS 38.133（Rel-16）
		网络同时配置两个触发条件且终端同时满足非小区边缘触发条件和低移动性触发条件，而无论网络是否配置参数*combineRelaxedMeasCondition*	终端可以在最长1h内不对同频邻小区进行测量，具体测量需求见3GPP TS 38. 133（Rel-16）

需要说明的是：由于在3GPP协议中只规定了空闲态和非激活态终端RRM测量的最低测量需求，因此，终端可以根据实现的需要适当增加测量，即使终端满足上述测量放松条件，也可以不执行RRM测量放松，而是继续按正常测量需求进行测量。当然，这样会造成更多的功耗。

4.1.8 进一步增强的空闲态RRM测量节能

以上述Rel-16空闲态和非激活态终端RRM测量节能为基础，3GPP在Rel-17继续对这两种状态下的终端RRM测量节能进行增强。在3GPP Rel-17的RedCap项目中，一个重要内容是空闲态和非激活态的终端RRM测量放松的进一步增强。

Rel-16标准支持的终端RRM测量放松的程度有限：即只在特定场景下才允许终端停止测量1小时；在其他的场景中终端最多可以将RRM测量间隔放松3倍，这带来的终端节能增益有限。而对于一些特定的场景，特别是RedCap终端所处的场景，终端相对静止，甚至有的终端在部署时其状态就是固定的（Stationary）。这些场景的终端对于功耗比较敏感，如可穿戴设备（Wearable Devices）或工业传感器（Industrial Sensor）等，因此，进一步增强终端RRM测量放松很有必要。

在Rel-17的标准讨论中，相关人员目前已提出了几种比较典型的终端运动场景，包括静止的或相对静止的、移动性比较低的、移动受限的终端等，针对这几类终端的进一步RRM测量放松的增强主要包括RRM测量放松触发条件的增强和RRM测量放松方法的增强两部分。

1. RRM 测量放松触发条件的增强

RRM测量放松触发条件的增强，主要是以Rel-16已经标准化的测量放松方案为基础的进一步增强。比如，讨论的方案包括如下几种。

增强一：引入额外的终端移动性判断门限$S_{searchDeltaP_stationary}$，从而支持两级速度评估以确定低移动性和静止终端，终端静止的判断条件为：（$Srxlev_{Ref}$ − $Srxlev$）＜$S_{SearchDeltaP\_stationary}$；终端低移动性的判断条件为：$S_{SearchDeltaP\_stationary}$≤（$Srxlev_{Ref}$ − $Srxlev$）＜$S_{SearchDeltaP\_low\_mobility}$。

这种方法是对Rel-16 RRM测量放松触发条件的简单扩展，定义两级速度评估可以为不同的移动性场景提供不同的RRM测量放松的等级。当然，由于信道链路的RSRP/RSRQ值可能发生变化，因此，终端的低移动性和静止状态的判断不一定十分准确。

增强二：引入额外时长$T_{SearchDeltaP_stationary}$，从而支持两级速度评估以确定低移动性终端和静止终端。

它的效果与“增强一”的效果类似，同时它也可以与“增强一”中的触发条件结合使用。

增强三：在评估终端的移动状态时，考虑服务小区的波束测量结果的变化（波束可以是最佳波束或波束测量值超过一定门限的波束），具体的判断条件如下。

（1）终端静止的判断条件为：

测量值发生变化的波束数量＜$N1$；

没有波束测量值变化，且（$Srxlev_{Ref}$ − $Srxlev$）＜$S_{SearchDeltaP\_stationary}$。

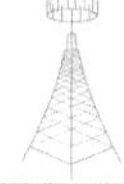

（2）终端低移动性的判断条件为：

测量值发生变化的波束数量＜$N2$；

$S_{SearchDeltaP\_stationary} \leqslant (Srxlev_{Ref} - Srxlev) < S_{SearchDeltaP\_low\_mobility}$。

在这种方案中，与使用小区级测量结果进行判断相比，终端使用波束级的测量结果进行自身移动性状态的判断，可以更准确地评估终端的移动性状态，这是因为当终端在小区内移动时，可能不会引起小区级测量结果的变化，而只引起波束级测量结果的变化。

当然，有些情况下基于波束级的测量结果也并不能非常准确地判断移动性状态，这是由于波束级测量结果的变化可能比小区级测量结果的变化更频繁，因此有时会引发误判。

增强四：终端基于它在运营商的注册订阅信息来判断其移动性状态，比如基于USIM卡的类型信息等可以判断终端处于静止状态。

这种方案相对简单、快速，而且也不需要基于服务小区的测量结果进行判断。但是，这种方案的局限性也较明显，即它只适用于有限的场景，对于部署在固定场景中的终端比较有效。然而，即使对于固定场景中的终端，它的信道链路条件（RSRP/RSRQ）也会发生变化，如果仅仅根据注册订阅信息来执行终端的RRM测量放松，可能会给部署在小区边缘的终端的性能带来一定的影响。

增强五：引入额外的门限$S_{searchDeltaP_stationary}$，仅当终端检测到较高接收信号功率变化（例如由于设备自身旋转或动态改变多径）但又不违反静止条件时，才允许终端使用RRM测量放松。

这种方案可以识别出没有发生明显位移的终端，比如绝对静止终端和仅发生旋转而未产生位移的终端。

增强六：终端基于它在运营商的注册订阅信息来判断其移动性。与“增强四”有所不同的是，这些终端虽不是完全静止的，但它们在其生命周期内都不会移出相对固定的区域范围。

这种方案的优势与“增强四”相同。如果网络侧可以获得终端的受限低移动状态，除了RRM测量放松外，网络还可以将该信息用于实现其他目标，如优化寻呼资源等。

当然，这种方案的局限性也较明显，即它只适用于受限移动场景中的终端。然而即使对于受限移动场景中的终端，它的信道链路条件（RSRP/RSRQ）也会发生变化，如果仅根据受限移动场景来判断终端的RRM测量放松可能会给部署在小区边缘终端的性能带来一定的影响。

2. RRM 测量放松方法的增强

在RRM测量放松方法的增强方面，Rel-17中主要涉及邻小区RRM测量的进一步放松，并没有考虑服务小区的RRM测量放松。邻小区RRM测量的进一步放松是对Rel-16

已经标准化的测量放松方法的进一步增强。讨论的方案包括以下几种。

增强一：终端可以停止对邻小区进行RRM测量，并持续T时长（其中，T>>1 h）。这种方案可以非常有效地降低处于空闲态和非激活态的静止类型终端的功耗。

增强二：终端可以通过减少测量参考信号的数量来放松RRM测量，即终端只需要测量一些波束。这种方案除了可以有效降低终端测量的功耗外，还可以缩短测量周期。

增强三：终端可以减少RRM测量的邻小区数量，即终端仅对部分邻小区执行RRM测量。这种方案可以避免处于静止状态的终端对系统广播指示的所有邻小区进行测量而带来的功耗增加问题。

当然，这种方案可能需要网络侧在部署时做更多的工作，比如网络侧需要向终端提供网络部署相关的信息。而且当终端发生移动或信道条件变化较大时，减少测量的邻小区或异频小区的个数可能会影响终端小区重选的性能。

增强四：最小化测量频点的数量。

这种方案可以避免处于静止状态的终端对系统广播指示的所有的异频点小区进行测量。

类似于"增强三"，这种方案可能要求网络侧向终端提供空闲态或非激活态下的候选频点相关的信息，比如通过额外的信令指示终端允许或禁止重选的频点列表。此外，当终端发生移动或信道条件变化较大时，减少测量的频点数量可能会影响终端小区重选的性能。

增强五：扩展Rel-16中定义的"停止邻小区测量持续1 h"测量放松对应的应用场景。比如对于静止的终端，这种方案可以有效降低其功耗。

增强六：当终端满足部分触发条件时可以在部分配置的频点上触发RRM测量放松。

采用这种方案，终端可以更早地启动测量放松，最大化节省终端的测量功耗。当然，这种方案没有设置满足触发条件的触发时长，鲁棒性相对较弱，可能会导致误判。

从上面的增强方向来看，Rel-17中讨论的RRM测量触发条件的扩展或RRM测量放松方法的扩展，都需要终端在网络侧的控制下执行，即都需网络侧开启和关闭终端对应的测量放松。后续进一步的标准讨论可能不限于上述的增强方向。

4.1.9 PSM和MICO模式

1. LTE PSM 模式

为了实现在特定场景下配有小容量电池的终端可以工作5～10年的目标，特别是针对MTC类没有时延需求的小数据速率的业务，3GPP在LTE的Rel-12中引入了终端的节能模式（PSM，Power Saving Mode），在节能模式下终端的DRX周期比I-DRX和eDRX周期长很多。

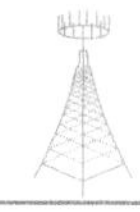

PSM引入的主要目的是提升用户使用的终端时长。支持PSM的终端需要在附着（Attach）和跟踪区域更新（TAU）过程中接收网络侧配置的激活定时器（T3324），此定时器用于保证终端在进入空闲态多长时间之后才可以进入PSM。

在PSM中，终端设备可以进入深度睡眠状态，在该状态下终端设备可以选择关闭调制解调器、射频模块及天线等。在深度睡眠期间，终端无法接收RAN侧的消息，如寻呼消息、系统信息等。

只有当定时器到期发生TAU（控制TAU的定时器为T3412）或有上行数据需要发送时，终端才会退出PSM。

PSM的终端行为如图4.24所示。

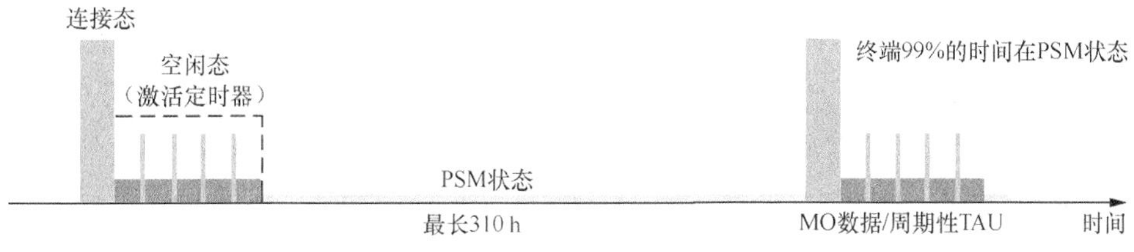

图4.24　PSM的终端行为

由于MTC设备的业务较少，终端的收发活动较少，因此，终端设备可以长期处于深度睡眠状态，这期间终端的功耗非常低。在LTE的终端功耗模型中，深度睡眠状态下的终端的功耗可以低至连接态终端的功耗的千分之一量级，即终端功耗极大地降低了，延长了终端工作时长。

终端设备在PSM状态下依旧保持在原网络的注册，即处于PSM的设备不需要在每次长时间睡眠后重新进行网络注册和建立连接。

LTE中PSM状态与现有的RRC状态之间的转换关系如图4.25所示。

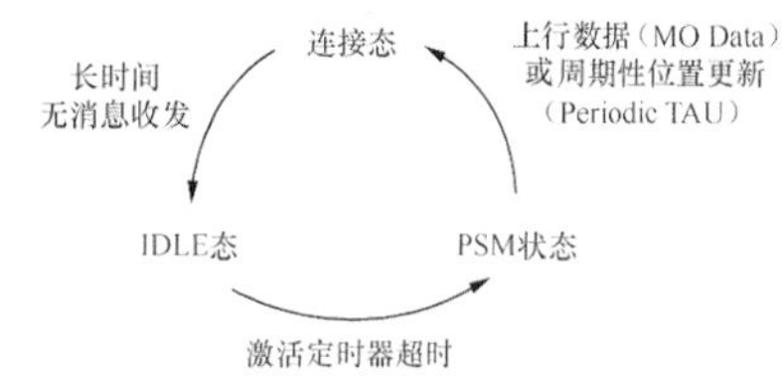

图4.25　LTE中PSM状态与现有的RRC状态之间的转换关系

2. 5G MICO 模式

为了优化蜂窝物联网（CIoT，Cellular Internet-of-Things）场景下设备的连接性能，并实现超长的终端电池寿命，在5G核心网（5GC）引入了一种新的连接模式，称为MICO（Mobile Initiated Connection Only），如图4.26所示。在一些物联网场景中，终端设备只有上行业务需求，或者不需要独立的下行数据接收。在这种场景中，只有当终端有上行数据要发送给网络时，它才启动与网络的无线连接。因此，当这些终端启用MICO模式时，网络（AMF）将不会在CM-IDLE状态下寻呼该终端。这种模式可以最大程度地降低物联网终端的功耗和设备复杂度，也有利于减少网络信令开销。

以智能水表业务为例，通常来说，智能水表只存在发送上行数据的需求，因此，只有当设备需要发送上行数据时，才需要建立网络连接。当然，也有可能出现水表需

要从网络侧接收一些下行数据（比如配置更新的相关数据）的情况，但考虑到节能的需求，在当前的协议中限定了这类下行数据，需要在终端进行上行数据发送的时候才能将它们发送给终端。

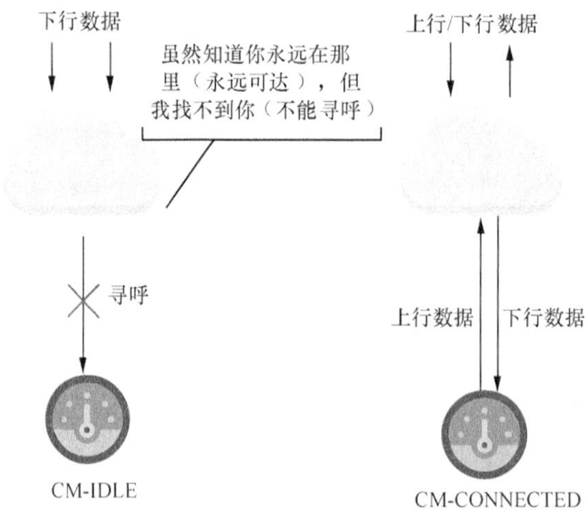

图4.26　MICO模式

根据3GPP TS 23.501的描述，在终端初始注册或注册更新过程中，接入和移动性管理功能（AMF，Access and Mobility Management Function）可以根据本地配置、预期的终端行为、终端向AMF递交的关于MICO模式的偏好、终端签约信息和网络策略等信息或者这些信息的任何组合确定是否针对特定终端激活MICO模式，并在注册过程中告知终端。如果终端在注册过程中没有表明对MICO模式的偏好，AMF不应为此终端激活MICO模式。

终端和AMF在随后的每个注册过程中，需要重新协商是否继续使用MICO模式。当终端在CM-CONNECTED状态时，AMF可以通过*UE Configuration Update*过程触发注册更新过程，从而激活该终端的MICO模式。

我们知道，在一般的注册过程中，AMF都会给终端分配一个注册区域（RA，Registration Area）。这个注册区域由多个跟踪区域组成，用于终端的可达管理，即当网络侧有下行数据达到时，网络可以在RA内对终端发起寻呼，终端接收到寻呼消息后重新建立与网络的信令连接和数据连接，并接收下行数据。

但当AMF配置终端激活MICO模式时，AMF配置的注册区域不受寻呼区域的限制（不考虑寻呼效率和信令开销平衡的问题）。如果AMF服务的区域是整个公共陆地移动网络（PLMN，Public Land Mobile Network），那么基于本地策略和终端签约信息，网络可以向终端配置一个包含“整个PLMN”的注册区域。在这种情况下，处在MICO模式的终端无论如何移动，都不会触发与该PLMN的重新注册。

当AMF配置终端激活MICO模式时，且终端在AMF中的状态为CM-IDLE时，AMF

认为该终端是不可达到的。AMF将拒绝向处于MICO模式的终端发送下行链路数据传送请求。

从上面的描述可知，在MICO模式下，当终端处在CM-IDLE状态时，不再监听寻呼消息，且会停止所有的接入过程。只有当如下事件发生时，终端才会触发从CM-IDLE状态到CM-CONNECTED状态的迁移。

（1）终端配置发生变化而需要重新注册到网络。

（2）周期注册计时器超时。

（3）需要发送上行数据。

（4）需要发送上行信令。

MICO模式除了可提供显著的节能增益，增加物联网终端待机时间外，也为提高终端接入密度、支持海量终端接入场景奠定了基础。大量处在MICO模式下的物联网终端不会像处于普通模式下的终端那样耗费网络资源，网络可以将有限的资源用于服务活跃的终端。MICO模式的设计思想和非激活态模式有异曲同工之妙。

3. 空闲态 DRX、eDRX、MICO 模式对比

终端在接入层（AS）和非接入（NAS）层的状态可以分为如下3种。

（1）连接态：是RRC状态。此状态下终端可以进行数据的发送和接收，并可以切换到空闲态或非激活态。

（2）空闲态或非激活态：是RRC状态。此状态下的终端可以工作在DRX和eDRX两种节能模式下。在空闲态/非激活态下的终端除了接收系统更新信息外，还在寻呼窗口内接收下行数据。此状态下的终端可以切换到连接态或进入PSM或MICO模式。

（3）PSM状态：是NAS状态。终端在此状态下无法接收下行数据，只有在有上行数据到达的情况下，或在TAU过程中可切换至连接态。

在实际网络中，为空闲态/非激活态终端配置的I-DRX周期一般为1.28 s，在这种配置下，终端无法进入深度睡眠状态，需要随时接收数据，相当于随时在监听。在终端实现时，I-DRX睡眠状态的工作电流为1 mA左右。处于空闲态/非激活态的终端DRX的行为如图4.27所示。

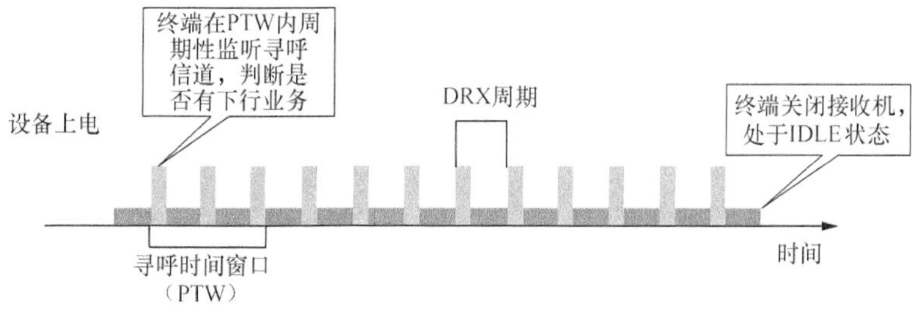

图4.27 处于空闲态/非激活态的终端DRX的行为

eDRX允许终端有更长的睡眠时间，可以是几秒，也可以是几十分钟，甚至最长可以达到2小时。由于允许的睡眠时间变长，终端有机会进入深度睡眠状态。终端仅在每个eDRX周期内有一个寻呼接收窗口可以监听寻呼信道。当eDRX周期超过5 min时，终端的睡眠工作电流可以降低至0.2 mA左右，仅为DRX睡眠状态下终端功耗的1/5（如图4.28所示）。

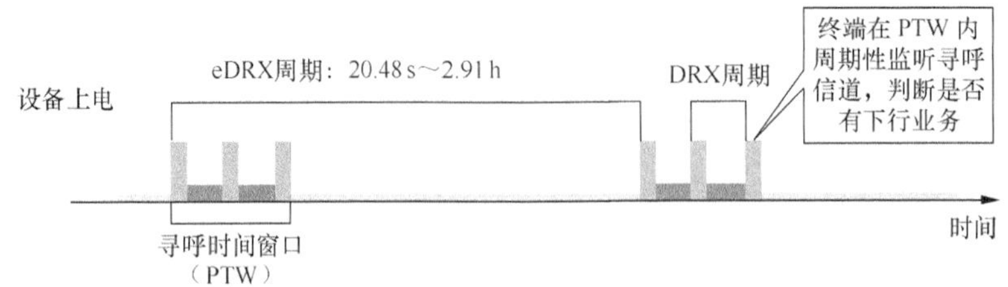

图4.28　eDRX

在PSM或MICO模式中，终端唤醒的频率被进一步降低，终端有机会进入长达数小时以上的深度睡眠状态。在PSM状态下，终端的睡眠功耗只有μA级别，可以实现“一节电池支撑终端工作5～10年”的目标。PSM/MICO模式如图4.29所示。

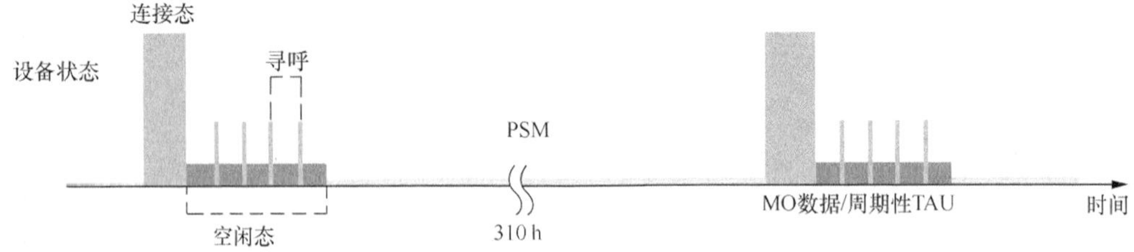

图4.29　PSM/MICO模式

图4.30给出了终端在各个模式间的切换和相应行为。

当终端模组上电（Power-on）后，终端进入选网模式，然后与网络侧建立RRC连接，并传输数据。

终端无数据业务交互的一段时间后，网络侧会释放终端的RRC连接，终端此时会进入空闲态或非激活态。为了节省功耗，终端在每个I-DRX周期监听一次寻呼信道，此时网络可以在每个I-DRX周期寻呼终端。

为了进一步节省终端功耗，网络侧可以为终端配置eDRX。终端在每个eDRX周期内，只能在PTW内按DRX周期监听寻呼信道，而在PTW外的时间段不能监听寻呼信道，也不能接收下行业务。因此，处于eDRX态的终端可达性会变差，导致更长的下行数据时延。

如果空闲态的终端一直没有数据与网络侧交互，那么在一段时间后（如PSM中定义的T3324定时器超时后），终端可以进入PSM/MICO模式。在进入PSM/MICO模式后，终端就不会与基站侧有交互了，此时虽然终端还是注册在网状态，但在PSM/MICO模

式下处于网络不可达状态，无法接收下行数据。只有在终端处于PSM/MICO模式一段时间后（如PSM中定义的T3412定时器超时后），或者有上行数据到达需要传输时，终端才会回到RRC连接态。当然，如果终端进入连接态后与网络侧之间的数据交互结束并持续一段时间没有业务，终端会再次进入PSM状态。

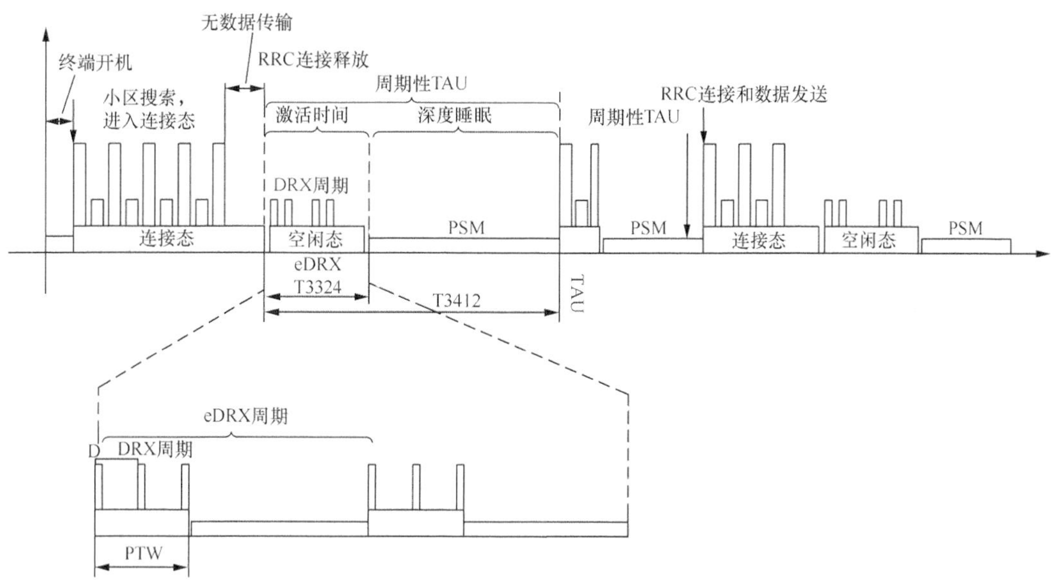

图4.30 终端在各工作模式间切换和相应行为

4.1.10 空闲态TRS

由于发送SSB的时间稀疏性，空闲态/非激活态终端，特别是在低信噪比场景下的终端需要较长的接收时间处理多个SSB，才能保证接收寻呼消息的准确性。在3GPP Rel-17中，通过引入空闲态/非激活态终端可用的TRS，能够在保证接收寻呼消息的准确性的前提下，减少终端的接收时长和处理的SSB个数，实现终端待机状态下的节能。

在LTE系统中，网络在每个下行时隙都发送CRS，空闲态终端可以随时基于CRS进行下行同步跟踪、RRM测量等。如图4.31所示，在LTE系统中，终端仅需要在与接收寻呼时刻相邻的一个或几个下行时隙进行基于CRS的同步，就可以保证较好的寻呼消息接收性能，终端需要接收的CRS时隙个数与空闲态DRX长短导致的失步程度、信噪比条件等有关。其他时间LTE终端可以进入深睡眠状态以节省功耗。

图4.31（a）中给出了LTE终端接收寻呼消息的活动过程，在这个例子中，终端在每个寻呼周期内处理两个时隙的CRS用于同步，然后进行寻呼消息的接收，其他时间内终端主要处于深睡眠状态。在NR系统中，由于考虑到网络的节能需求，取消了LTE系统中每个下行子帧都有的CRS发送，取而代之的是网络以较稀疏的周期发送SSB，通常

SSB的发送周期为20 ms。由于空闲态DRX周期长短导致的终端失步程度、信噪比条件等的不同，终端可能需要多个SSB进行同步才能满足接收寻呼消息的要求，又由于相邻的SSB之间只有20 ms的间距，终端在两个SSB之间只能进入浅睡眠状态，因此，节能效果大打折扣。

图4.31（b）给出了NR空闲态终端在低信噪比条件下接收寻呼消息的过程，可以看到，终端的活动包括3个SSB的接收、寻呼消息接收及浅睡眠等，终端在一个DRX周期的活动时间总共持续了60 ms。因此，NR系统空闲态终端的功耗显著高于LTE系统终端的功耗，这一点也在本书2.2节的功耗测试结果得到了印证。

为了解决上述NR系统空闲态终端功耗问题，Rel-17终端节能WI项目中引入了空闲态/非激活态终端可用的TRS，终端可以基于TRS进行同步、测量等行为，以减少空闲态/非激活态终端的活动时间及功耗。该空闲态/非激活态TRS可以是复用网络为支持连接态终端工作发送的CSI-RS或TRS，因此没有额外增加网络的能耗和开销。空闲态/非激活态终端根据网络的系统信息或者寻呼DCI等得到TRS的配置信息及可用性信息。终端可以将TRS和SSB结合完成同步、测量等相关处理，这样可以有效地减少终端在接收寻呼消息之前需要处理的SSB个数。

如图4.31（c）所示，尽管处于低信噪比环境，但终端仅需要接收一个SSB和相邻的TRS就可以满足接收寻呼消息的同步精度要求，因此终端的整体活动时间由60 ms降低为20 ms左右，大幅度降低了空闲态/非激活态功耗。根据3GPP文献[25]的评估，假设寻呼激活概率为10%，Rel-17 空闲态/非激活态TRS方案能够使空闲态/非激活态终端功耗降低23.9%，这是一个十分显著的增益。

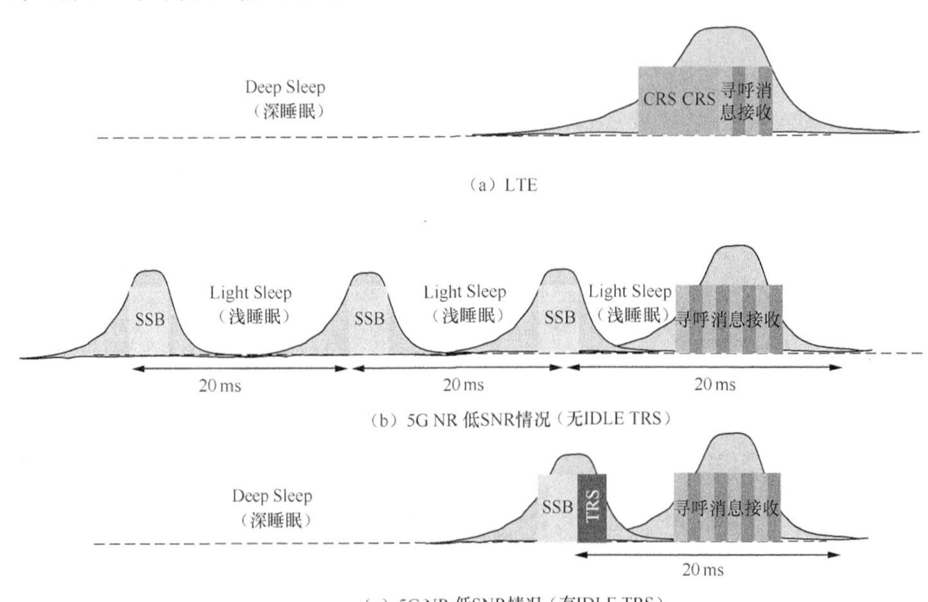

图4.31　空闲态/非激活态TRS节能原理

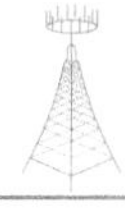

根据最新标准，3GPP RAN1已经同意了空闲态/非激活态TRS的设计方案，网络通过SIB配置空闲态/非激活态TRS的发送参数信息，包括频域信息（起始RB、带宽）、时域信息（周期、offset、起始符号）、功率信息（TRS相对SSB的功率差）、准共址（QCL，Quasi-Co-location）信息等。在此基础上，网络还可以通过物理层控制信息，将网络是否发送了空闲态/非激活态TRS的信息告知终端，实现网络侧动态按需发送空闲态/非激活态TRS。显式的物理层信令指示还能够避免终端对TRS存在性的盲检。网络可以通过Paging DCI中的空闲比特或者PEI（Paging Early Indication）等方法指示空闲态/非激活态TRS可用性信息。图4.32给出一个通过Paging DCI指示空闲态/非激活态TRS可用性信息的方案示例。

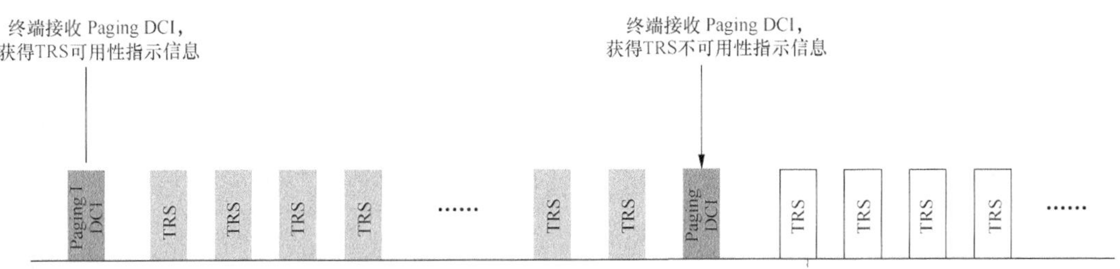

图4.32　通过寻呼DCI指示空闲态/非激活态TRS可用性信息的方案示例

4.2　非激活态节能技术

非激活态是5G系统新引入的一个RRC状态，目的是在维持较低的终端功耗和系统开销的前提下，缩短控制面时延。终端功耗是非激活态设计的一个重要目标。

4.2.1　非激活态的基本流程

在移动通信网络中，为了实现网络对终端的精准控制，需要在终端和基站之间建立信令连接，用这个信令连接实现大量控制信令、配置信令的交互。但过于频繁的连接会极大地增加终端的能耗，因此，无论是3G、LTE，还是5G NR，都引入了终端RRC状态的管理。

通过对终端RRC状态的管理，移动通信系统可以实现效率和功耗的平衡。比如在LTE系统中，就有连接态和空闲态。在空闲态，终端的无线模块处于低功率状态，只监听来自网络的控制信号。网络不为处于空闲态的终端分配无线资源；而在RRC连接态，终端的无线模块处于高功率状态，要么传输数据，要么等待数据。网络为处于连接态的终端指定了数据承载方式，也分配了专用的无线资源。

看似已经非常完美了，但我们在5G技术的研究过程中发现，控制面连接建立是导致终端业务时延增加的一个重要原因。而5G提出的毫秒级时延KPI又是众多应用领域的迫切需求。如何缩短时延是贯穿整个5G标准化研究过程的重要话题之一。

为了实现5G用户面和控制面时延的缩短，5G RRC层引入了非激活态。非激活态的引入是5G RRC的一种结构性变化。在本节中将详细介绍5G新引入的终端非激活态。

3GPP TS 38.300协议对终端非激活态的特征进行了描述。我们从协议的描述可以看到，处于非激活态的终端的行为特征兼具了处于连接态和空闲态的终端的一些特征，可以说非激活态是介于空闲态和连接态之间的一种中间状态。非激活态终端的功能特征总结如图4.33所示。

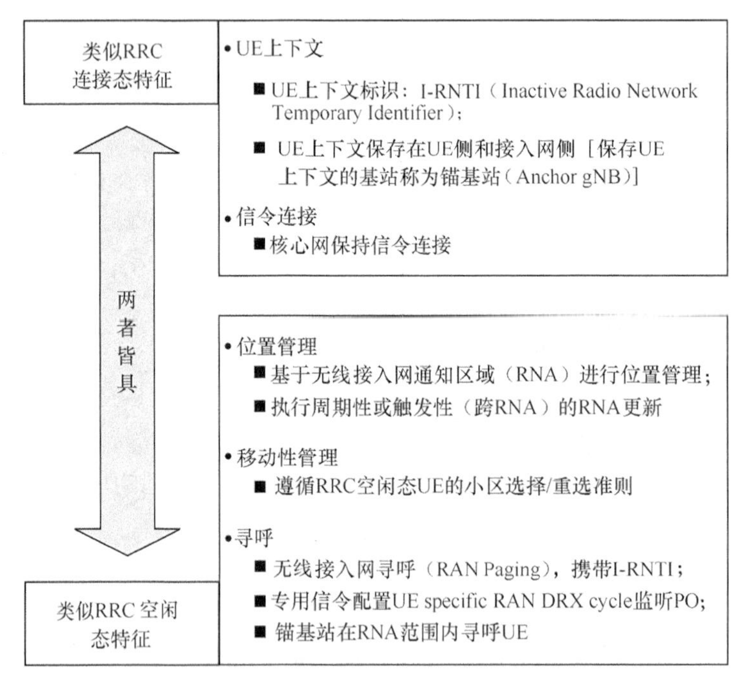

图4.33　非激活态终端的功能特征总结

与连接态终端一样，非激活态的终端也会保存网络的上下文，而网络也会保存非激活态终端的上下文。非激活态终端虽然不保存接入网的信令连接，但会保存核心网的信令连接。而在可达性管理、移动性管理和位置管理方面，非激活态终端的行为又与空闲态终端接近。

正是因为非激活态终端兼具了连接态和空闲态终端的部分特征，非激活态终端也就保留了一些连接态和空闲态终端的优点，具体如下。

（1）较低的控制面时延：当终端处于非激活态时，终端和网络侧都保存了彼此的上下文信息及所有的网络配置参数，所以终端从非激活态切换到激活态控制面的时延会明显短于终端从空闲态切换到连接态的时延。

（2）较低的信令开销：可以从多个方面实现非激活态减少信令开销。比如基于RAN通知区域（RNA，RAN-based Notification Area）的设计，RNA比跟踪区域（TA，Tracking Area）小，因此，核心网寻呼信令开销得到了降低。此外，由于终端和网络侧保存了彼此的上下文和网络配置，因此，终端从非激活态恢复到RRC连接态过程中需要的网络侧信令也大大减少。

（3）系统高容量：在LTE系统中，为了支持一些频繁的小数据包发送（比如周期性发送的心跳包），终端会长期处于连接态来保证控制面的活跃。大量的终端保持在连接态对网络来说是一个极大的开销，会降低网络的容量。非激活态的引入使得网络可以将这部分有频繁发送小数据包业务的终端迁移到非激活态，既保证了对终端的连接需求，又提高了系统容量，这对于物联网场景而言特别重要。

（4）终端能耗降低：非激活态终端具备很多空闲态终端的相似特征，比如与空闲态终端相同的移动性管理方式（小区选择/重选）、寻呼监听机制、I-DRX机制等。因此，非激活态可以在保证终端具有较好的活跃性的前提下，尽可能地降低终端功耗。

除了上面提到的优点以外，处于非激活态的终端还可以在不需要进入连接态就利用随机接入过程实现小数据包的发送，这更加有利于在发送小数据包时进行节能。

LTE系统和NR系统的RRC状态转换比较如图4.34所示。可以看出，与LTE系统终端的RRC状态转换相比，NR系统新引入了RRC连接恢复（RRC Connection Resume）和RRC连接挂起（RRC Connection Suspend）流程来支持终端在连接态和非激活态之间的转换。

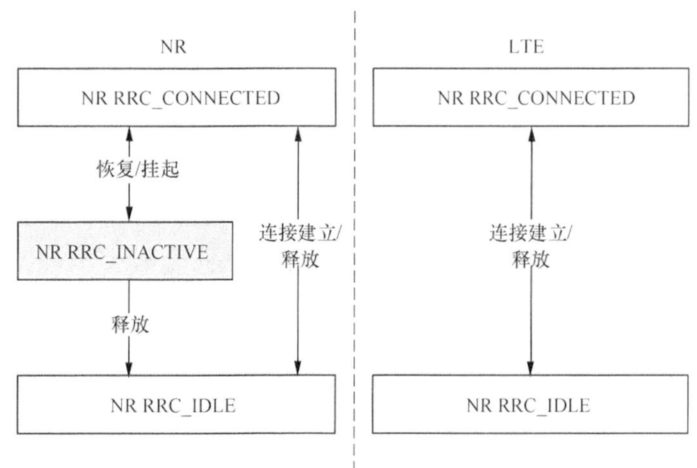

图4.34　LTE系统和NR系统的RRC状态转换比较

4.2.2 通知区域和通知区域更新

由于处于空闲态的终端与网络没有信令连接，因此网络无法知道终端的准确位置。为了方便核心网管理终端位置，在终端下行数据到达时网络可以寻呼到终端，LTE系统中引入了跟踪区域（TA）的概念。在LTE系统中，终端在其配置的TA内移动时并不会向网络更新其位置，而只在移出TA时，才会向网络更新其位置。当有终端的下行业务数据到达时，网络会在终端所在的TA内（终端最后一次更新后的位置）发送寻呼消息找到该终端。

在5G NR系统中也保留了与LTE类似的TA概念，在5G NR系统中这个概念被称为注册区域（RA，Registration Area）。注册区域是5GC用来管理用户注册区域的概念，在5GC中AMF（接入和移动性管理功能）会在注册过程中为终端分配RA。RA由一系列TA组成，而每个TA又由一个或者多个小区组成。

由于在5G NR系统中引入了非激活态，为了实现更加灵活的终端位置管理，并尽可能缩短时延和降低信令开销，5G NR系统在接入网侧引入了基于RAN的通知区域（RNA）概念。根据3GPP TS 38.300协议的描述，RNA由一个或多个包含在核心网（CN）注册区域的小区组成，也就是说，RNA是核心网RA的一个子集或全集。在3GPP Rel-15中，要求RNA内部小区间必须有Xn接口连接。

RNA可以为不同的终端提供专属的RNA配置，RNA的配置在RRC Release流程中由锚基站配置。RNA更新（RNAU）可以周期性地触发，也可以在终端重选到一个不属于当前配置的RNA的小区时触发。

综上，NR的RNA和LTE系统的TA非常类似，只不过TA是核心网层面的概念（对核心网可知），而RNA是无线接入网层面的概念。由于核心网不知道终端所在的RNA，也不知道终端是否处于非激活态，核心网对处于非激活态和连接态的终端的处理方式一样。因此，我们可以将RNA理解为无线接入网层面的TA。而核心网的RA和接入网的RNA也有相似之处，其主要利用周期性或事件触发性的运行更新流程来让核心网或接入网掌握终端的大致位置和状态。其中，RNA的目的是服务于RAN寻呼，通过更新流程来传递终端上下文和更新位置；RA的目的是服务于注册管理，通过更新流程来实现终端的可达性管理（位置管理），并且通过该流程更新终端能力和协议参数，服务于核心网寻呼。

RNA和RA的配置由运营商的实现策略决定，较大的RNA和RA有利于减少由于区域更新导致的信令开销，降低终端功耗。但较大的RNA或RA也会增加核心网或RAN寻呼的范围，导致较大的网络侧寻呼信令开销；较小的RNA和RA有利于减少核心网和RAN的寻呼信令开销，但会更加频繁地进行区域更新操作，终端侧信令和功耗会有所提高。所以，RNA和RA的配置需要考虑网络信令开销和终端功耗的平衡。

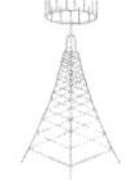

根据3GPP TS 38.300协议描述，网络可以通过如下两种方式为终端配置RNA。

方式一：网络为终端配置一个小区列表，列表由Cell ID组成。

方式二：网络为终端配置一个RAN-Area列表。RAN-Area列表由多个RAN-Area配置组成，而每个RAN-Area配置又可能标识为以下两种形式。

- 每个RAN-Area标识为一个跟踪区域代码（TAC，Tracking Area Code）。这种形式适合于将整个TA内的小区都配置为终端的RNA。
- 每个RAN-Area标识为TAC+ RAC（RAN Area Code）。通过这种形式，网络可以将一个TA内的部分小区分配给终端作为其RNA。这里需要说明的是，一个TAC可以包含多个RAC，网络可以指示一个TAC中的哪些RAC分配给终端作为RNA。相关参数配置如下。

```
    RRCRelease-IEs ::=                        SEQUENCE {
    ……
       suspendConfig                             SuspendConfig
    ……
    }
    SuspendConfig ::=                         SEQUENCE {
       fullI-RNTI                              I-RNTI-Value,
       shortI-RNTI                             ShortI-RNTI-Value,
       ran-PagingCycle                          PagingCycle,
       ran-NotificationAreaInfo                   RAN-NotificationAreaInfo
       t380                                   PeriodicRNAU-TimerValue
    ……
    }
    PagingCycle::=                           ENUMERATED{rf32, rf64, rf128, rf256}
    RAN-NotificationAreaInfo ::=                CHOICE {
       cellList                                  PLMN-RAN-AreaCellList,//RNA中的小
区测量
      ran-AreaConfigList                         PLMN-RAN-AreaConfigList, //RNA-
Area配置列表
    }
    PeriodicRNAU-TimerValue ::=               ENUMERATED { min5, min10, min20,
min30, min60, min120, min360, min720}
    PLMN-RAN-AreaCellList ::=                 SEQUENCE (SIZE (1.. maxPLMNIdenti
ties)) OF PLMN-RAN-AreaCell
    PLMN-RAN-AreaCell ::=                     SEQUENCE {
       plmn-Identity                            PLMN-Identity
       ran-AreaCells                            SEQUENCE (SIZE (1..32)) OF
CellIdentity
    }
    PLMN-RAN-AreaConfigList ::=               SEQUENCE (SIZE (1..maxPLMNIdentit
ies)) OF PLMN-RAN-AreaConfig
    PLMN-RAN-AreaConfig ::=                   SEQUENCE {
```

```
    plmn-Identity                       PLMN-Identity
    ran-Area                           SEQUENCE (SIZE (1..16)) OF  RAN-Ar
eaConfig
   }
   RAN-AreaConfig ::=                 SEQUENCE {
      trackingAreaCode             TrackingAreaCode, //配置跟踪区域代码(TAC)
      ran-AreaCodeList             SEQUENCE(SIZE(1..32)) OF  RAN-AreaCode
//配置RAN-Area代码(RAC)
   }
```

和LTE系统的TAU过程类似，当终端移出网络配置的RNA时，也需要向网络更新其位置，这个过程即RAN通知区域更新(RNAU，RAN based Notification Area Update)。网络通过参数*PeriodicRNAU-TimerValue*对终端RNAU的周期进行配置，支持的周期为从5分钟到720分钟不等。

图4.35给出了NR RNA更新的具体流程。该流程涉及RRC信令“*RRC Resume Request*”、Xn接口的信令交互“*Retrieve UE Context Request*”，以及GN信令“*Path switch request*”。

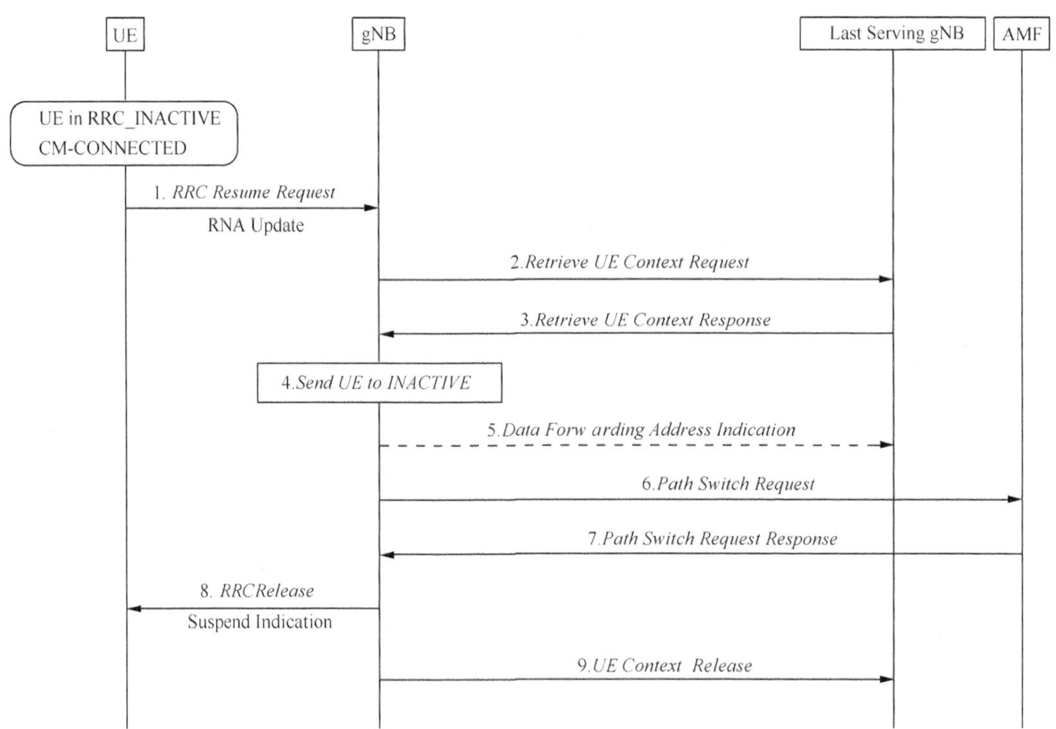

图4.35　NR RNA更新的具体流程（*UE context relocation*）

终端可以通过*RRC Connection Resume*流程从非激活态恢复到RRC连接态，在此过程中终端需要向网络提供由最后服务基站分配的I-RNTI信息及*RRC Connection Resume*的原因信息，例如RAN通知区域更新等。*RRC Resume Request*信令如下。

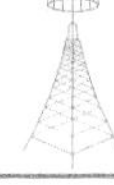

```
RRCResumeRequest ::=             SEQUENCE {
        rrcResumeRequest            RRCResumeRequest-IEs
}
RRCResumeRequest-IEs ::=          SEQUENCE {
    resumeIdentity                    ShortI-RNTI-Value,
    resumeMAC-I                      BIT STRING (SIZE (16)),
    resumeCause                      ResumeCause，取值rna-Update
  spare                          BIT STRING (SIZE (1))
}
```

由于I-RNTI是由锚点基站配置给终端的，如果终端当前的服务基站可以通过I-RNTI解析出锚点基站的身份，则服务基站将向锚点基站请求该终端的上下文信息。锚点基站根据请求向服务基站返回该终端的上下文信息。此时，终端的当前服务基站变更为终端的新锚点基站。

```
RetrieveUEContextRequest ::= SEQUENCE {
    protocolIEs      ProtocolIE-Container {{RetrieveUEContextRequest-IEs}},
……
}
RetrieveUEContextRequest-IEs XNAP-PROTOCOL-IES ::= {
{ ID id-newNG-RANnodeUEXnAPID    TYPE NG-RANnodeUEXnAPID}|
{ ID id-UEContextID          TYPE UEContextID }|
{ ID id-MAC-I                TYPE MAC-I}| 完整性保护参数
{ ID id-new-NG-RAN-Cell-Identity  TYPE NG-RAN-Cell-Identity  }|
{ ID id-RRCResumeCause       TYPE RRCResumeCause}, 取值为rna-Update
}

RetrieveUEContextResponse ::= SEQUENCE {
protocolIEs ProtocolIE-Container {{ RetrieveUEContextResponse-IEs}},
}
RetrieveUEContextResponse-IEs XNAP-PROTOCOL-IES ::= {
{ ID id-newNG-RANnodeUEXnAPID            TYPE NG-RANnodeUEXnAPID}|
{ ID id-oldNG-RANnodeUEXnAPID            TYPE NG-RANnodeUEXnAPID}|
{ ID id-GUAMI                            TYPE GUAMI}|
{ ID id-UEContextInfoRetrUECtxtResp      TYPE
UEContextInfoRetrUECtxtResp}| 取回的context
{ ID id-TraceActivation                  TYPE TraceActivation}|
{ ID id-MaskedIMEISV                     TYPE MaskedIMEISV}|
{ ID id-LocationReportingInformation          TYPE
LocationReportingInformation}|
{ ID id-CriticalityDiagnostics                TYPE CriticalityDiagnostics}|
}
```

新锚点基站可以选择将处于非激活态的终端转换到连接态，或者回退到空闲态，或者返回到非激活态。如果新锚点基站决定将终端返回到非激活态。那么：

（1）新锚点基站需要向原锚点基站提供数据转发地址，防止因为锚点基站的改变而导致的缓存在原锚点基站中的终端下行数据的丢失；

（2）新锚点基站还需要通知AMF切换该终端数据的下发路径，具体为新锚点基站通知AMF将终端的新数据转发到新的锚点基站而非原锚基站；

（3）AMF基于该信息完成路径切换；

（4）新锚点基站通过*RRC Release with suspend indication*流程让终端返回到非激活态；

（5）新锚点基站再触发原锚点基站释放与该终端有关的资源。

网络对非激活态终端和空闲态终端的寻呼过程是不同的。如果处于非激活态的终端有来自于核心网的下行数据，则核心网会将数据直接发送到该终端的锚点基站，由锚点基站缓存并发起RAN寻呼过程寻找终端。如果处于空闲的终端有来自于核心网下行数据，该数据会缓存在核心网节点用户面功能（UPF，User Plane Function）实体中，待核心网寻呼到终端后，再将其发送到终端所在的基站。

4.2.3 RAN寻呼和CN寻呼

由上面的内容可知，RAN和RA有很多相似之处，而RAN和RA维护的主要目的就是可达性管理，即对终端进行寻呼。因此，RAN寻呼和CN寻呼也有很多相似之处。图4.36所示为RAN寻呼和CN寻呼的流程。

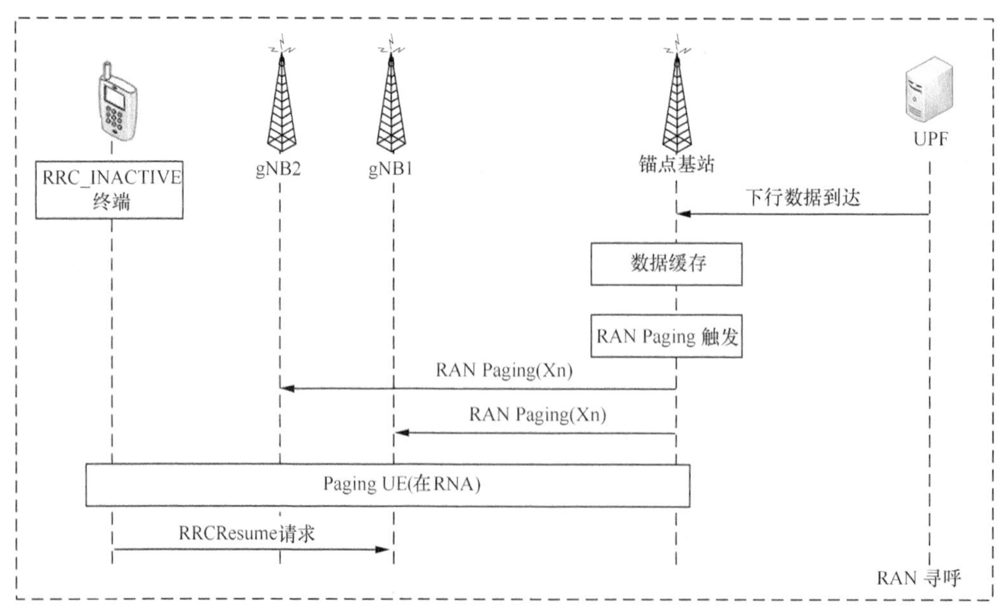

图4.36 RAN寻呼和CN寻呼的流程

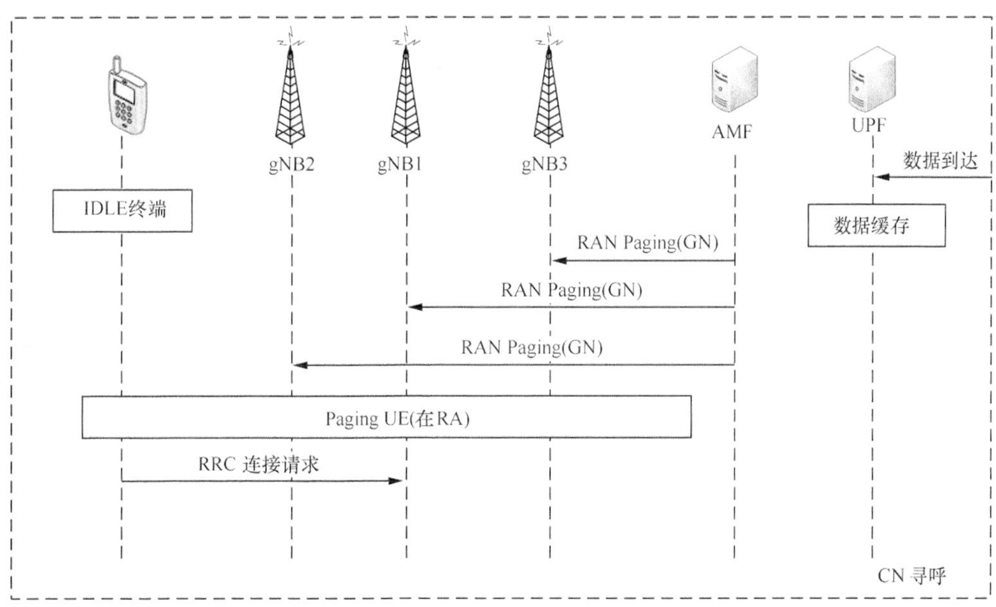

图4.36 RAN寻呼和CN寻呼的流程（续）

表4.24对RAN寻呼和CN寻呼特征进行了对比。

表4.24 RAN寻呼和CN寻呼特性对比

	RAN寻呼	CN寻呼
寻呼发起方	锚点基站	AMF
寻呼发送范围	RNA	RA
网络寻呼信令开销	较小	较大
终端ID	I-RNTI	5G-S-TMSI
寻呼前终端所处状态	非激活态	空闲态
寻呼前终端的信令连接	无RRC连接，有核心网的控制面和用户面连接	无RRC连接，无核心网连接
寻呼时刻计算	相同，均使用IMSI计算	
主要应用场景	下行数据到达	
终端侧信息	保存终端上下文、网络侧配置、安全参数	不保存终端上下文、网络侧配置、安全参数
终端数据缓存地	缓存于终端的前一个服务gNB	缓存于UPF
时延	短	长

通过表4.24我们可以看到RAN寻呼和CN寻呼的特征差异。总体而言，RAN寻呼和CN 寻呼是独立存在的两个过程，但相互也有交叉：终端处于非激活态时，需要同时监听RAN寻呼和CN寻呼，此时，由于终端在非激活态核心网控制面和用户面均保持连

通状态，因此，当有下行数据到来时，网络会直接将数据下发给终端的最近一次服务基站，进而由该基站发起RAN寻呼。在这个过程中，基于运营商的配置策略，RNA通常小于RA，因此，网络侧寻呼终端的区域范围减小，寻呼开销有所下降。此外，由于终端处在非激活态，终端侧保存有终端上下文信息及网络配置，因此，可以通过*RRC Resume*过程快速地恢复RRC连接，从而缩短时延。

4.2.4 提前数据传输

在LTE和NR系统中，处于空闲态/非激活态的终端不能向基站发送任何用户面的数据。只有在完成RRC连接建立，进入RRC连接态后，终端才能通过用户面向基站发送相应的数据。

在实际场景中，很多MTC应用涉及少量且不频繁的UL/DL数据传输，比如在计量类、报警类等终端以较低频率产生较小的上行数据包的场景，以及终端接收查询命令、更新通知、执行命令等下行数据包的场景。

然而，根据3GPP Rel-15/16，处于空闲态的终端需要完成RRC连接建立过程才能发送这类数据包；这增加了信令开销和终端功耗。例如，处在空闲态的终端接收终端被叫（MT，Mobile Terminated）数据，相关的控制消息涉及寻呼、Msg 1、Msg 2、Msg 3、Msg 4、Msg 5以及可用于下行用户面数据发送的Msg 6。因此，在能够传输用户小数据包之前就涉及了6条控制消息交互，而真正需要发送的用户数据可能只有几十个字节，这对于网络和终端来说都是一个巨大的开销，并且这个过程也会带来很高的终端功耗。对于处在非激活态的终端，虽然RRC连接恢复的过程相比从空闲态建立RRC连接过程要快，但也会带来不小的终端功耗。

为了减少资源开销、降低数据包发送时延并降低终端功耗，3GPP研究并制定了支持小型数据传输的CIoT演进分组系统（EPS，Evolved Packet System）。

在NR Rel-17中也引入了提前数据传输（EDT），目的是允许终端在非激活态时也能完成数据传输，而不需要转换到连接态。其中，数据传输包括数据无线承载（DRB，Data Radio Bearer）的用户面（UP，User Plane）数据包传输，以及定位信息的非接入层（NAS，Non-Access Stratum）消息的传输。

提前数据传输可以由终端自己发起，比如当处于非激活态的终端有终端发起（MO，Mobile Originated）业务需要传输时，该终端会通过高层过程请求恢复RRC连接，此时终端可以主动触发小数据传输而不需要进入RRC连接态。在Rel-17版本中，提前数据传输过程只适用于数据传输，不支持信令的提前传输。实现提前数据传输需要满足以下几个条件。

（1）数据包不能太大，即终端所有配置的DRB上待发送的数据量小于一个特定的

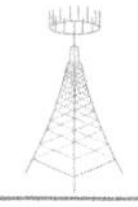

门限（Data Volume Thresold）。

（2）信道质量足够好，即终端测量的服务小区的RSRP需要高于一个配置RSRP门限值。

（3）资源足够，即在终端选择的上行载波或BWP上有足够多的资源可用于提前数据传输。

根据终端在提前数据传输过程中是否可以直接发送用户面数据包，以及该过程中是否需要RRC消息和RRC恢复过程，EDT可以分为RRC-based EDT和RRC-less EDT两种类型。RRC-based EDT又可以细分为两类：基于配置授权的提前数据传输（CG EDT，Configured Grant EDT）和基于随机接入的提前数据传输（RACH EDT，Random Access EDT）。3种小数据包传输方案如图4.37所示。

其中RRC-less EDT在2021年9月RAN#93会议上被明确被排除在Rel-17范围之外，因此Rel-17版本只支持RRC-based RACH EDT和RRC-based CG EDT。具体流程如图4.37所示。

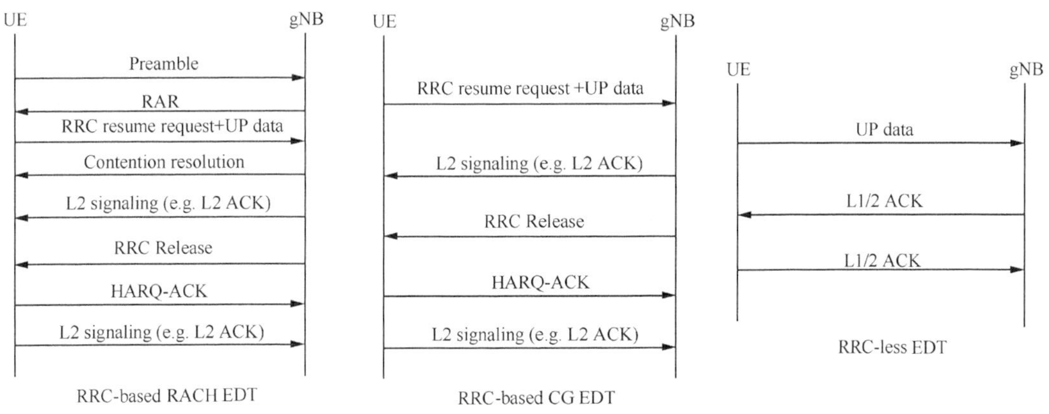

图4.37　Rel-17版本中支持的3种EDT方案

RRC-based EDT的基本流程如下。

如果网络在含有*SuspendConfig*消息的*RRCRelease*消息中向终端配置*NextHop ChainingCount*参数，并且网络为终端配置了开启EDT的无线承载（RB，Radio Bearer），那么：

• 终端可以在与携带上行RRC恢复请求消息的公共控制信道（CCCH，Common Control Channel）复用的专用业务信道（DTCH，Dedicated Traffic Channel）和/或专用控制信道（DCCH，Dedicated Control Channel）上进行提前上行数据传输；

• 终端的第一个提前数据包传输可以在RACH消息（Msg.3或Msg.A消息中）或Type-1的配置授权资源（Configured Grant）上执行；

• 当终端继续保持非激活态时，后续的提前数据包传输也可以选择在DTCH/CCCH上传输。

整个EDT过程中终端无须进入RRC连接态，可以一直保持在RRC非激活态。在此过程中传输的上行或下行用户数据可以进行加密和完整性保护，其中的密钥可以由之前*RRC Release*消息中提供的*NextHopChainingCount*参数来获得。

第5章

连接态终端节能技术

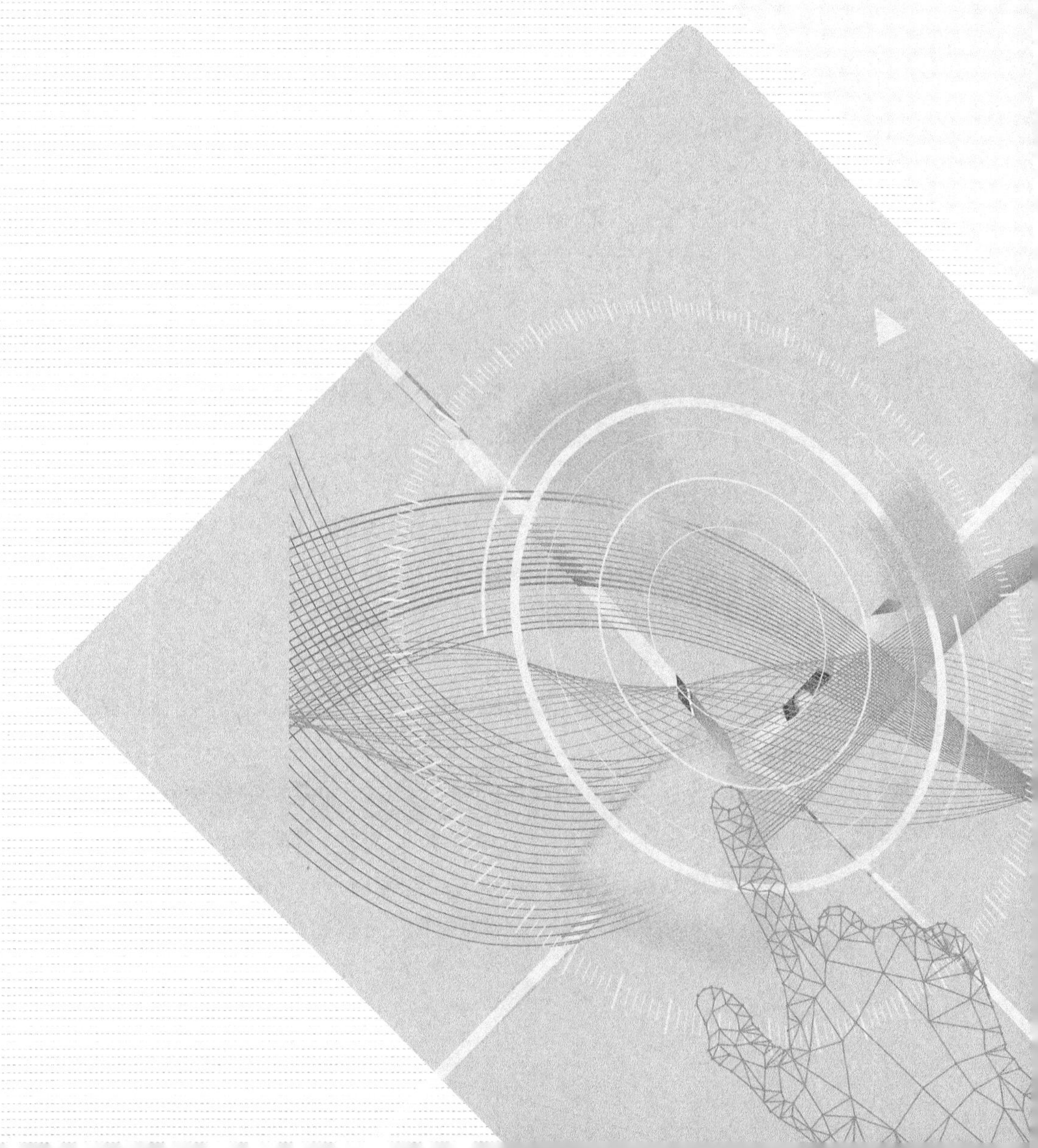

业务收发比较频繁的5G终端，如智能手机等，会较长时间地处于RRC连接态。对于此类终端，降低RRC连接态的终端功耗，对于增加终端使用时长、提升用户体验至关重要。3GPP Rel-15～Rel-17进行了大量的RRC连接态终端节能的优化研究和标准化工作，包括时域节能、频域节能、天线域节能、测量节能、PDCCH监听节能、非授权频段接入节能等。本节将对部分技术方向进行详细介绍。

5.1 时域节能

5.1.1 C-DRX

通过连接模式不连续接收（C-DRX，Connected-mode Discontinous Reception）实现终端下行的不连续接收，是一种有效的RRC连接态终端节能的方法。LTE系统中已经引入了C-DRX功能，5G NR Rel-15中的基本C-DRX功能与LTE系统中的类似，并且Rel-16引入了辅载波C-DRX增强特性，本节将对NR系统中的C-DRX功能进行介绍。

1. Rel-15 中的基本 C-DRX 功能

在4G和5G系统中，当终端处于RRC连接态时，由于需要随时准备接收数据，终端需要一直监听物理下行控制信道（PDCCH），并根据网络侧发送的指示消息对数据进行收发。但实际上，业务的到达具有一定的随机性，很多时刻即使没有业务传输需求，终端也不得不持续监听PDCCH，这导致终端功耗增加。

DRX功能最早在2G和3G的空闲态中应用，主要目的是降低终端的待机功耗，延长手机电池的续航时间。随着技术的演进，3GPP Rel-17的高速分组接入（HSPA，High-Speed Packet Access）第一次引入了C-DRX功能。为了减少终端不必要的PDCCH监听。降低功耗，4G和5G系统中都引入了C-DRX功能。

C-DRX使得终端可以在没有数据传输的时间段停止监听PDCCH，从而降低功耗，延长电池的使用寿命。此外，C-DRX的引入还可以减少以节能为目的的终端由RRC连接态向RRC空闲态的转换，从而节约网络的信令开销。

C-DRX功能的应用与分组业务的特性有关，如超文本传输协议（HTTP，HyperText Transfer Protocol）、E-mail（电子邮件）、即时消息（IM，Instant Message）等。这一类分组业务的数据包通常具有突发性和非连续性特点，即从时间上看，终端在一段时间内有数据传输，但在接下来的一段较长时间内又可能没有数据传输，如图5.1所示。

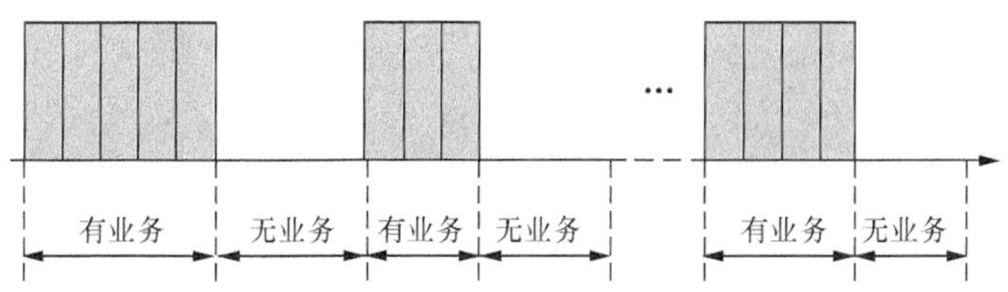

图5.1 非连续业务到达示意

分组业务又进一步分为：

- 对时延要求不敏感的业务，比如FTP、E-mail、IM业务等；
- 具有周期性或稀疏到达特点的小数据包业务，比如VoIP（Voice over IP）业务。

在C-DRX中，终端大致有两种状态：激活期（Active Time）和睡眠期，如图5.2所示。在激活期，终端处于正常功耗模式，根据网络的配置进行PDCCH监听；在睡眠期，终端处于节能模式，停止PDCCH的监听和CQI（信道质量指示）上报等。睡眠期的终端节能效果与睡眠的时间长度及具体的终端实现有关。根据DRX周期的长短，睡眠期又可分为浅睡眠期和深睡眠期。

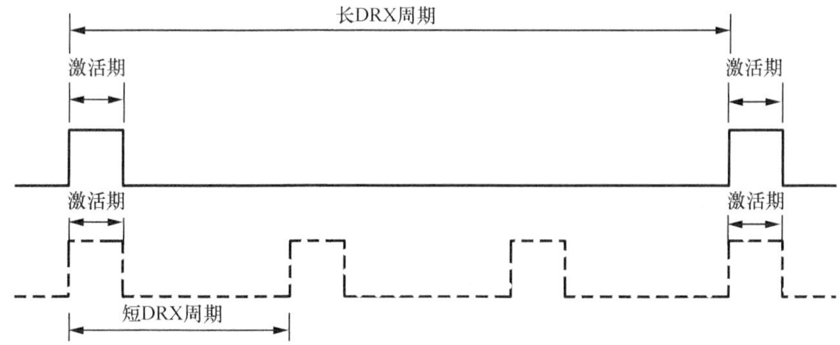

图5.2 C-DRX模式中终端的工作状态

在长DRX周期内，终端可以不监听除系统信息无线网络临时标识（SI-RNTI，System Information Radio Network Tempory Identity）、寻呼无线网络临时标识（P-RNTI，Paging Radio Network Tempory Identity）外的任何其他RNTI加扰的PDCCH，实现PDCCH监听的节能。此外，在这个时间段内，终端还可以不进行RLM、CSI、L1-RSRP等的测量和反馈，从而进一步降低终端的测量功耗。但是，考虑到终端发起业务的延迟性能，协议允许终端根据自己的节能需求选择是否在长DRX周期内发送随机接入（Random Access）、调度请求（Scheduling Request）和基于配置授权（Configured Grant）的上行数据等。

如图5.3所示，C-DRX中涉及的相关周期和定时器如下。

- *On-Duration*：在C-DRX下，终端不能一直关闭接收机，必须周期性地打开接收机来监听网络的信号。这个周期性打开接收机进行监听的时间段即为*On-Duration*，该时段的时长通过参数*OnDuration Timer*配置。

在*On-Duration*时段内，如果终端成功接收到PDCCH，则保持唤醒状态继续监听，并开启激活定时器（*Inactivity Timer*）。

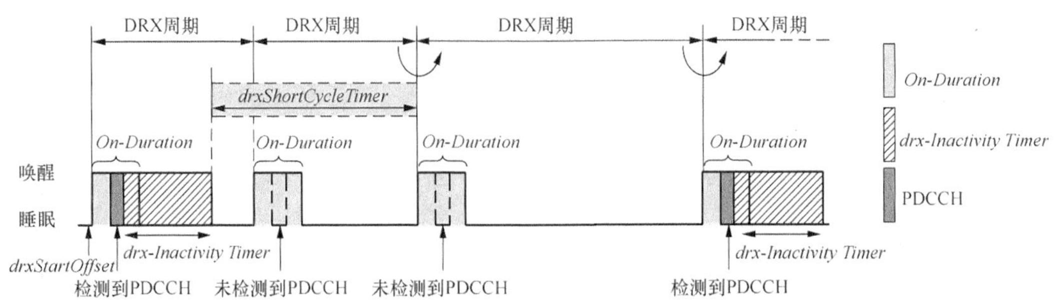

图5.3　C-DRX中涉及的周期和定时器

• *drx-onDuration Timer*：用于配置一个DRX周期内终端监听PDCCH的持续时间，该定时器一旦启动，中途不允许重启。

• *drx-Inactivity Timer*：终端在接收到一个用于调度新数据传输的PDCCH后还需要监听PDCCH的持续时间。该定时器在终端收到调度新数据传输（PUSCH或PDSCH）的PDCCH的结束符号之后的第一个符号时启动或重启。当终端收到DRX command MAC CE时停止该定时器。

• *drx-Retransmission Timer DL/drx-Retransmission Timer UL*：终端侧为每个下行或上行HARQ进程维护*drx-Retransmission Timer DL*或*drx-Retransmission Timer UL*定时器，其含义是终端为了接收期望的下行或上行重传调度需要连续监测的PDCCH时隙个数。终端在*drx-HARQ-RTT-Timer*超时后的第一个符号启动drx-*Retrans-missionTimer DL*或*drx-RetransmissionTimerUL*。当终端接收到指示重传数据的PDCCH时停止该定时器。

• *drx-Long Cycle Start Offset*：用于配置长DRX周期的周期*longDrx-Cycle*和起始位置*drxStartOffset*。如果网络侧也同时配置了短DRX周期的周期*ShortDrx-Cycle*，那么长周期必须配置成短周期的整数倍。

• *drx-Short Cycle*：短DRX周期的周期。

• *drx-Short Cycle Timer*：用于配置终端持续多少个短DRX周期后没有收到PDCCH就进入DRX长周期。*drx-Short Cycle Timer* 在终端*drx-Inactivity Timer*超时时启动，该定时器的时长为短周期的整数倍。

• *drx-HARQ-RTT-Timer DL/drx-HARQ-RTT-Timer UL*：终端侧为每个下行或上行HARQ进程维护*drx-Retransmission Timer DL*或*drx-Retransmission Timer UL*定时器，其含义是HARQ进程等待重传的最小时间间隔。终端在NACK（Negative Acknowledgement）

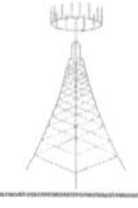

发送结束后的第一个符号启动该定时器，终端在该定时器运行期间不监听PDCCH。当该定时器超时时，终端启动对应的HARQ进程的*drx-Retransmission TimerDL*定时器或*drx-Retransmission TimerUL*定时器。

• *DRX Command MAC CE/ Long DRX Command MAC CE*：这两个MAC CE信令都可以停止终端的*drx-Inactivity Timer*和*drx-OnDuration Timer*，从而使终端进入DRX非激活时间（*drx-Inactive Timer*）。*Long DRX Command MAC CE*可以使终端停止*drx-Short Cycle Timer*并进入长DRX周期；而*DRX Command MAC CE*可以使终端启动或重启*drx-Short Cycle Timer*，并进入短DRX周期。

（1）短DRX周期和长DRX周期的切换

当终端同时配置有短DRX周期和长DRX周期时，终端根据协议3GPP TS 38.321的要求在两个DRX周期间进行切换。

当终端在*OnDuration Timer*运行期间监听到PDCCH时，会触发*drx-Inactivity Timer*；如果*drx-Inactivity Timer*超时，会触发*drx Short Cycle Timer*；如果*drx Short Cycle Timer*超时，终端会使用长DRX周期，具体过程如图5.4所示。

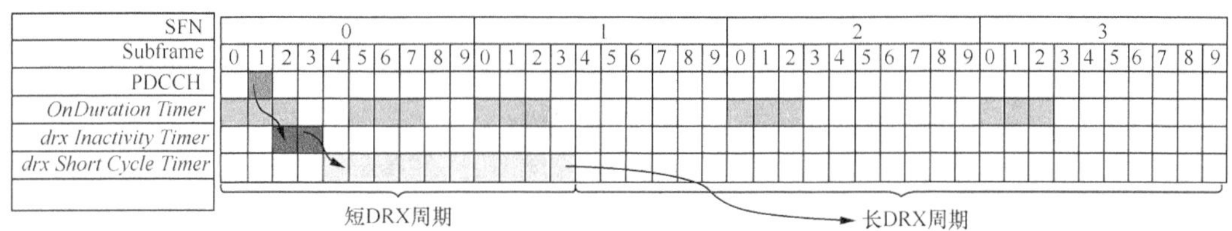

图5.4 短DRX周期向长DRX周期的切换

如果终端在长DRX周期内接收到PDCCH，则会触发终端切换到短DRX周期，具体如图5.5所示。

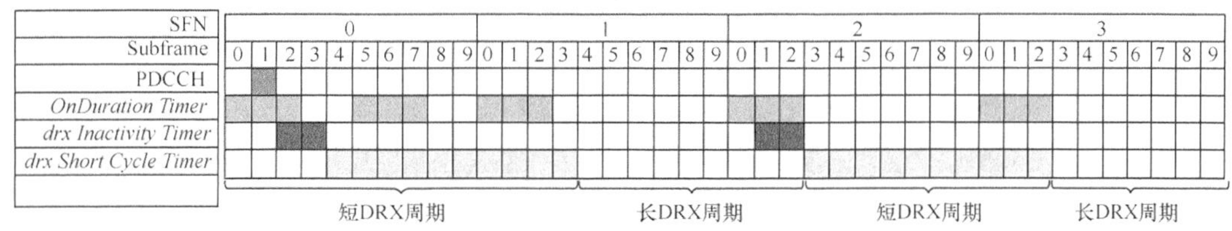

图5.5 长DRX周期向短DRX周期的切换

（2）双连接（Dual Connectivity）模式下基于服务小区组（CG，Cell Group）的C-DRX

在双连接模式下，由于终端在每个CG中都有独立的MAC实体，因此MCG和SCG可以分别配置和运行独立的C-DRX过程。所以每个CG上终端的C-DRX过程和行为相互不受影响。

2. Rel-16 辅载波 C-DRX 增强

在载波聚合（CA，Carrier Aggregation）场景中，在终端侧，多个载波可以共享一个MAC实体，且共享一套C-DRX配置和过程，即不同载波上的C-DRX行为是同步的。

在载波聚合场景中，如果终端只在部分载波上传输数据，根据现有的C-DRX机制，终端需要在所有载波上被唤醒且持续监听PDCCH。即使终端仅在一个载波上有数据传输而在其他的载波上没有数据传输，由于多个载波共享一个MAC实体，基于共享的C-DRX过程，终端也同样需要被唤醒。

在跨频段载波聚合（Inter-Band CA）场景中，如FR1和FR2频段的载波聚合，按照Rel-15，所有载波都共享相同的C-DRX配置和过程。一般情况下，网络将FR1载波配置为终端的Pcell，将FR2载波配置为终端的Scell。由于终端在Pcell上需要监听PDCCH，即使终端在FR2小区没有数据收发的需求，因为共享C-DRX，终端在FR2的Scell上仍然需要持续唤醒监听PDCCH，因此会导致终端在FR2上消耗更多的功耗。相对来说，FR1和FR2载波采用双连接方式聚合时，网络可以在FR1载波和FR2载波上为终端配置不同的C-DRX参数，例如，终端在MCG监听PDCCH时，可以在FR2 SCG上进行睡眠。因此，对于典型的使用场景，FR1+FR2 载波的终端功耗可能会比FR1+FR2 双连接的终端功耗更大。

为了进一步优化终端在CA场景下的节能，在Rel-16后期的技术改进项目（TEI，Technical Enhancement Item）阶段，引入了增强的C-DRX功能，具体地，为CA场景引入了辅载波C-DRX（Secondary C-DRX）增强特性。

在辅载波C-DRX增强特性中，如果不同的载波有完全独立的C-DRX配置和过程，不同的载波需要在不同的时刻支持完全独立的调度，这对于网络侧的调度实现而言将是一个比较大的挑战。因此，在设计辅载波C-DRX增强特性时，尽量保留了不同小区上共享的DRX属性，从而减少了对网络侧调度复杂度的影响。

具体地，基站可以通过RRC信令为终端侧一个MAC实体（对应一个CG）管理的多个载波配置最多两套独立的C-DRX参数。如果RRC信令为终端的一个MAC实体仅配置了一个C-DRX组，则该MAC实体管理的所有载波共享同一个C-DRX组；如果RRC信令为终端的一个MAC实体配置了两个C-DRX组，则每个载波会被分配到两个C-DRX组中的一个，具体通过参数*Secondary DRX-Group Config-r16*进行配置。

从前面的内容可知，与C-DRX有关的参数包括*drx-Inactivity Timer*、*OnDuration Timer*、*drx-Retrans mission Timer*、*HARQ RTT Timer*、*short DRX-Cycle*、*drx Short Cycle Timer*、*long DRX-Cycle*等，理论上，不同的C-DRX组可以独立地进行上述参数的配置。为了减少引入辅载波C-DRX对网络侧调度复杂度的影响，Rel-16中只标准化了两个可以针对每个C-DRX组独立配置的参数，即*OnDuration Timer*和*drx-Inactivity Timer*。其他的C-DRX参数在两个C-DRX组之间始终保持相同。辅载波C-DRX参数配置如下。

```
SCellConfig ::=                     SEQUENCE {
    sCellIndex                            SCellIndex,
    sCellConfigCommon                     ServingCellConfigCommon
OPTIONAL,   -- Cond SCellAdd
    sCellConfigDedicated                  ServingCellConfig
OPTIONAL,   -- Cond SCellAddMod
    ...,
    [[
    smtc                                  SSB-MTC
OPTIONAL    -- Need S
    ]],
    [[
    sCellState-r16                        ENUMERATED {activated}
OPTIONAL,   -- Cond SCellAddSync
    secondaryDRX-GroupConfig-r16          ENUMERATED {true}
OPTIONAL    -- Cond DRX-Config2
    ]]}
-- ASN1START
-- TAG-DRX-CONFIGSECONDARYGROUP-START

DRX-ConfigSecondaryGroup ::=   SEQUENCE {
     drx-onDurationTimer                 CHOICE {
                               subMilliSeconds INTEGER (1..31),
                               milliSeconds    ENUMERATED {
                                               ms1, ms2, ms3, ms4,
ms5, ms6, ms8, ms10, ms20, ms30, ms40, ms50, ms60,
                                               ms80, ms100,
ms200, ms300, ms400, ms500, ms600, ms800, ms1000, ms1200,
                                               ms1600, spare8,
spare7, spare6, spare5, spare4, spare3, spare2, spare1 }
                                             },
         drx-InactivityTimer                   ENUMERATED {
                                            ms0, ms1, ms2, ms3,
ms4, ms5, ms6, ms8, ms10, ms20, ms30, ms40, ms50, ms60, ms80,
                                            ms100, ms200, ms300,
ms500, ms750, ms1280, ms1920, ms2560, spare9, spare8,
                                            spare7, spare6,
spare5, spare4, spare3, spare2, spare1}
    }

    -- TAG-DRX-CONFIGSECONDARYGROUP-STOP
    -- ASN1STOP
```

在引入辅载波C-DRX增强特性后，基站在不同载波上的调度仍然可以在相同的时间执行，而网络可以独立地控制终端在不同C-DRX组对应的载波上的PDCCH监听行为，比如指示终端在一个C-DRX组的载波上提前停止PDCCH监听行为，从而进入睡眠状态。这样既能降低终端功耗，又能减少对网络侧调度复杂度的影响。

举例说明，如图5.6所示，网络为终端的FR1和FR2载波配置不同的C-DRX组，并为FR2对应的C-DRX组配置比FR1对应的C-DRX组更短的*drx-OnDuration*时长。由于FR2载波和FR1载波使用的子载波间隔（SCS）不一样，因此终端可能在FR1和FR2载波的*On Duration*时段内具有相同数量的PDCCH监听机会。同时，网络为FR2对应的C-DRX组配置了运行时间比FR1对应的C-DRX组更短的*drx-Inactivity Timer*，因此终端可以在FR2载波上更快地进入睡眠状态。根据本书第3章中提到的终端功耗评估基本模型估算，终端在FR2载波上的PDCCH监听功耗比在FR1载波上的相应功耗高50%以上，因此，在FR2载波上更长的睡眠时间有助于终端的节能。

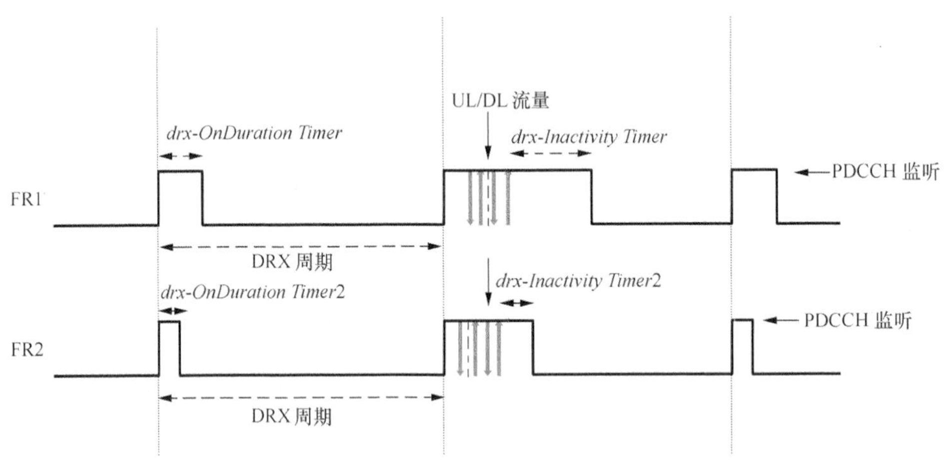

图5.6　Rel-16中的辅载波C-DRX增强

5.1.2　唤醒信号

终端在时域节能的最重要的方法是减少接收时间，即让终端有更多的机会休眠。5.1.1节已经介绍了C-DRX的引入给终端节能带来的好处。由于业务传输具有突发性质，终端并不是每一次进入DRX周期都会接收到来自基站的下行新数据包，因此，还会有一些场景，终端在DRX唤醒后进入*On Duration*时段内进行监听但没有收到数据调度，从而造成功率的浪费。

为了进一步降低C-DRX模式下的终端功耗，3GPP NR Rel-16 中引入了"节能信号"（Power Saving Signal）。终端进入*drx-OnDuration*周期之前可以通过检测节能信号来判断是否需要开启下行控制信道的监听（如图5.7所示）。由于终端检测节能信号所需的功耗比开启一个完整的*drx-OnDuration*所需的功耗小得多，因此节能信号机制能有效地降低终端功耗。由于这种节能信号可以被用来指示终端是否需要在下一个DRX周期被唤醒或者进入睡眠状态，因此这种信号有时也被称作“唤醒信号”（WUS，Wake-up Signal）或者“睡眠信号”（GTS，Go-to-Sleep Signal）。

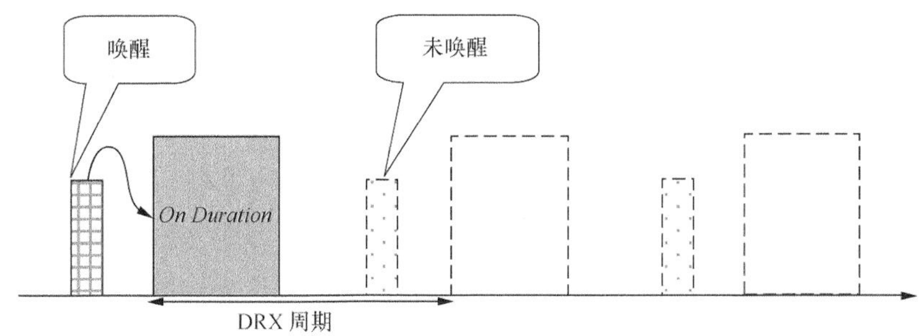

图5.7　在Rel-16中引入节能信号来控制C-DRX唤醒

处于RRC连接态的终端除了需要定时醒来监听PDCCH外，还需要完成同步、测量等其他一系列行为，如基于SSB的监测，这些行为会增加终端处于唤醒状态的时间。当唤醒信号的监测位置和测量信号的位置比较接近时，终端就可以在一次唤醒时间内监测SSB和监听唤醒信号，这能够进一步降低终端的功耗，如图5.8所示。

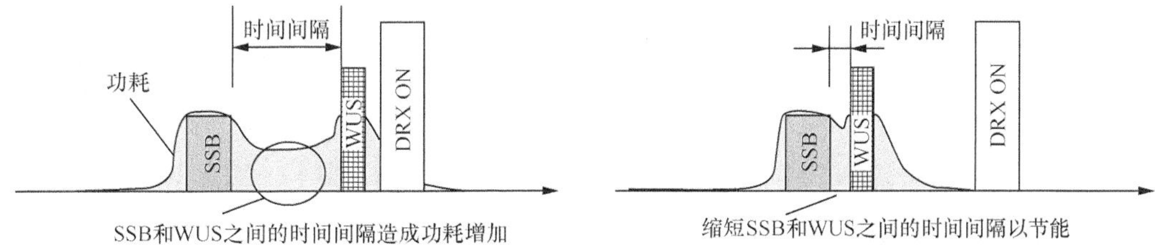

图5.8　WUS的位置不同带来不同的节能效果

终端对WUS的监听依赖网络配置给终端的WUS监听资源等信息，具体内容如下。

（1）监听WUS的DCI格式和RNTI。

（2）监听WUS的时域位置。

（3）监听WUS的搜索空间配置。

（4）监听WUS后的终端行为等。

基站通过小区级配置参数*DCP-Config-r16*将上述参数配置给终端，下面分别对上述配置参数展开说明。

```
DCP-Config-r16 ::=                SEQUENCE {
    ps-RNTI-r16                       RNTI-Value,
    ps-Offset-r16                     INTEGER (1..120),
    sizeDCI-2-6-r16                   INTEGER (1..maxDCI-2-6-Size-r16),
    ps-PositionDCI-2-6-r16            INTEGER (0..maxDCI-2-6-Size-1-r16),
```

```
    ps-WakeUp-r16                         ENUMERATED {true}
OPTIONAL,   -- Need S
    ps-TransmitPeriodicL1-RSRP-r16        ENUMERATED {true}
OPTIONAL,   -- Need S
    ps-TransmitOtherPeriodicCSI-r16       ENUMERATED {true}
OPTIONAL    -- Need S
}
```

1. 监听 WUS 的 DCI 格式和 RNTI

NR Rel-16引入了一种新的专门作为检测连接态唤醒信号的DCI格式（DCI format 2_6）。在标准的制定过程中，3GPP讨论过通过序列检测方案，而不是PDCCH检测方案实现WUS的监听，这主要是考虑到终端进行序列检测的复杂度相比PDCCH检测要低。但是从更易于实现和继承之前设计方案的角度来看，最终3GPP还是采用了更为复杂的PDCCH检测方案。

通过DCI format 2_6，网络可以将发给多个用户的控制信息级联起来借由一个DCI下发。DCI format 2_6的参考格式如下。

```
  -   block number 1, block number 2, …, block number N
```

每个用户的控制信息在整个DCI format 2_6中的起始比特位置可以通过网络下发的RRC信令*ps-PositionDCI-2-6*配置得到。此外，DCI中每个用户的信息块中除了包含1 bit的唤醒指令外，还可以包含Scell休眠的指示（详见本书5.2.3节的介绍）。DCI format 2_6的大小由RRC参数*SizeDCI-2-6*配置。

另外，Rel-16还引入了用于加扰DCI format 2_6的专用RNTI，即PS-RNTI（Power Saving-RNTI）。

2. 监听 WUS 的时域位置

终端监听WUS的时域位置是根据网络下发的RRC参数*ps-Offset-r16*确定的。该参数配置了WUS的时域监听位置相对于C-DRX起始位置的时间偏移量。3GPP TS 38.331中有对*ps-Offset*的具体描述。

根据网络的配置，终端只监听*ps-Offset*到*drx-OnDuration*之间有效的WUS监听机会（WUS MO，Wake-up Signal Monitoring Occasion），如图5.9所示。此外，基于部分终端的实现，终端在DRX OFF期间可能处于某种低功耗状态，即除了开启WUS的监听外，未开启其他功能。因此，在接收完WUS MO后，终端需要利用一定的处理时间开启更多的功能模块，以满足DRX激活时间内收发数据、测量等操作的需要。该处理时间即可作为WUS和DRX激活时间之间的最小时间间隔X，不同的子载波间隔对应不同的最小时间间隔X。3GPP TS 38.331中还为不同能力的终端定义了不同的最小时间间隔X，如表5.1所示。

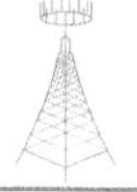

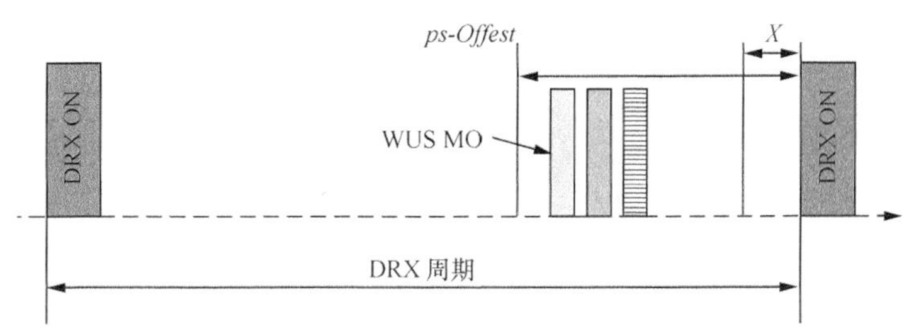

图5.9　WUS的时域监听位置确定

表5.1　WUS与*drx-OnDuration*的最小时间间隔*X*

子载波间隔（kHz）	最小时间间隔*X*（时隙）	
	数值1	数值2
15	1	3
30	1	6
60	1	12
120	2	24

如图5.9所示，3GPP TS 38.331协议支持网络侧为同一个终端配置多个WUS MO用于WUS监听；支持网络配置终端在多个CORESETS中进行WUS的监听；允许网络为同一终端重复发送相同的WUS，以降低终端WUS的漏检概率；基站还可以在不同的CORESET上使用不同的发射波束重复发送WUS，进一步降低终端的WUS漏检概率，但WUS的重复发送也会造成网络的开销增加。终端监听多个WUS MO的设计还允许网络在多个WUS MO上选择一个发送WUS，提升了网络发送WUS的灵活性，避免了特定时刻PDCCH阻塞等导致WUS无法发送。

3. 监听 WUS 的搜索空间配置

3GPP Rel-16中新引入了用于配置终端检测DCI format 2_6的搜索空间，定义了新的搜索空间类型（Search SpaceType）dci-Format2-6，具体如下。

```
SearchSpaceExt-r16 ::=                    SEQUENCE {
   controlResourceSetId-r16                  ControlResourceSetId-r16
OPTIONAL,   -- Cond SetupOnly2
   searchSpaceType-r16                      SEQUENCE {
      common-r16                               SEQUENCE {
OPTIONAL,   -- Need R
   ...
         dci-Format2-6-r16                          SEQUENCE {
            ...
         }
OPTIONAL,   -- Need R
```

```
            ...
        }
    }
OPTIONAL,    -- Cond Setup3
    searchSpaceGroupIdList-r16                          SEQUENCE (SIZE (1..
2)) OF INTEGER (0..1)          OPTIONAL,    -- Need R
}
```

4. 监听 WUS 后的终端行为

虽然网络配置了终端监听WUS，但WUS在网络侧是按需发送的，例如，在没有业务需求时网络不会发送WUS，或者即使网络发送了WUS，终端也可能因为无线信道质量差等原因无法检测到该信号。因此，在WUS的标准化中，特别考虑了终端未收到唤醒信号后的行为。

（1）对于唤醒信号，终端如果没有检测到该信号，就不会进入“唤醒”状态。

（2）对于睡眠信号，终端如果没有检测到该信号，就不会进入“睡眠”状态。

对于业务比较稀疏、大部分时间处于睡眠状态的终端而言，采用唤醒信号的方式可以大大节约网络侧的PDCCH控制信令所需要的开销。当然，这对于保证该WUS发送的可靠性（Miss Detection Rate，即漏检率）提出了一定的要求。

网络在某些时刻由于种种原因（如PDCCH阻塞）无法及时地发出WUS，可能会导致终端持续睡眠而无法接收到数据调度。为了保证此时终端不会进入睡眠状态，网络厂商提出了采用睡眠信号的设计方法。也就是说，只有检测到网络发送的睡眠信号后，终端才会进入睡眠状态；否则需要持续监听。在这种方式下，控制漏检率，特别是虚警率（False-Alarm Rate）至关重要。但是，由于只有收到睡眠信号，终端才可以进入节能状态，对于终端业务比较稀疏的场景，网络需要频繁地发送睡眠信号才能实现终端的节能，这会造成较大的网络信令开销。

在标准制定的评估阶段，3GPP针对节能信号的漏检率X和虚警率Y进行了如下规定。

对用于“唤醒”目的的节能信号：X=0.1%，Y=1%。

对用于“睡眠”目的的节能信号：X=1%，Y=0.1%。

另外，由于终端在唤醒状态下除了要进行PDCCH检测，还有很多其他的操作需要完成，比如CSI的测量与反馈、SRS的发送、RRM和RLM的测量等，所以即使终端没有需要收发的业务数据，但由于这些操作存在，终端也无法完全进入“睡眠”状态，无法达到非常好的节能效果。因此，在Rel-16的标准化过程中也对这些测量动作进行了优化。具体来讲，Rel-16标准允许终端有条件地跳过L1-RSRP的测量和反馈或CSI的测量和反馈。网络可以通过RRC参数*ps-TransmitPeriodicL1-RSRP-r16*或*ps-TransmitOtherPeriodicCSI-r16*分别配置终端是否在“睡眠”状态下“跳过”L1-RSRP的测量和反馈，以及周期性CSI的测量和反馈。终端在“睡眠”状态跳过测量和反馈能够缩短激活时间，实现更彻底的节能。然而，对于RRM和RLM等其他一些终端行为，在Rel-16的标准化过程中没有进行优化，而在在Rel-17标准化中继续研究该问题， 5.4节和5.5节也对相关内容进行了介绍。

5. WUS 的节能增益评估

在3GPP TR 38.840中，记录了3GPP RAN1对于WUS带来的终端节能增益的评估结果。结果显示，终端自适应C-DRX操作结合WUS的节能方案，在时延增加2%～13%的范围内可以实现终端8%～50%的节能效果。

具体的评估结果总结如图5.10所示。在各家公司的评估中，业务模型的假设可能会有所差异，具体参见3GPP TR 38.840。

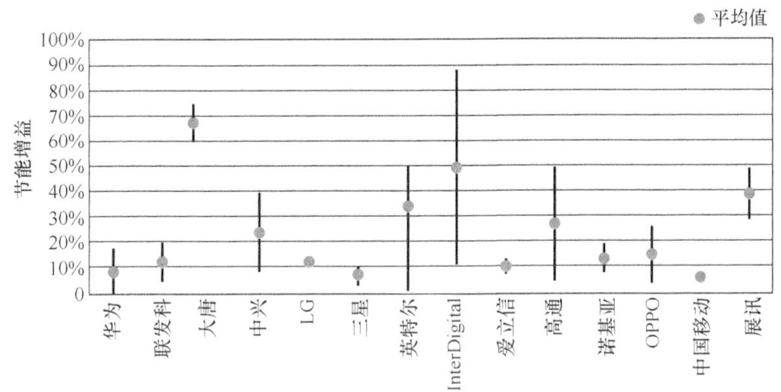

图5.10　3GPP RAN1对于WUS带来的终端节能增益的评估结果

5.1.3　跨时隙调度

在LTE系统和NR系统的一般调度场景中，PDCCH和其调度的PDSCH在同一个时隙发送，被称为同时隙调度（Same-slot Scheduling）。跨时隙调度（Cross-slot Scheduling）是指数据被调度时，发送PDCCH的时隙与其调度的PDSCH或PUSCH所在时隙不同。NR Rel-15协议支持上行和下行的跨时隙调度，但其调度时延（PDCCH到其调度的PDSCH/PUSCH的时间间隔）指示是在PDCCH内携带的，因此终端无法确定该PDCCH指示的是同时隙调度还是跨时隙调度，从而需要时刻为可能出现的同时隙调度做好准备，即在接收和处理PDCCH的同时进行相应的PDSCH数据采样和缓存操作，故无法实现理想的节能增益。

NR Rel-16协议允许基站配置最小的PDSCH调度时延（PDCCH到其调度的PDSCH的最小时间间隔），从而使终端可以根据最小调度时延值来提前判断下一次调度是同时隙调度还是跨时隙调度，如果判断为跨时隙调度，则终端不需要在接收和处理PDCCH过程中进行PDCSH数据采样和缓存操作，从而实现进一步节能。

NR Rel-16协议的跨时隙调度增强技术主要定义了跨时隙调度指示的具体方法及

对应的应用时延。

1. NR Rel-15 协议中的跨时隙调度

在了解跨时隙调度之前，首先需要了解NR的两个调度时延参数——K_0和K_2。

K_0：PDCCH到其调度的PDSCH的时间间隔，单位为时隙。

K_2：PDCCH到其调度的PUSCH的时间间隔，单位为时隙。

同时隙调度：PDCCH与其调度的PDSCH或PUSCH位于同一个时隙内（即K_0=0，K_2=0）。终端接收到PDCCH后，需要额外的处理时间进行盲检和解码处理，以得到PDCCH携带的控制信息（DCI），DCI中包括PDSCH的带宽分配信息等。因此，在完成PDCCH解码得到PDSCH带宽分配信息之前，终端需要对整个带宽上的信号进行采样和缓存。同时隙调度如图5.11所示。

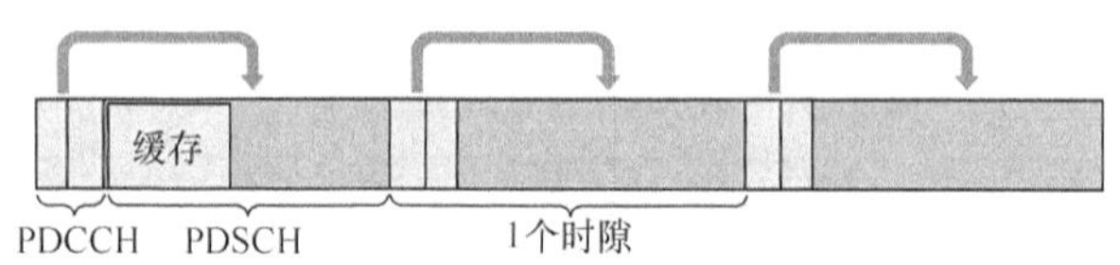

图5.11　同时隙调度

跨时隙调度：PDCCH与其调度的PDSCH或PUSCH不在同一个时隙，如图5.12所示，如果终端知道网络会采用跨时隙调度，那么在接收到PDCCH符号后有足够的时间进行解码以得到PDCCH中传输的调度DCI，其中包括PDSCH RB分配信息等。因此，终端可以根据是否成功解码有效的调度DCI、调度DCI指示的PDSCH RB分配信息确定是否要进行PDSCH信号的采样和缓存处理，以及具体采样和缓存的信号带宽，由此达到节能效果。

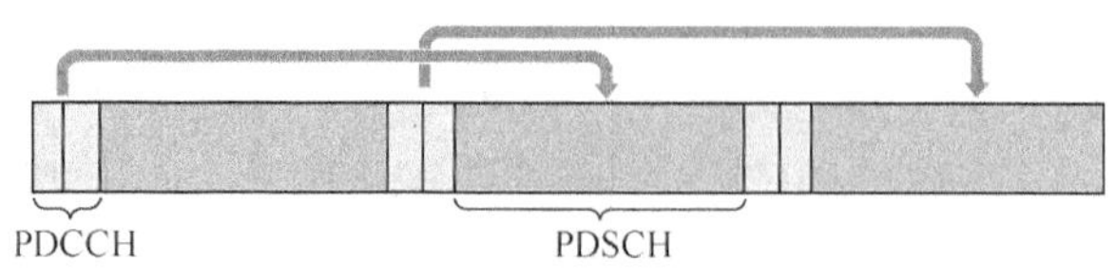

图5.12　跨时隙调度（K_0=1）

在NR Rel-15协议的跨时隙调度中，基站首先通过RRC参数*pusch-TimeDomainAllocationList*和*pdsch-TimeDomainAllocationList*分别为终端配置一个时域资源分配（TDRA，Time Domain Resource Allocation）表格，该表格包括一系列K_0、K_2值。然后，基站通过DCI中的*Time Domain Resource Assignment*字段（0、1、2、3、4 bit）指示TDRA表格中的具体K_0、K_2取值，用于确定当次PDSCH或PUSCH的调度时延。

由于采用NR Rel-15的跨时隙调度机制时，调度时延K_0、K_2是在调度DCI中动态指示的，因此，终端无法在PDCCH解码完成之前确定调度时延K_0、K_2的值。也就是说，终端只有在PDCCH解码完成后才能根据DCI中的TDRA指示信息确定当前的调度采用

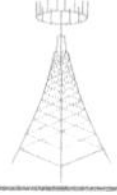

的是同时隙调度还是跨时隙调度，终端需要为可能出现的同时隙调度（K_0=0）做好准备，即在解码PDCCH的同时对整个带宽内的PDSCH信号进行采样和缓存，故无法实现节能。

基于NR Rel-15协议，终端可以通过基站的半静态配置跨时隙调度达到节能效果。以下行为例，如果基站为终端配置的*pdsch-TimeDomainAllocationList*表格中的所有K_0都大于0，那么终端基于该RRC的配置可以确定网络只能采用跨时隙调度，从而无须在PDCCH解码的同时进行全带宽的PDSCH信号采样和缓存，实现了节能。但是，这种实现方法使网络只能始终采用跨时隙调度，缺乏调度的灵活性。

2. Rel-16 协议中的跨时隙调度增强

在NR Rel-16 终端节能WI项目中，研究人员对跨时隙调度进行了增强，旨在保证网络调度灵活性的同时支持终端节能。该增强的核心思想是，网络通过DCI动态告知终端将要使用的最小调度时延K_0/K_2值，这样既能够帮助终端提前确定是跨时隙调度还是同时隙调度，也允许网络动态地改变调度偏好，提升调度的灵活性。

具体地，NR Rel-16协议引入了两个新的RRC参数：*minimumSchedulingOffsetK0*，指示最小K_0（$K_{0\min}$，即最小PDSCH调度时延）的取值；*minimumSchedulingOffsetK2*，指示最小K_2（$K_{2\min}$，即最小PUSCH调度时延）的取值。网络可以为终端的每个BWP配置一个或两个*minimumSchedulingOffset*。涉及的RRC参数如下。

```
PDSCH-Config::=minimumSchedulingOffsetK0-r16 SetupRelease { MinSchedulingOffsetK0-Values-r16 }
OPTIONAL，-- Need M

PUSCH-Config::=minimumSchedulingOffsetK2-r16 SetupRelease { MinSchedulingOffsetK2-Values-r16 }
OPTIONAL，-- Need M
```

同时，Rel-16协议中调度数据的DCI（DCI format 0_1或者DCI format 1_1）引入了新字段*Minimum applicable scheduling offset indicator*，用于指示网络可用的最小调度时延值。

DCI format 0_1（用于调度PUSCH的DCI格式）的*Minimum applicable scheduling offset indicator*字段的长度根据如下规则可以是0 bit或1 bit。

- 0 bit：当网络没有配置高层参数*minimumSchedulingOffsetK2*时。
- 1 bit：当网络配置了高层参数*minimumSchedulingOffsetK2*时。

DCI format 1_1（用于调度PDSCH的DCI格式）的*Minimum applicable scheduling offset indicator*字段的长度根据如下规则可以是0 bit或者1 bit。

- 0 bit：当网络没有配置高层参数*minimumSchedulingOffsetK0*时。
- 1 bit：当网络配置了高层参数*minimumSchedulingOffsetK0*时。

DCI format 0_1或DCI format 1_1中的*Minimum applicable scheduling offset indicator*字段分别用于指示终端当前激活的上行BWP的$K_{2\min}$和当前激活的下行BWP

的K_{0min}，具体含义如表5.2所示。

值得注意的是，如果DCI format 1_1指示了K_{0min}，则终端当前激活的下行BWP的非周期性CSI-RS触发时间偏移值（*Aperiodic CSI-RS Triggering Offset*）的最小可用值应与K_{0min}相同。

表5.2　最小可用调度时延K_{0min}和K_{2min}的联合指示

DCI中*Minimum applicable scheduling offset indicator*域的指示值	当前激活下行BWP的K_{0min}	当前激活上行BWP的K_{2min}
0	K_{0min}等于RRC参数*minimumSchedulingOffsetK0*中配置的第一个值	K_{2min}等于RRC参数*minimumSchedulingOffsetK2*中配置的第一个值
1	如果*minimumSchedulingOffsetK0*配置了两个值，则K_{0min}等于*minimumSchedulingOffsetK0*配置的第二个值；否则，K_{0min}=0	如果*minimumSchedulingOffsetK2*配置了两个值，则K_{2min}等于*minimumSchedulingOffsetK2*配置的第二个值；否则，K_{2min}=0

3GPP RAN1对跨时隙调度技术的终端节能增益有比较充分的仿真评估，仿真评估结果如表5.3所示，更详细的仿真评估结果和参数可以参考3GPP TR 38.840。

表5.3　跨时隙调度的终端节能增益仿真评估结果

公司	终端节能增益	UPT和时延性能	仿真方法和假设
公司1	13.7%～25.4%	UPT损失：13.4%～18.4% 时延增加：0.84%～3.2%	系统级评估（每小区单用户）； C-DRX参数配置（DRX周期，*OnDuration Timer*，*Inactivity Timer*）：（160，100，8），（160，40，8），（40，25，4），（40，10，4）ms
	6.5%～11.3%	UPT损失：2.9%～5.2% 时延增加：0.29%～0.46%	系统级评估（每小区10个用户）； C-DRX参数配置同上
公司2	18%～29%	时延增加：1%～20%	系统级评估； 业务模型：FTP Model 3
公司3	13.54%～18.99%	时延增加：0.84%～3.72%	系统级评估； 业务模型和C-DRX参数配置（DRX周期，*OnDuration Timer*，*Inactivity Timer*）： FTP/Video业务：使用C-DRX参数（160，100，8）； IM业务：使用C-DRX参数（320，80，10）； VoIP 业务：使用C-DRX参数（40，10，4）
公司4	1.1%～11.3%	未提供	系统级评估（每小区10个用户，选择1个用户统计其功耗）； 业务模型：FTP Model 3，数据包大小为0.5 MB，平均包到达间隔为200 ms； IM业务：数据包大小为0.1 MB，平均包到达间隔为2 s

续表

公司	终端节能增益	UPT和时延性能	仿真方法和假设
公司5	24%～25%	未提供	数值仿真； C-DRX参数配置（DRX周期，*OnDuration Timer*，*Inactivity Timer*）：（160，100，8） 业务模型：FTP Model 3，数据包大小为0.5 MB，平均包到达间隔为200 ms

3. Rel-16 跨时隙调度指示的应用时延

Rel-16跨时隙调度指示的应用时延是指DCI指示的$K_{0\min}$或$K_{2\min}$参数的应用时延。如图5.13所示，当终端在时隙n收到$K_{0\min}$取值从1变更为0的DCI指示时，DCI指示的$K_{0\min}$的应用时延为1个时隙，即从时隙n+1开始使用$K_{0\min}$=0。

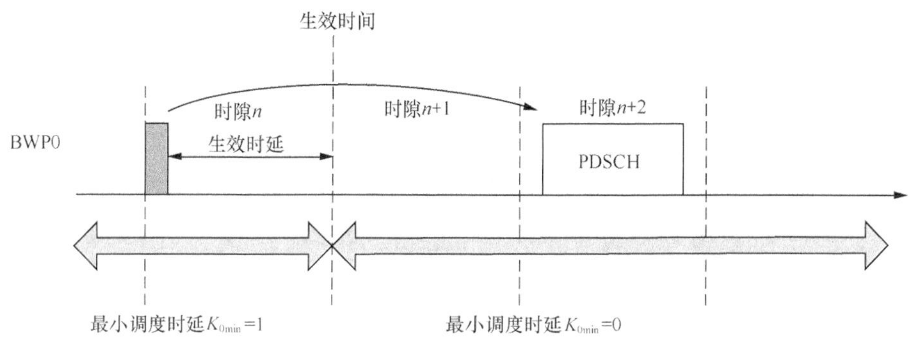

图5.13　DCI指示$K_{0\min}$变更的应用时延

3GPP协议对Rel-16跨时隙调度指示的应用时延有如下规定。

当终端检测到包含*Minimum applicable scheduling offset indicator*字段的DCI format 0_1或 DCI format 1_1时，在*Minimum applicable scheduling offset indicator*字段指示的$K_{0\min}$和$K_{2\min}$生效前，终端使用之前确定的$K_{0\min}$和$K_{2\min}$值。

当终端在第n个时隙上检测到包含*Minimum applicable scheduling offset indicator*字段的DCI format 0_1或 DCI format 1_1，该DCI同时指示服务小区的激活上行BWP或下行BWP切换，且DCI指示的$K_{2\min}$或$K_{0\min}$与目标激活BWP关联时，DCI指示的$K_{2\min}$或$K_{0\min}$从对应的DCI format的TDRA域指示的K_2或K_0对应的时隙开始生效。

当终端在第n个时隙上检测到包含*Minimum applicable scheduling offset indicator*字段的DCI format 0_1或DCI format 1_1，该DCI没有指示服务小区的激活上行BWP或下行BWP切换时，该DCI指示的$K_{2\min}$或$K_{0\min}$将在调度小区的第$n+x$个时隙开始生效，其中调度小区是指终端接收到DCI的服务小区。此外，在上述生效时间点之前，终端不期望收到另一个DCI指示同一被调度小区（被调度小区是指终端基于调度DCI发送PUSCH或者接收PDSCH的小区相同BWP的$K_{2\min}$或$K_{0\min}$值再次变更）。

当指示$K_{0\min}$或$K_{2\min}$变更的DCI位于时隙n的前3个OFDM符号时，新的$K_{0\min}$或$K_{2\min}$的应用时延的值X由式（5.1）计算得到。

$$X=\max\left(\left\lceil K_{0\min\text{Old}}\cdot\frac{2^{\mu_{\text{PDCCH}}}}{2^{\mu_{\text{PDSCH}}}},Z_{\mu}\right\rceil\right) \tag{5.1}$$

其中，$K_{0\min\text{ Old}}$是被调度小区的激活下行BWP中当前生效的$K_{0\min}$值，如果基站没有配置该值，则$K_{0\min}$等于0。Z_{μ}由调度小区激活下行BWP在第n个时隙的子载波间隔取值μ确定，具体确定方法如表5.4所示。μ_{PDCCH}和μ_{PDSCH}分别是调度小区激活下行BWP中第n个时隙的PDCCH的子载波间隔和被调度小区激活下行BWP中第n个时隙的PDSCH的子载波间隔。

如果调度小区在时隙n指示了被调度小区的$K_{0\min}$或$K_{2\min}$的变更，且随后调度小区在时隙n和时隙$n+x$之间发生了下行激活BWP的切换，那么被调度小区的$K_{0\min}$或$K_{2\min}$变更的生效时刻不早于调度小区中时隙$n+x$的开始时刻。

当指示$K_{0\min}$或$K_{2\min}$变更的DCI位于时隙n的前3个OFDM符号以外的其他符号时，为了给终端提供足够的处理时间，新的$K_{0\min}$或$K_{2\min}$的应用时延的值X将由式（5.2）计算出的值再加上1得到，即允许终端侧延迟1个时隙生效。Z_{μ}和子载波间隔μ的对应关系如表5.4所示。

$$X=\max\left(\left\lceil K_{0\min\text{Old}}\cdot\frac{2^{\mu_{\text{PDCCH}}}}{2^{\mu_{\text{PDSCH}}}},Z_{\mu}\right\rceil\right)+1 \tag{5.2}$$

表5.4　Z_{μ}和子载波间隔μ的对应关系

μ	Z_{μ}
0	1
1	1
2	2
3	2

5.1.4　PDCCH监听节能

在时域减少控制信道的监测是一种有效降低终端功耗的方法。在LTE系统中，终端在每个DRX非睡眠子帧都需要进行PDCCH的监听，NR Rel-15中引入了可配置的PDCCH监听周期，系统网络可以通过RRC信令半静态地配置终端侧的PDCCH监听周期，最小周期为OFDM符号级别，最大周期为2560个时隙。

在NR Rel-16制定过程中，3GPP RAN1对增强的PDCCH监听节能进行了研究，主

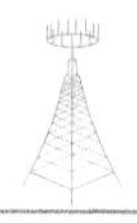

要研究的增强方案为支持终端更加动态的PDCCH监听行为切换，然而受限于时间关系，此类方案没有完成标准化。在Rel-17中，3GPP对此类方案开展了相应的标准化工作。

1. SSSG 切换和 PDCCH 监听跳过（PDCCH Skipping）

（1）SSSG切换

在NR Rel-16非授权频谱接入的标准制定中，3GPP RAN1引入了PDCCH搜索空间切换的方案。该方案允许网络通过特定的DCI format 2_0或者任何DCI指示两种方法来指示终端切换搜索空间组（SSSG，Search Space Set Group）。

上述两种方法主要是针对在NR非授权频谱接入场景下工作的终端而提出的。第一种方法中，网络可以通过DCI format 2_0指示终端切换SSSG，实现终端在信道占用时间（COT，Channel Occupation Time）内采用时域相对稀疏的PDCCH监听实现节能，而在COT外采用时域相对密集的PDCCH监听，以便网络在接入信道后及时使用信道资源发送PDCCH。第二种方法是指终端在收到任何一个格式的DCI后可以触发SSSG切换，减少PDCCH监听，同样可以实现在COT内的PDCCH监听节能。关于非授权频谱接入中SSSG切换的具体机制，详见5.7节。

在Rel-17终端节能增强WI项目中，3GPP RAN1对应用于授权频谱接入的SSSG切换方案进行了研究和讨论，目标是使基站能够在完成数据调度后尽快指示终端进入节能的监听状态。因此，在讨论过程中，首先考虑的就是基于调度DCI的SSSG切换。如图5.14所示，终端根据网络的DCI指示在两个SSSG之间实现动态切换，其中SSSG#1以每5个时隙为周期进行PDCCH监听，SSSG#2以每10个时隙为周期进行PDCCH监听。

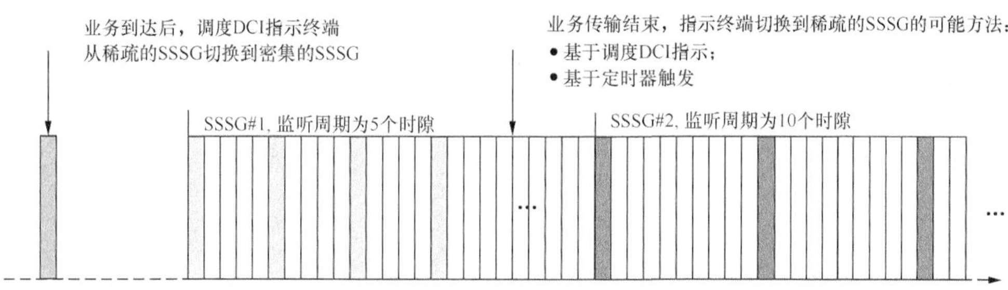

图5.14　NR Rel-17中终端的SSSG切换

当然，除了基于调度DCI指示的方式，其他方式也可以触发终端的SSSG切换，具体如下。

① 当上行业务到达时，终端在发起随机接入PRACH或发送调度请求时自动切换至较为密集的SSSG，以降低业务调度的时延，这种方式称为隐式的SSSG切换。

② 终端在业务传输开始时开启定时器，业务传输结束后定时器超时，终端自动回退到较为稀疏的SSSG，实现终端节能。这种方式称为基于定时器的SSSG切换。

③ 在没有业务调度时，网络通过非调度DCI切换终端的SSSG。

（2）PDCCH监听跳过

PDCCH SSSG切换需要网络配置，并且能进行切换的SSSG数目有限，例如Rel-16中提出网络仅为终端配置两个SSSG进行切换。PDCCH监听跳过是另一种动态调整PDCCH监听行为，从而实现终端节能的方案，它通过网络在DCI中直接指示终端跳过PDCCH监听来实现终端节能，如图5.15所示。

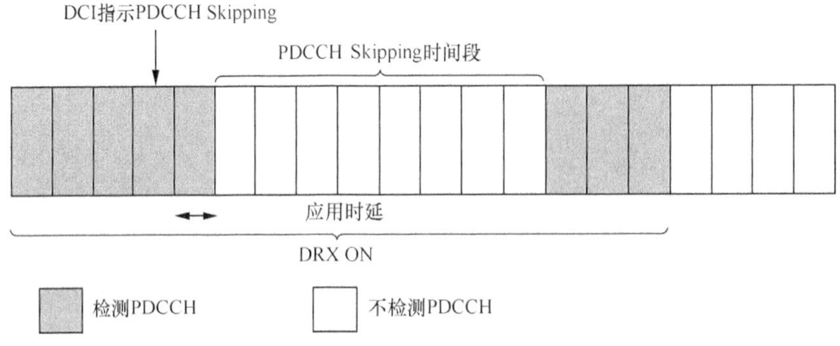

图5.15　DCI指示PDCCH监听跳过

（3）性能评估

为了比较SSSG切换和PDCCH监听跳过方案带来的终端节能增益，3GPP RAN1针对不同的业务场景进行了评估。评估结果如图5.16～图5.19所示。其中，评估的技术方案如下。

① PDCCH Skipping#1：PDCCH暂停监听的持续时间长度是通过网络DCI显式指示的。

② PDCCH Skipping#2：PDCCH监听跳过与C-DRX结合，终端收到指示PDCCH监听跳过的命令后，暂停PDCCH监听直至下一个DRX周期。

③ SSSG切换：终端根据网络的DCI指示，在每个时隙进行PDCCH监听和每X个时隙进行PDCCH监听两种SSSG之间进行切换，不同公司的评估采用了不同的X值。

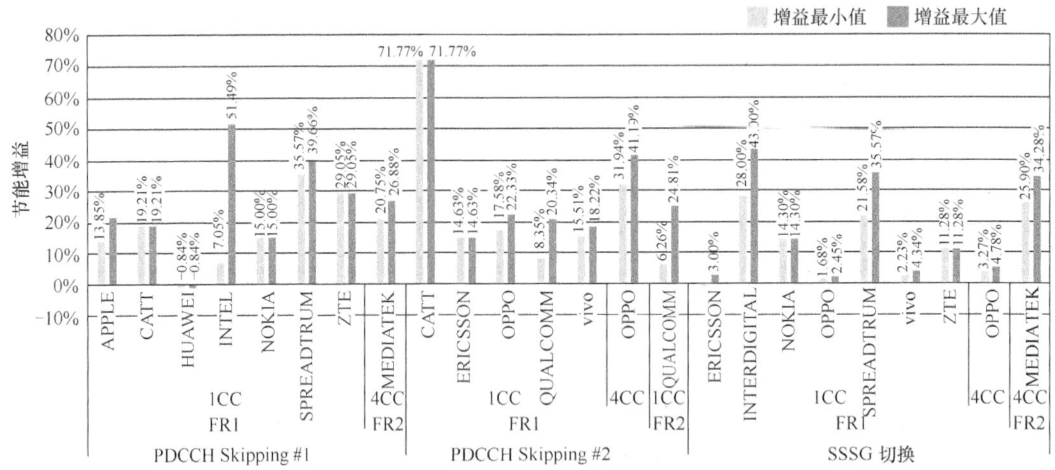

图5.16　eMBB业务场景的评估结果

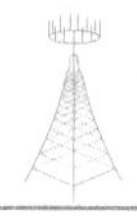

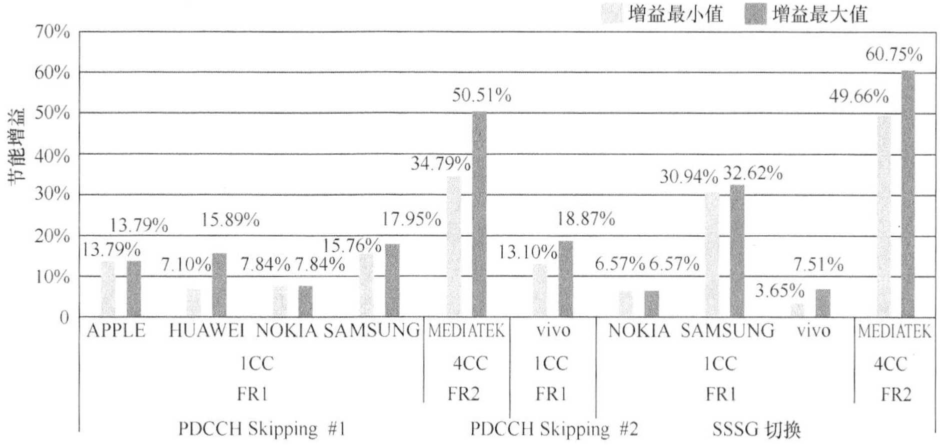

图5.17 密集（Intensive）eMBB业务场景的评估结果

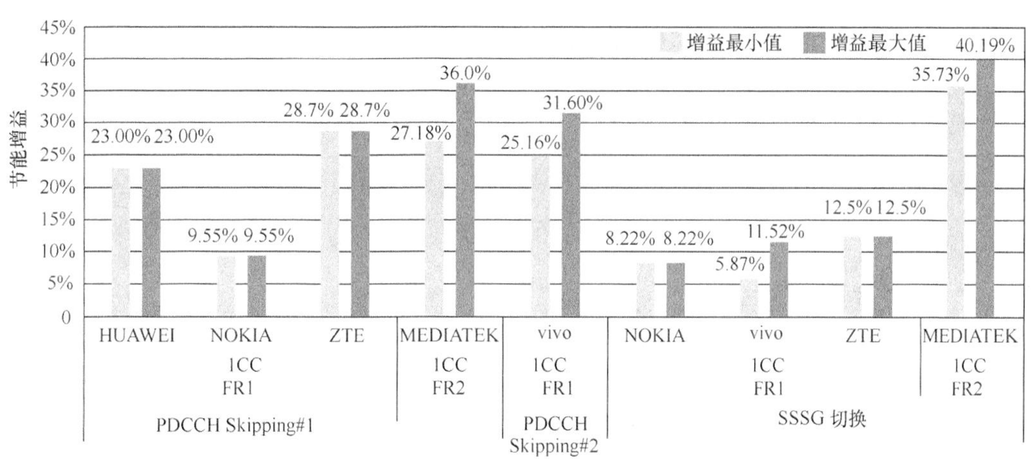

图5.18 VoIP业务场景的评估结果

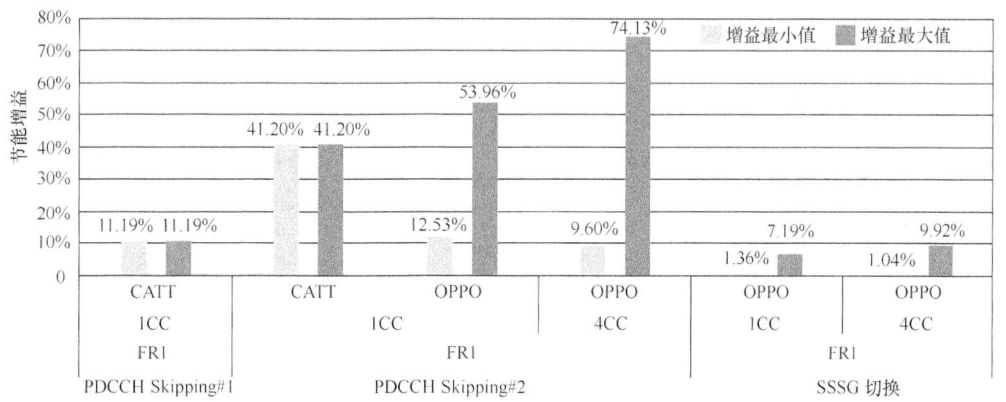

图5.19 IM业务场景的评估结果

各个公司的仿真评估假设是有一定区别的。

- NOKIA公司在评估SSSG切换和PDCCH监听跳过方案时假设了2个时隙生效时

延，以及终端在每个DRX周期都进行CSI和RRM测量。

• INTEL公司的评估结果同时提供了小区中所有终端的平均值和小区边缘终端的结果，并观察到0～3%的UPT损失。

• ERICSSON公司的评估假设了理想的PDCCH监听跳过情况，即终端的PDCCH监听总是在数据传输结束后立即关闭，并在下一次数据到达时立即打开。

• QUALCOMM公司的评估假设基线PDCCH监听周期为1、2或4个时隙。

• HUAWEI公司在评估PDCCH监听跳过方案时未考虑WUS和跨时隙调度，但是在评估基线方案时考虑了WUS和跨时隙调度。

• vivo公司的评估考虑了通过MAC CE停止PDCCH检测的方案。

大体上看，密集eMBB的业务到达相比传统eMBB业务更加频繁，各公司对密集eMBB的评估假设不尽相同，具体如下。

• 在APPLE公司的评估中，FTP Model 3流量模型的参数为：平均数据包到达间隔15 ms，数据包大小0.05 MB。

• 在HUAWEI（华为）公司的评估中，FTP Model 3流量模型的参数为：平均数据包到达间隔30 ms，数据包大小0.1 MB。

• 在vivo公司的评估中，FTP Model 3流量模型的参数为：平均数据包到达间隔30 ms，数据包大小0.15 B。

• 在NOKIA公司的评估中，采用视频/语音会议流量模型，每20 ms提供一次DL和UL数据包。

• 在SAMSUNG（三星）公司的评估中，FTP Model 3流量模型参数为：平均数据包到达间隔50～100 ms，数据包大小0.05 MB。

• 在MEDIATEK公司的评估中，FTP Model 3流量模型的参数为：平均数据包到达间隔15 ms，数据包大小0.05 MB。

通过以上评估结果可以知道，相对于Rel-15和Rel-16提供的节能技术，PDCCH监听跳过和SSSG切换方案能带来额外的终端节能增益，总结如下。

对于PDCCH监听跳过方案，通过终端动态地跳过一段时间的PDCCH监听或者终端动态跳过PDCCH监听直到下一个DRX周期开始，可以观察到如下节能增益。

① 对于eMBB业务

- FR1单载波：节能增益平均值为15.91%～27.06%。
- FR1四载波聚合：节能增益平均值为31.94%～41.19%。
- FR2单载波：节能增益平均值为6.26%～26.88%。
- FR2四载波聚合：节能增益平均值为20.75%～26.88%。

② 对于VoIP业务

- FR1单载波：节能增益平均值为21.6%～23.21%。

• FR2单载波：节能增益平均值为27.18%～36.08%。

③ 对于密集eMBB业务

• FR1单载波：节能增益平均值为11.52%～14.87。

• FR2四载波聚合：节能增益平均值为34.79%～50.51%。

④ 对于IM业务

• FR1单载波：节能增益平均值为11.86%～47.58%。

• FR1四载波聚合：节能增益平均值为9.6%～74.13%。

对于SSSG切换方案，通过动态地调整终端PDCCH监听周期，可以观察到如下节能增益。

① 对于eMBB业务

• FR1单载波：节能增益平均值为11.18%～16.28%。

• FR1四载波聚合：节能增益平均值为3.27%～4.78%。

• FR2四载波聚合：节能增益平均值为20.90%～34.28%。

② 对于VoIP业务

• FR1单载波：节能增益平均值为8.86%～10.75%。

• FR2单载波：节能增益平均值为35.73%～40.19%。

③ 对于密集eMBB业务

• FR1单载波：节能增益平均值为13.72%～15.45%。

• FR2四载波聚合：节能增益平均值为49.66%～60.75%。

④ 对于IM业务

• FR1单载波：节能增益平均值为1.36%～7.19%。

• FR1四载波聚合：节能增益平均值为1.04%～9.92%。

关于上述评估结果的一些说明如下。

① 平均值范围的下限是通过对各个公司的节能增益值范围的下限来取平均值计算得到的，平均值范围的上限是通过对各个公司的节能增益值范围的上限取平均值计算得到的。

② 上述方案可能会在可接受的范围内对终端UPT或数据包传输时延性能产生一些影响。

③ 与传统的Rel-15或Rel-16技术相比，上述方案所造成的系统开销是相似的，不会对系统的性能造成很大影响。

2. 重传的处理

一般来说，网络会在完成向终端发送数据或接收终端的数据后才向终端发送指示PDCCH监听跳过或SSSG切换的信令，以减少终端的PDCCH监听，达到节能的效果。但是，由于可能出现数据传输失败而需要重传，终端还需要监听可能的重传调度，这也会造成一定的功耗增加。终端在接收初传PDSCH之后，需要保持比较密集的PDCCH监听以接收网络可能发起的重传调度。图5.20展示了PDSCH重传过程中的PDCCH监听方案，其中SSSG0需要较密集的PDCCH监听，而SSSG1对应比较稀疏的PDCCH监听。

我们知道，在实际场景中，数据包重传的概率较低，为了小概率的重传而延长终端在密集SSSG的PDCCH监听，会增加终端的功耗。为了解决此问题，3GPP也在研究一些增强方案（如图5.20所示）。

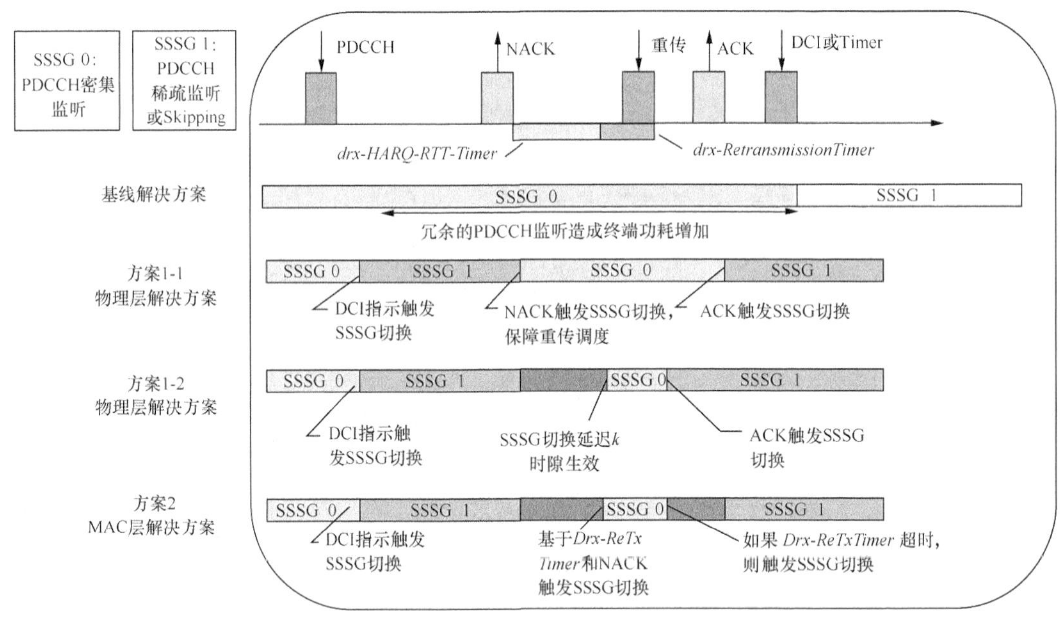

图5.20 PDSCH重传过程中的PDCCH监听方案

（1）方案1-1（物理层解决方案）：在PDSCH初始传输之后，网络指示终端立即从SSSG 0（密集监听）切换到SSSG 1（稀疏监听）。

- 如果PDSCH初传解码成功，则终端保持在SSSG 1。
- 如果PDSCH初传解码失败，则终端在发送NACK后立即自动切换回SSSG 0进行较为密集的监听。

（2）方案1-2（物理层解决方案）：由于在*drx-HARQ-RTT-TimerDL*（或*DRX HARQ RTT TimerUL*）运行期间，终端不需要接收重传调度；因此，终端可以在*drx-Retransmission-Timer*启动之前切换回SSSG 0以监听重传调度。具体流程为：在PDSCH初始传输之后，网络指示终端立即从SSSG 0（密集监听）切换到SSSG 1（稀疏监听）。

- 如果PDSCH初传解码成功，则终端保持在SSSG 1。
- 如果PDSCH初传解码失败，则终端从发送NACK之后的第k个时隙开始自动切换回SSSG 0。

（3）方案2（MAC层解决方案）：如果允许物理层PDCCH监听与MAC层交互，则

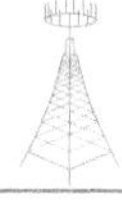

终端可以在*drx-RetransmissionTimer*启动时自动切换回SSSG 0。具体流程为：在PDSCH初始传输之后，网络指示终端立即从SSSG 0（密集监听）切换到SSSG 1（稀疏监听）。

- 如果PDSCH初传解码成功，则终端保持在SSSG 1。
- 如果PDSCH初传解码失败，则终端在*drx-RetransmissionTimer*启动时自动切换回SSSG 0。
- 如果*drx-RetransmissionTimer*超时，则终端自动切换到指示的SSSG，如SSSG 1。

5.2 频域节能

5.2.1 BWP

在LTE系统中，终端的工作带宽与系统的载波带宽相同。例如，如果系统的载波带宽为20 MHz，那么系统内所有终端的工作带宽都应为20 MHz，网络在20 MHz带宽内对终端进行下行和上行调度。这种设计可以简化系统的调度，同时保证一定的频率分集效果，但同时也限定了终端能力的最低要求，即必须支持20 MHz带宽，并且也限制了通过减小终端工作带宽实现终端节能的可能性。

在5G NR系统中，为了提升峰值吞吐量，采用了更大带宽载波的网络部署方式，单载波带宽从网络侧看通常为FR1 100 MHz、FR2 200 MHz或更大带宽。为了降低对终端实现的能力要求，以及通过减小工作带宽实现终端节能，5G NR系统中引入了带宽部分（BWP）的概念。在5G NR系统中，终端以网络配置的下行BWP和上行BWP作为工作带宽进行数据收/发操作，BWP可以小于系统的载波带宽也可以等于系统的载波带宽，并且终端可以支持多个不同BWP和在这些BWP之间进行切换。工作在较小带宽的BWP时，终端不仅可以减小射频收发带宽，还可以减少基带数据缓存和处理量，从而降低功耗。而工作在较大带宽的BWP时，终端可以提升峰值速率，但射频和基带功耗都会相应上升。

1. BWP 配置和切换

RRC连接态的终端基于其不同的能力可以被配置1～4个BWP，每个BWP由如下一组配置参数构成：

（1）子载波间隔（15/30/60/120 kHz等）；

（2）CP类型（常规CP或扩展CP）；

（3）BWP起始频率 N_{BWP}^{Start}（相对于载波起始频率即Point A的间距）；

（4）BWP大小 N_{BWP}^{Size}；

（5）BWP序号。

在FDD系统中，上行BWP和下行BWP可以独立配置并切换；在TDD系统中，为了简化终端的实现，上、下行BWP需要成对配置和切换（BWP Pair），且一对上、下行BWP的中心频点要求相同，但带宽可以不同。

当终端被配置了多个BWP时，不同BWP对应的上述参数可以相同也可以不同。图5.21给出了终端被配置了两个频率不重叠的BWP且使用互不相同的SCS的示例。在这种方式下，网络可以在使用较小SCS的BWP上调度eMBB业务，同时在使用较大SCS的另一BWP上调度URLLC业务。

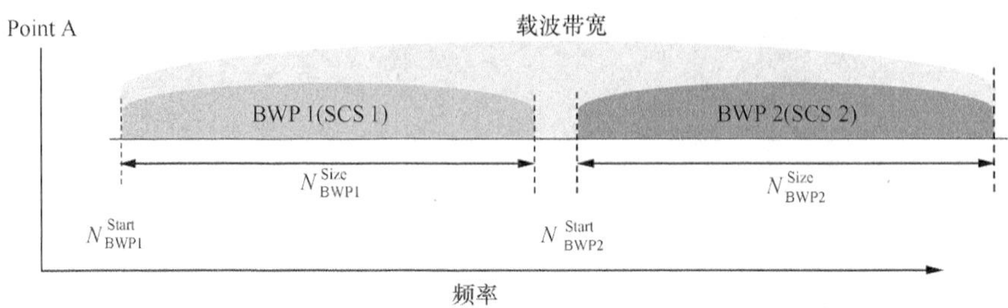

图5.21　频率不重叠的BWP和互不相同的SCS

图5.22则给出了BWP的另一种使用方式，其中BWP 2和BWP 1频率重叠且BWP 2的带宽大于BWP 1，这种配置允许网络通过调度终端在BWP 1和BWP 2之间进行切换，从而实现节能。具体做法是，将带宽较小的BWP 1作为节能BWP，当没有数据需要收发或数据收发需求较少时，调度终端在节能BWP（BWP 1）上工作；当数据收发需求较多时，调度终端工作在业务传输BWP（BWP 2）上。

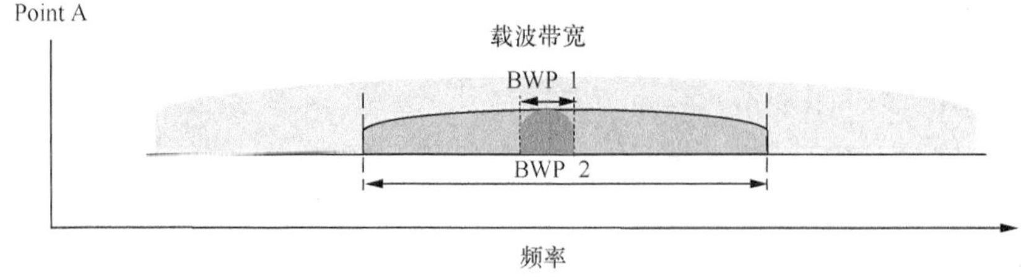

图5.22　频率重叠的BWP

网络对RRC连接态终端进行BWP切换的方式有3种：基于RRC信令切换、基于DCI信令切换和基于定时器隐式切换。

（1）基于RRC信令切换时，网络使用RRC信令发送目标BWP ID。

（2）基于DCI信令切换时，网络使用调度DCI（下行调度信令*DL grant*或上行调度信令*UL grant*）中的*Bandwidth part indicator*域发送目标BWP ID。在FDD系统中，*DL* *grant*或*UL grant*分别指示DL BWP或UL BWP的切换；在TDD系统中，*DL grant*或*UL grant*可以指示BWP pair进行切换，其中每一个BWP pair由DL BWP和UL BWP构成。

（3）基于定时器隐式切换时，网络为终端配置一个默认的BWP（如节能BWP），并配置定时器（*bwp-Inactivity Timer*），如果终端在非默认BWP上一直未收到调度信令的时间大于定时器时长，则终端自动切换到默认BWP。

图5.23展示了基站是如何根据实时业务的状况指示终端在业务传输BWP和节能BWP之间进行切换的。当终端的一组业务数据包传输完毕并且网络判断短时间内该终端没有新的业务数据需要发送时，网络可以通过RRC信令或者DCI信令显式告知终端切换到节能BWP，或者也可以通过预先配置的定时器（*bwp-Inactivity Timer*）实现终端从业务传输BWP到节能BWP的隐式切换。当业务数据再次到达且终端处于节能BWP时，网络可以通过RRC信令或DCI信令再次告知终端切换到业务传输BWP，进行数据收发。

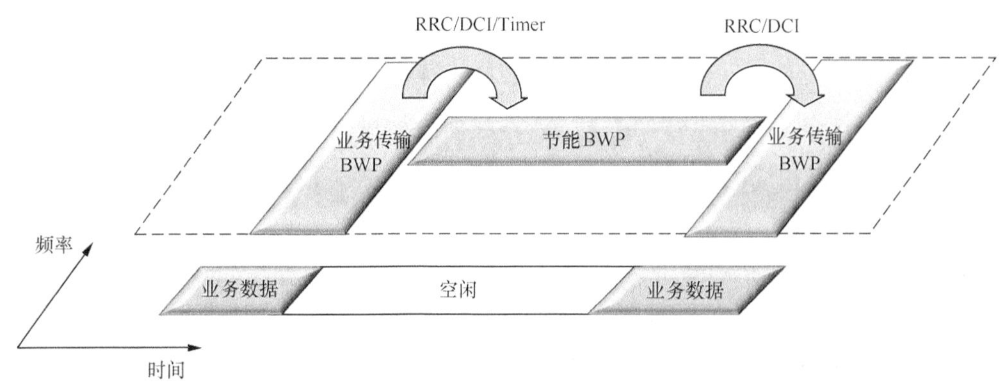

图5.23　基于业务数据量的BWP切换

当未启用C-DRX时，终端基于实时的业务需求在100 MHz和40 MHz BWP之间进行切换，相比固定使用100 MHz BWP，这样的切换能够带来近50%的终端节能效果，如图5.24所示。

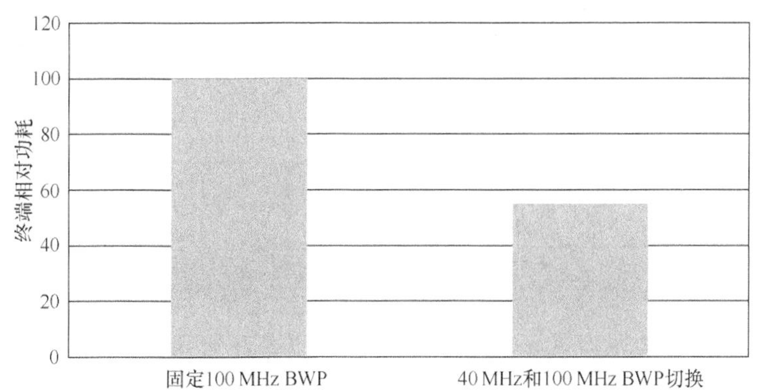

图5.24　未启用C-DRX时BWP带来的节能增益

当启用C-DRX时，由于C-DRX本身提供了较明显的节能效果，终端在不同BWP间切换带来的节能增益有所减少，但相比固定使用100 MHz BWP，终端在不同的BWP间切换仍能提供30%左右的节能增益，如图5.25所示。

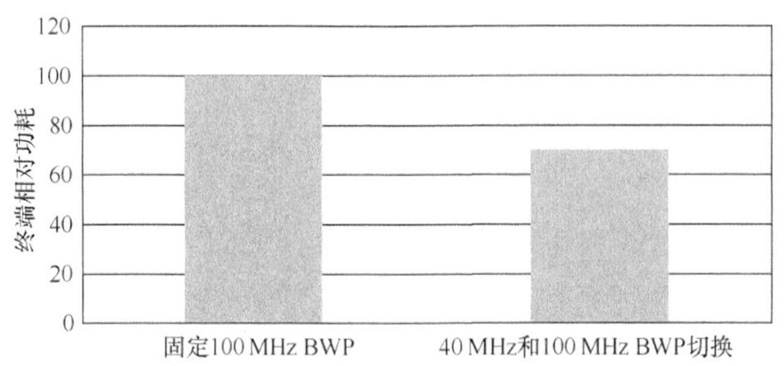

图5.25　启用C-DRX时BWP带来的节能增益

2. BWP 切换时间

终端收到指示BWP切换的DCI或基于定时器触发BWP切换后，需要一定的处理时间才能在新的BWP上接收或发送数据，这个处理时间称为BWP切换时间。在BWP切换时间内，终端主要完成BWP的切换，可以不接收或发送任何信号。3GPP TS 38.133定义了BWP切换时间。

对基于DCI信令的BWP切换：若终端在时隙n收到切换BWP的DCI信令，那么将从时隙n开始算起的$T_{\text{BWPswitchDelay}}$时隙时长定义为BWP切换时间。对于基于定时器的BWP切换：如果定时器超时后的第一个时隙为n，那么将从时隙n开始算起的$T_{\text{BWPswitchDelay}}$时隙时长定义为BWP切换时间。

根据终端的处理能力不同，$T_{\text{BWPswitchDelay}}$的具体取值分为Type 1和Type 2两种，具体的切换时间还和系统采用的子载波间隔有关。在单载波场景中，终端BWP切换时间的具体定义如表5.5所示。

表5.5　单载波场景的终端BWP切换时间

子载波间隔SCS（kHz）	时隙长度（ms）	BWP切换时间$T_{\text{BWPswitchDelay}}$（时隙）	
		Type 1	Type 2
15	1	1	3
30	0.5	2	5
60	0.25	3	9
120	0.125	6	18

BWP操作涉及的RRC参数配置如下，详细的参数配置可参考3GPP TS 38.331

（1）*BWP information element*参数提供BWP的带宽和位置、子载波间隔、CP类型等基本的物理参数配置。

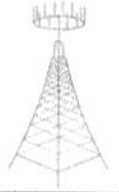

BWP information element

```
-- ASN1START
-- TAG-BWP-START

BWP ::=                          SEQUENCE {
   locationAndBandwidth               INTEGER (0..37949),
//配置BWP的位置和带宽
   subcarrierSpacing                  SubcarrierSpacing,
//配置BWP的子载波间隔
   cyclicPrefix                       ENUMERATED { extended }
OPTIONAL    -- Need R
//配置BWP的CP类型
}

-- TAG-BWP-STOP
-- ASN1STOP
```

（2）下行BWP配置*BWP-Downlink information element*包括公共参数配置*BWP-DownlinkCommon information element*和专属参数配置*BWP-DownlinkDedicated information element*。

BWP-Downlink information element

```
-- ASN1START
-- TAG-BWP-DOWNLINK-START

BWP-Downlink ::=                 SEQUENCE {
   bwp-Id                           BWP-Id,
//配置下行BWP的编号
   bwp-Common                        BWP-DownlinkCommon
OPTIONAL,   -- Cond SetupOtherBWP
//配置下行BWP的Common参数
   bwp-Dedicated                     BWP-DownlinkDedicated
OPTIONAL,   -- Cond SetupOtherBWP
//配置下行BWP的Dedicated参数
   ...
}

-- TAG-BWP-DOWNLINK-STOP
-- ASN1STOP
```

BWP-DownlinkCommon information element

```
-- ASN1START
-- TAG-BWP-DOWNLINKCOMMON-START

BWP-DownlinkCommon ::=           SEQUENCE {
    genericParameters                BWP,
```

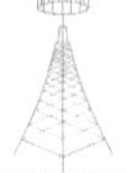


```
//配置下行BWP Common参数中的general参数，如带宽和位置、子载波间隔、CP类型等
    pdcch-ConfigCommon                    SetupRelease { PDCCH-ConfigCommon }
OPTIONAL,   -- Need M
//配置下行BWP Common参数中的PDCCH监听参数
    pdsch-ConfigCommon                    SetupRelease { PDSCH-ConfigCommon }
OPTIONAL,   -- Need M
//配置下行BWP Common参数中的PDSCH接收参数
    ...
}

-- TAG-BWP-DOWNLINKCOMMON-STOP
-- ASN1STOP
```

BWP-DownlinkDedicated information element

```
-- ASN1START
-- TAG-BWP-DOWNLINKDEDICATED-START

BWP-DownlinkDedicated ::=            SEQUENCE {
   pdcch-Config                        SetupRelease { PDCCH-Config }
OPTIONAL,   -- Need M
//配置下行BWP Dedicated参数中的PDCCH监听参数
   pdsch-Config                        SetupRelease { PDSCH-Config }
OPTIONAL,   -- Need M
//配置下行BWP Dedicated参数中的PDSCH接收参数
   sps-Config                          SetupRelease { SPS-Config }
OPTIONAL,   -- Need M
//配置下行BWP Dedicated参数中的SPS PDSCH接收参数
   radioLinkMonitoringConfig             SetupRelease { RadioLinkMonitoring
Config }                       OPTIONAL,    -- Need M
//配置下行BWP Dedicated参数中的无线链路监听参数
   ...
}

-- TAG-BWP-DOWNLINKDEDICATED-STOP
-- ASN1STOP
```

（3）上行BWP配置*BWP-Uplink information element*包括公共参数配置*BWP-Uplink Common information element*和专属参数配置*BWP-UplinkDedicated information element*。

BWP-Uplink information element

```
-- ASN1START
-- TAG-BWP-UPLINK-START

BWP-Uplink ::=                       SEQUENCE {
   bwp-Id                              BWP-Id,
//配置上行BWP的编号
```

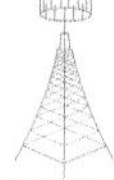

```
    bwp-Common                              BWP-UplinkCommon
OPTIONAL,   -- Cond SetupOtherBWP
//配置上行BWP的Common参数
    bwp-Dedicated              .             BWP-UplinkDedicated
OPTIONAL,
   -- Cond SetupOtherBWP
//配置上行BWP的Dedicated参数
    ...
}

-- TAG-BWP-UPLINK-STOP
```

BWP-UplinkCommon information element

```
-- ASN1START
-- TAG-BWP-UPLINKCOMMON-START

BWP-UplinkCommon ::=                 SEQUENCE {
    genericParameters                    BWP,
//配置上行BWP Common参数中的general参数，如带宽和位置、子载波间隔、CP类型等
    rach-ConfigCommon                    SetupRelease { RACH-ConfigCommon }
//配置上行BWP Common参数中的PRACH参数                          OPTIONAL,
-- Need M
    pusch-ConfigCommon                   SetupRelease
{ PUSCH-ConfigCommon } //配置上行BWP Common参数中的PUSCH参数
OPTIONAL,   -- Need M
    pucch-ConfigCommon                   SetupRelease
{ PUCCH-ConfigCommon } //配置上行BWP Common参数中的PUCCH参数
OPTIONAL,   -- Need M
    ...
}

-- TAG-BWP-UPLINKCOMMON-STOP
-- ASN1STOP
```

BWP-UplinkDedicated information element

```
-- ASN1START
-- TAG-BWP-UPLINKDEDICATED-START

BWP-UplinkDedicated ::=               SEQUENCE {
    pucch-Config                        SetupRelease { PUCCH-Config }
OPTIONAL,   -- Need M
//配置上行BWP Dedicated参数中的PUCCH参数
    pusch-Config                        SetupRelease { PUSCH-Config }
OPTIONAL,   -- Need M
```

```
//配置上行BWP Dedicated参数中的PUSCH参数
    configuredGrantConfig                SetupRelease
{ ConfiguredGrantConfig }                              OPTIONAL,   -- Need M
//配置上行BWP Dedicated参数中的configured grant
PUSCH参数
    srs-Config                          SetupRelease { SRS-Config }
OPTIONAL,   -- Need M
//配置上行BWP Dedicated参数中的SRS参数
    beamFailureRecoveryConfig            SetupRelease
{ BeamFailureRecoveryConfig }                          OPTIONAL,   -- Cond
SpCellOnly
//配置上行BWP Dedicated参数中的波束失败恢复参数
    ...
}

-- TAG-BWP-UPLINKDEDICATED-STOP
-- ASN1STOP
```

（4）BWP-ID通过参数*BWP-Id information element*配置，一个终端在一个服务小区内最多可以配置4个BWP。

BWP-Id information element

```
-- ASN1START
-- TAG-BWP-ID-START

BWP-Id ::=                          INTEGER (0..maxNrofBWPs)
//终端的一个服务小区内最多配置4个BWP

-- TAG-BWP-ID-STOP
-- ASN1STOP
```

3. Initial BWP

终端在进入RRC连接态之前，仅能够在初始BWP（Initial BWP，包括初始下行BWP和初始上行BWP）上进行数据收发。

为了让空闲态的终端能够处理较小的带宽从而实现节能，网络通常配置较小的初始下行BWP，其频率大小和位置与CORESET 0相同。以100 MHz载波带宽、30 kHz SCS为例，CORESET 0即初始下行BWP的带宽可以配置为10 MHz或20 MHz。

CORESET 0和SSB支持3种复用方式。

复用方式一：CORESET 0和SSB之间采用时分复用方式，且SSB发送带宽未超过CORESET 0的带宽，如图5.26所示。此时终端在初始下行BWP内可以处理SSB和CORESET 0，以及可以进行系统信息、寻呼消息等的接收。复用方式一适用于FR1和FR2频段。

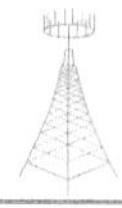

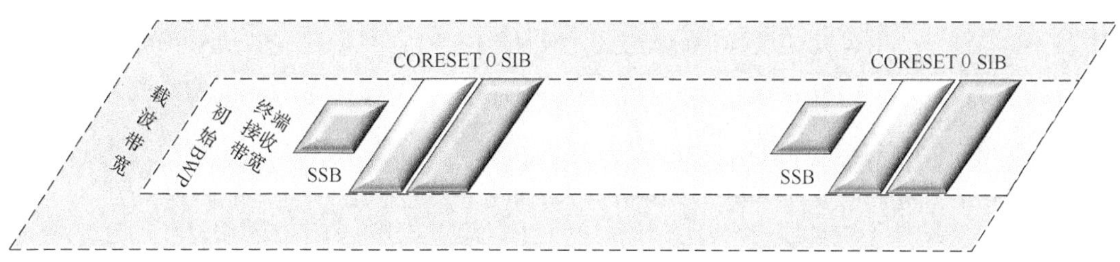

图5.26　CORESET 0和SSB复用方式一

复用方式二：CORESET 0和SSB之间采用频分复用方式，如图5.27所示。此时终端在初始下行BWP内仅可以监听CORESET 0，以及可以进行系统信息、寻呼消息等的接收，但无法接收SSB。终端可以通过切换接收带宽实现在不同时刻处理CORESET 0和SSB。复用方式二仅适用于FR2频段。

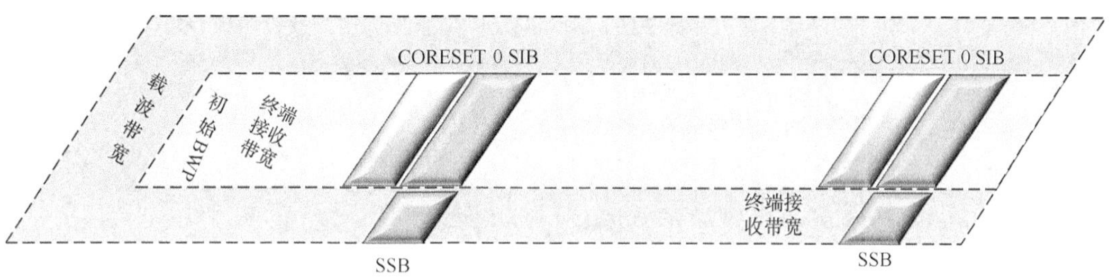

图5.27　CORESET 0和SSB复用方式二

复用方式三：CORESET 0和SSB之间采用频分复用方式，如图5.28所示。此时终端在初始下行BWP内仅可以监听CORESET 0，以及可以进行系统信息、寻呼消息等的接收，但无法接收SSB。终端可以通过切换接收带宽实现在不同时刻处理CORESET 0和SSB。复用方式三仅适用于FR2频段。

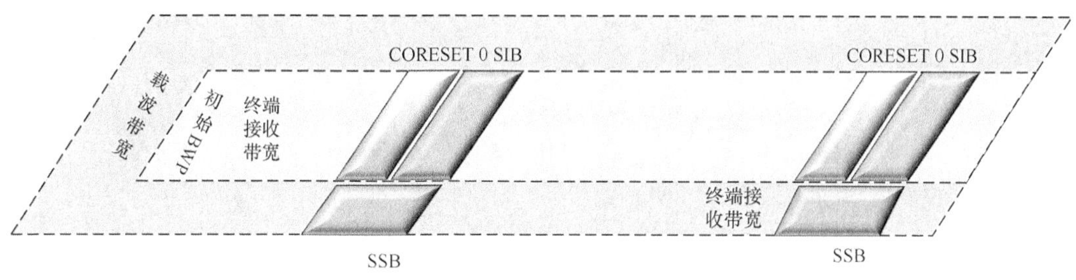

图5.28　CORESET 0和SSB复用方式三

通过减小空闲态终端的接收信号带宽，可以实现终端节能、延长待机时间。

初始上行BWP的频率位置和带宽由网络通过系统信息SIB1进行配置，终端在初始上行BWP中发送RACH过程中的相关上行信号，包括MSG1和MSG3等。

初始BWP相关的RRC参数配置如下。

（1）初始下行BWP可以通过Serving cell config中的公共参数*DownlinkConfigCommon information element*进行配置，也可以通过SIB1中的参数*DownlinkConfigCommonSIB information element*进行配置。

DownlinkConfigCommon information element

```
-- ASN1START
-- TAG-DOWNLINKCONFIGCOMMON-START

DownlinkConfigCommon ::=        SEQUENCE {
    frequencyInfoDL                 FrequencyInfoDL
OPTIONAL,    -- Cond InterFreqHOAndServCellAdd
    initialDownlinkBWP              BWP-DownlinkCommon
OPTIONAL,    -- Cond ServCellAdd
//配置初始下行BWP
    ...
}

-- TAG-DOWNLINKCONFIGCOMMON-STOP
-- ASN1STOP
```

DownlinkConfigCommonSIB information element

```
-- ASN1START
-- TAG-DOWNLINKCONFIGCOMMONSIB-START
DownlinkConfigCommonSIB ::=     SEQUENCE {
    frequencyInfoDL                 FrequencyInfoDL-SIB,
    initialDownlinkBWP              BWP-DownlinkCommon,
//配置初始下行BWP
    bcch-Config                         BCCH-Config,
    pcch-Config                         PCCH-Config,
    ...
}


BCCH-Config ::=                 SEQUENCE {
    modificationPeriodCoeff          ENUMERATED {n2, n4, n8, n16},
    ...
}


PCCH-Config ::=             SEQUENCE {
    defaultPagingCycle                  PagingCycle,
    nAndPagingFrameOffset               CHOICE {
        oneT                             NULL,
        halfT                            INTEGER (0..1),
        quarterT                         INTEGER (0..3),
        oneEighthT                       INTEGER (0..7),
```

```
        oneSixteenthT                          INTEGER (0..15)
    },
    ns                                    ENUMERATED {four, two, one},
    firstPDCCH-MonitoringOccasionOfPO    CHOICE {
        sCS15KHZoneT
SEQUENCE (SIZE (1..maxPO-perPF)) OF INTEGER (0..139),
        sCS30KHZoneT-SCS15KHZhalfT
SEQUENCE (SIZE (1..maxPO-perPF)) OF INTEGER (0..279),
        sCS60KHZoneT-SCS30KHZhalfT-SCS15KHZquarterT
SEQUENCE (SIZE (1..maxPO-perPF)) OF INTEGER (0..559),

sCS120KHZoneT-SCS60KHZhalfT-SCS30KHZquarterT-SCS15KHZoneEighthT
SEQUENCE (SIZE (1..maxPO-perPF)) OF INTEGER (0..1119),

sCS120KHZhalfT-SCS60KHZquarterT-SCS30KHZoneEighthT-SCS15KHZoneSixteenthT

SEQUENCE (SIZE (1..maxPO-perPF)) OF INTEGER (0..2239),
        sCS120KHZquarterT-SCS60KHZoneEighthT-SCS30KHZoneSixteenthT
SEQUENCE (SIZE (1..maxPO-perPF)) OF INTEGER (0..4479),
        sCS120KHZoneEighthT-SCS60KHZoneSixteenthT
SEQUENCE (SIZE (1..maxPO-perPF)) OF INTEGER (0..8959),
        sCS120KHZoneSixteenthT
SEQUENCE (SIZE (1..maxPO-perPF)) OF INTEGER (0..17919)
    }   OPTIONAL,           -- Need R
    ...
}

-- TAG-DOWNLINKCONFIGCOMMONSIB-STOP
-- ASN1STOP
```

（2）初始上行BWP可以通过Serving cell config中的公共参数*UplinkConfigCommon information element*进行配置，也可以通过SIB1中的参数*UplinkConfigCommonSIB information element*进行配置。

UplinkConfigCommon information element

```
-- ASN1START
-- TAG-UPLINKCONFIGCOMMON-START

UplinkConfigCommon ::=                SEQUENCE {
    frequencyInfoUL                       FrequencyInfoUL
OPTIONAL,   -- Cond InterFreqHOAndServCellAdd
    initialUplinkBWP                      BWP-UplinkCommon
OPTIONAL,   -- Cond ServCellAdd
//配置初始上行BWP
    dummy                                TimeAlignmentTimer
}
```

```
-- TAG-UPLINKCONFIGCOMMON-STOP
-- ASN1STOP
```

UplinkConfigCommonSIB information element

```
-- ASN1START
-- TAG-UPLINKCONFIGCOMMONSIB-START

UplinkConfigCommonSIB ::=                SEQUENCE {
   frequencyInfoUL                         FrequencyInfoUL-SIB,
   initialUplinkBWP                        BWP-UplinkCommon,
//配置初始上行BWP
   timeAlignmentTimerCommon                 TimeAlignmentTimer
}

-- TAG-UPLINKCONFIGCOMMONSIB-STOP
-- ASN1STOP
```

5.2.2 辅载波激活/去激活

在载波聚合（CA）场景下，如果终端被配置了一个或多个辅小区（Scell），则网络可以通过MAC CE来动态激活、去激活终端的Scell，从而在保证信令开销和灵活性适中的前提下，尽量节省终端在CA场景下的功耗。

1. Rel-15 的 Scell 激活/去激活

当终端被配置了一个或多个Scell时，由于Pcell总是激活的，因此终端需要同时监听多个小区（Pcell和Scell）上的调度。当没有大量数据需要多个小区聚合传输时，为了节省系统资源和终端功耗，网络侧可以随时为终端去激活这些配置的Scell，当有大量数据到达时，网络侧又可以根据需求为终端重新激活这些配置的Scell。

网络侧可以通过RRC信令指示终端激活和去激活特定的Scell，但是由于RRC信令开销和RRC配置时延等问题，网络不太可能通过RRC频繁重配置Scell，因此，为了达到更好的终端节能效果尽量节省信令开销，最早在LTE系统中引入了Scell激活/去激活（Activation/Deactivation）机制，网络可以通过MAC CE来控制、改变终端Scell的小区状态。

Rel-15中也支持类似的机制。NR系统中Scell的激活/去激活机制及其目的与LTE系统中的完全类似。该机制被用于在CA场景下激活/去激活终端在Scell上的数据传输。

当然，除了上述通过MAC CE对终端Scell进行激活/去激活的机制外，终端还为每个配置的Scell提供一个去激活定时器（对应参数*sCellDeactivationTimer*）。一个终端的所有Scell对应的去激活定时器的初始值都是相同的，根据如下所示的3GPP TS 38.331

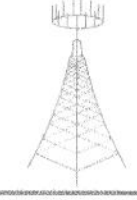

协议中的内容，网络通过配置参数*ServingCellConfig*携带*sCellDeactivationTimer*配置值。如果网络没有配置该参数，则终端认为*sCellDeactivationTimer*的取值为“*infinity*”（无穷大）。

```
sCellDeactivationTimer                ENUMERATED {ms20, ms40, ms80, ms160,
ms200, ms240,
                                                  ms320, ms400, ms480, ms520,
ms640, ms720,
                                                  ms840, ms1280,spare2,spare1}
      OPTIONAL,   -- Cond ServingCellWithoutPUCCH
```

具体地，当收到来自网络的信令配置或者激活一个Scell时，终端立即启动或重启此Scell对应的*sCellDeactivationTimer*，并且，如果终端在激活的Scell中检测到一个调度DCI，或指示激活Scell的DCI包含了激活Scell的调度信息，则终端重启该Scell对应的*sCell Deactivation Timer*；否则，该定时器自动递减。

如果在*ScellDeactivationTimer*到期时终端没有收到任何数据或没有监听到有效的调度DCI，则终端将对应的Scell去激活，同时停止对应的去激活定时器的运行。当然，这也是终端可以自动将某Scell去激活的唯一情况。

网络通过MAC CE对终端Scell激活/去激活的流程为：如果终端在时隙n内收到MAC CE命令激活某个Scell，对应的激活操作将最晚在时隙$n+k$内启动。如果终端在时隙n内收到针对某个Scell的去激活命令或某个Scell对应的*sCell Deactivation Timer*超时，除了CSI报告对应的操作（停止上报）可以在$n+3\cdot N_{\text{slot}}^{\text{subframe},\mu}$之后的第一个时隙完成外，其他操作都需要最晚在$n+k$时隙内完成。其中，$N_{\text{slot}}^{\text{subframe},\mu}$与对应Scell使用的子载波间隔$\mu$有关，表示一个子帧（1 ms）时间内包含的时隙个数，k的含义在3GPP TS 38.213协议中可以看到。

Scell激活/去激活具体的流程如下。

终端在每个传输时间间隔（TTI，Transmission Time Interval）内对每个配置的Scell执行如下操作。

（1）如果终端在此TTI内接收到用于激活Scell的MAC CE，则终端需要根据前述时序关系激活Scell，并执行如下操作：

- 在Scell中进行SRS传输；
- 为Scell报告CSI；
- 监听Scell的PDCCH；
- 在Scell中进行PUCCH传输（如果网络配置了PUCCH on Scell）。
- 启动或重启与Scell对应的*sCellDeactivationTimer*。

（2）如果终端在此TTI内接收到用于去激活Scell的MAC CE，或者与Scell对应的*sCellDeactivationTimer*在此TTI内到期，则终端需要根据上述时序关系去激活此Scell，并执行如下操作：

- 停止与Scell对应的*sCellDeactivationTimer*；
- 清空与对应Scell相关的HARQ缓存；
- 不在Scell中传输SRS；
- 不为Scell报告CSI；
- 不在Scell中发送上行数据；
- 不在Scell中发起RACH过程；
- 不在Scell中监听PDCCH；
- 不在Scell中发送PUCCH。

当Scell去激活时，终端终止在Scell上已经发起但未完成的随机接入过程。

需要说明的是，对包含Scell激活/去激活MAC CE的PDSCH的HARQ反馈信息（如HARQ-ACK承载在PUCCH），可能不会受到由Scell激活/去激活造成的Pcell中断的影响。“中断”的定义见3GPP TS 38.133。

图5.29展示了Scell激活/去激活的示例。网络通过Pcell上的*RRC Connection Configuration*或*RRC Reconfiguration*流程为终端配置相应的Scell并建立相关配置。在RRC配置完成后，后续Scell上数据传输的开启/关闭（激活/去激活）由网络通过MAC CE来控制，即MAC CE可以配置Scell激活，从而开启数据传输；或通过MAC CE配置Scell去激活，从而关闭数据传输。

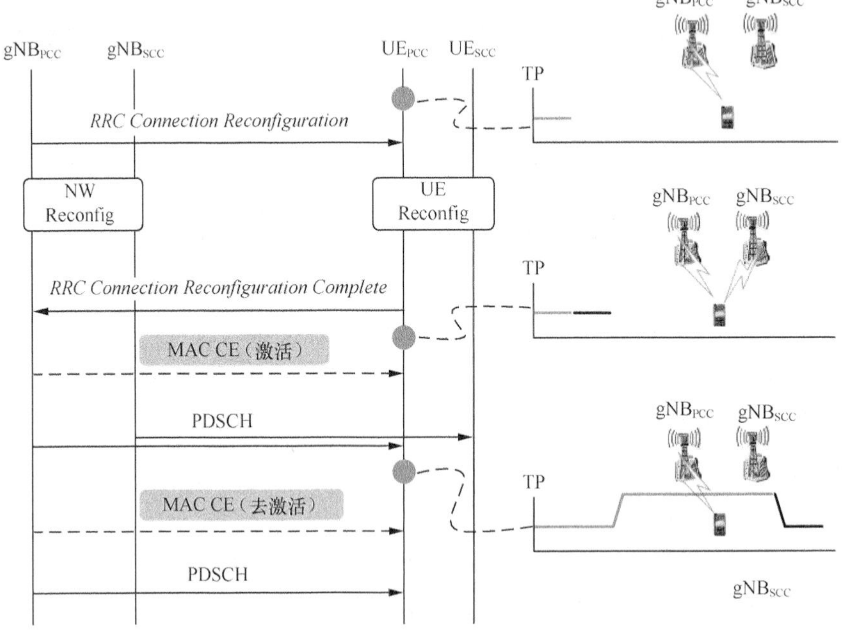

图5.29　Scell激活/去激活示例

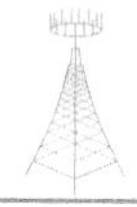

用于Scell激活/去激活的MAC CE对应的逻辑信道编号（LCID，Logical Channel Identify）如图5.30所示，具体内容见3GPP TS 38.321。

序号	LCID 值
000000	CCCH
000001～100000	Identity of the logical channel
100001～101111	Reserved
110000	SP ZP CSI-RS Resource Set Activation/Deactivation
110001	PUCCH spatial relation Activation/Deactivation
110010	SP SRS Activation/Deactivation
110011	SP CSI reporting on PUCCH Activation/Deactivation
110100	TCI State Indication for UE-specific PDCCH
110101	TCI States Activation/Deactivation for UE-specific PDSCH
110110	Aperiodic CSI Trigger State Subselection
110111	SP CSI-RS/CSI-IM Resource Set Activation/Deactivation
111000	Duplication Activation/Deactivation
111001	Scell Activation/Deactivation(4 octet)
111010	Scell Activation/Deactivation(1 octet)
111011	Long DRX Command
111100	DRX Command
111101	Timing Advance Command
111110	UE Contention Resolution Identity
111111	Padding

序号	LCID 值
000000	CCCH
000001～100000	Identity of the logical channel
100001～110110	Reserved
110111	Configured Grant Confirmation
111000	Multiple Entry PHR
111001	Single Entry PHR
111010	C-RNTI
111011	Short Truncated BSR
111100	Long Truncated BSR
111101	Short BSR
111110	Long BSR
111111	Padding

图5.30 用于Scell激活/去激活的MAC CE对应的LCID

通过MAC CE为终端激活/去激活Scell的具体方法是，在图5.31或图5.32所示的数据结构中将Scell对应的域设置为1或0。当其中某个比特域被设置为“1”时，表示对应的Scell被激活；当某个比特域被设置为“0”时，表示对应的Scell被去激活。

（1）如果终端的Scell数目小于或等于8，则使用图5.31中只有一个字节的数据结构指示Scell激活或去激活。

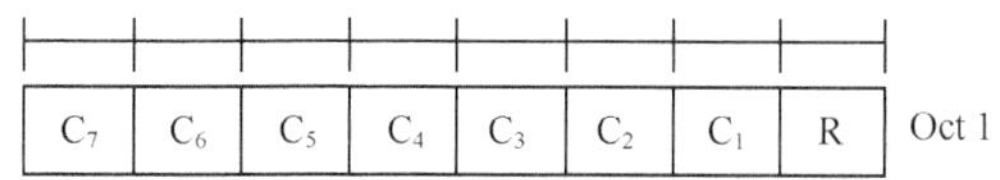

图5.31 单字节MAC CE数据结构

（2）如果终端的Scell数目大于8，则使用图5.32中有4个字节的数据结构指示Scell激活或去激活。

C_7	C_6	C_5	C_4	C_3	C_2	C_1	R	Oct 1
C_{15}	C_{14}	C_{13}	C_{12}	C_{11}	C_{10}	C_9	C_8	Oct 2
C_{23}	C_{22}	C_{21}	C_{20}	C_{19}	C_{18}	C_{17}	C_{16}	Oct 3
C_{31}	C_{30}	C_{29}	C_{28}	C_{27}	C_{26}	C_{25}	C_{24}	Oct 4

图5.32 多字节MAC CE数据结构

2. Rel-17 的增强 Scell 激活/去激活

根据前面提到的Rel-15和Rel-16协议的要求，终端在收到MAC层发送的Scell 激活命令后，需要一定的准备时间才能在对应的激活的Scell上正常接收和发送数据。以FR1为例，这个准备时间包括HARQ反馈时间、载波激活时间、CQI上报时间，如图5.33所示。其中，HARQ反馈时间T_{HARQ}为终端接收到携带Scell激活命令的PDSCH到其发送对应的物理层HARQ-ACK反馈的时间间隔，一般为1～2 ms。载波激活时间（XT）$T_{activation\text{-}time}$为终端对Scell激活命令的处理时间，包括MAC消息的处理时间（约为3 ms）、SSB测量资源获取时间和SSB处理时间（约为2 ms）等，SSB测量资源获取时间与对应的Scell频率上配置的SSB测量时机配置（SMTC，SSB-based Measurement Timing Configuration）周期有关，例如，如果SMTC周期配置为20 ms，那么SSB测量资源获取时间最大为20 ms。CQI上报时间$T_{CSI\text{-}repsrting}$则与网络配置的CQI上报周期有关，例如，CQI上报周期配置为5 ms，则CQI上报时间最大为5 ms。

可以看到，Scell激活处理总时长为各部分时长之和，假设SMTC周期和CQI上报周期分别设置为典型值20 ms和5 ms，那么Scell激活处理时长达32 ms左右。

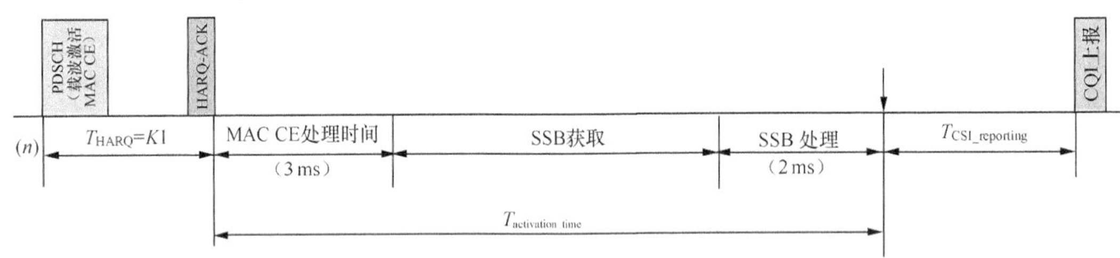

图5.33 Rel-15/16中的Scell激活准备时间

较长的Scell激活处理时间会造成业务传输延迟、吞吐量降低，影响用户体验。因此，3GPP在Rel-17中提出了降低Scell激活处理时间的方法，目的是更快地根据实际业务需求开启和关闭Scell，实现降低终端功耗和缩短业务传输时延的双重效果。

根据前面的分析，Rel-15/Rel-16 Scell激活处理时间主要为SSB的测量获取时间，该时间和Scell载波频率上的SMTC或SSB发送周期直接相关。理论上通过缩短Scell频率上SSB的发送周期可以缩短SSB测量获取时间，但这将成倍地增加系统的SSB发送开销，并不可取。为了支持一个低开销方案，3GPP引入了按需（发送的）非周期TRS（On-demand A-TRS），网络可以在Scell 激活命令发送过程中用DCI或者MAC CE触发一个A-TRS的发送终端，使用A-TRS来代替SSB进行测量、AGC设定等处理。在较理想的情况下，可以将原有的测量信号获取时间20 ms压缩至1 ms，在其他假设不变的情况下，可以将终端的Scell 激活处理时间由32 ms左右缩短至13 ms左右，即处理时间缩短近60%。图5.34给出了通过On-demand A-TRS缩短终端Scell激活时间的示意图。

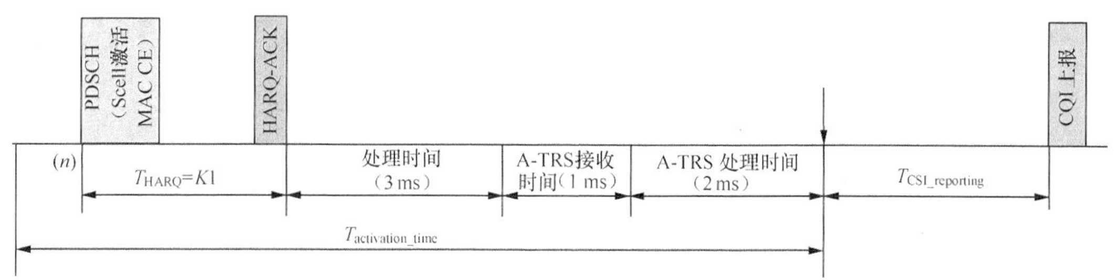

图5.34 通过On-demand A-TRS缩短Scell激活处理时间

3. Rel-17 SCG 激活/去激活

通过前面的介绍可知，Rel-15/Rel-16只引入了Scell 激活/去激活机制，并没有对双连接（DC）场景下SCG的激活/去激活进行相应的优化。所以Rel-17 DC/CA增强项目引入了SCG的激活/去激活机制。当终端被配置一个或多个SCG时，也可以在保证信令开销和灵活性适中的前提下，动态激活/去激活终端SCG，从而节省终端在DC配置下的功耗。相关的机制类似于前述Scell 激活/去激活机制。

3GPP已经同意了使用RRC消息指示终端的SCG激活/去激活，而使用DCI或MAC CE指示终端SCG激活/去激活的机制还在讨论中。

当SCG去激活时，对于Scell，其去激活后的行为与上述介绍的Rel-15/Rel-16中Scell去激活的行为完全一致；

对于PScell，其去激活后的行为仅包括：

- 终端不在PScell上进行SRS传输；
- 终端不在PScell上发送上行数据；
- 终端不在PScell上监听PDCCH。

此外，终端根据网络侧配置来确定是否在PScell上执行RLM/BFD测量。对于SCG的RRM测量，3GPP正在考虑允许终端在去激活SCG上放松RRM测量，但执行此测量，系统需要等待RAN 4对于RRM测量需求的确认。

5.2.3 基于DCI的辅载波休眠/唤醒

根据前一节的介绍，在CA场景下，根据实时业务量的情况对辅载波进行激活/去激活可以实现降低终端功耗的目标。但由于终端在去激活辅载波上不维持测量和同步，网络再次激活辅载波时需要等待较长的时延才能在该辅载波上正常调度数据，该时延可能长达几十毫秒，即使在Rel-17引入了增强方案，仍然有10 ms以上的时延。该时延会对业务传输性能造成影响，如图5.35所示，网络在大量业务数据到达时向终端发送辅载波激活命令，但该激活命令要在经过一段激活时延之后才能真正生效，导致业务数据的传输时延增大，影响用户体验。

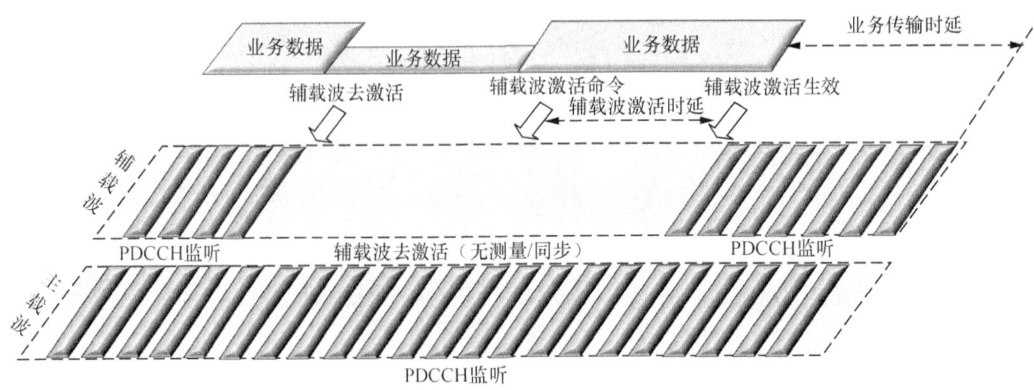

图5.35　辅载波激活/去激活示意图

为了实现终端在辅载波上在工作状态和节能状态之间进行更快速的切换，在节能的基础上缩短业务的传输时延，3GPP在Rel-16版本中设计了辅载波休眠机制。其原理是在业务量较小时仍要求终端保持辅载波激活态，为相应的辅载波发送休眠指示命令而不是去激活命令。在休眠辅载波上，终端维持激活态、相应的同步和CSI测量动作，但为了降低终端功耗，终端会关闭休眠辅载波上的PDCCH监听，如图5.36所示，当大量业务数据再次到来时，网络可以通过辅载波唤醒命令打开终端在辅载波上的PDCCH监听并快速进入数据收/发状态。辅载波的休眠通过休眠BWP的方式实现，休眠BWP中不配置PDCCH监听参数，因此终端不需要在休眠BWP中监听PDCCH。网络通过BWP切换机制指示终端在休眠BWP和正常BWP之间进行切换，实现辅载波休眠/唤醒的功能。其中休眠BWP和正常BWP都是由网络配置的。

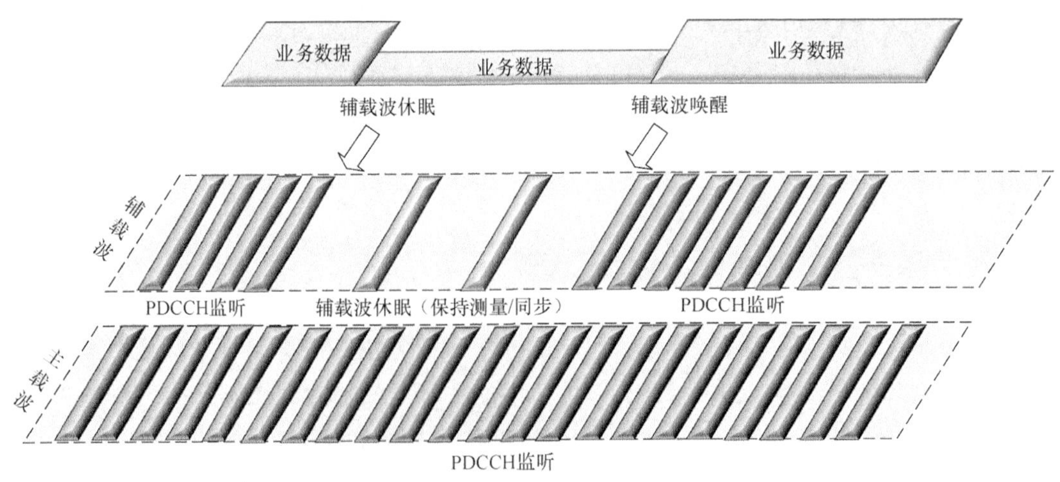

图5.36　辅载波休眠/唤醒示意图

为了降低信令处理时延，辅载波休眠/唤醒信令采用DCI信令指示，具体可以采用3种不同的方式。

（1）基于调度DCI的方式。基站可以采用*DL grant*或*UL grant*中配置的*SCell dormancy indication*域来指示一个或多个辅载波的休眠/唤醒。该指示域的长度由网络配置，最大为5 bit，其中的每一个比特都用来指示一个或一组辅载波，比特状态0标识辅载波休眠（激活休眠BWP）、比特状态1标识辅载波唤醒（激活正常BWP）。

（2）基于非调度DCI的方式。基站可以通过发送专用的非调度DCI来指示辅载波休眠/唤醒，Rel-16协议中采用DCI format 1_1中的*resourceAllocation*指示域的特殊状态组合来标识该专用DCI，即当DCI format 1_1中的指示满足如下条件时，表示该DCI不用进行PDSCH调度，而专门用来指示辅载波休眠/唤醒。

① *resourceAllocation*类型为Type 0并且*frequency domain resource assignment*指示域所有比特为0；

② *resourceAllocation*类型为Type 1并且*frequency domain resource assignment* 指示域所有比特为1；

③ *resourceAllocation*类型为*dynamicSwitch*并且*frequency domain resource assignment*指示域所有比特为0或1。

此时网络可以将原有DCI format 1_1中对应第一个PDSCH传输块（Transport Block 1）的如下指示域信息重新解释为辅载波休眠/激活指示域。与基于调度DCI的指示方式类似，比特状态为“0”指示对应的辅载波休眠、比特状态为“1”指示对应的辅载波唤醒。

- *modulation and coding scheme*（调制和编码方式指示域）
- *new data indicator*（新数据指示域）
- *redundancy version*（冗余版本指示域）
- *HARQ process number*（HARQ进程号指示域）
- *antenna port*（*s*）（天线端口指示域）
- *DMRS sequence initialization*（DMRS序列初始化指示域）

（3）基于C-DRX唤醒信号的方式。对于处于连接态的终端，基站可以通过在DRX激活时间（DRX active time）段外发送的唤醒信号DCI format 2_6来指示辅载波休眠/唤醒，如图5.37所示。该指示方式需要终端支持DRX唤醒信号DCI format 2_6，这种方式的优点是网络在唤醒终端进入DRX 激活态的同时可以唤醒终端的辅载波监听，缩短业务传输时延。需要说明的是，仅在唤醒信号指示为DRX唤醒时，辅载波休眠/激活指示信息才有效，即终端只有在DRX激活时间内才会按照辅载波休眠/激活指示信息在相应的辅载波或辅载波组上监听PDCCH；当未收到DRX唤醒信号时，终端在所有载波上不进行PDCCH监听，即进入DRX睡眠状态。DCI format 2_6中的辅载波休眠/唤醒比特状态为“0”时，指示相应的辅载波休眠，比特状态为“1”时指示辅载波唤醒。

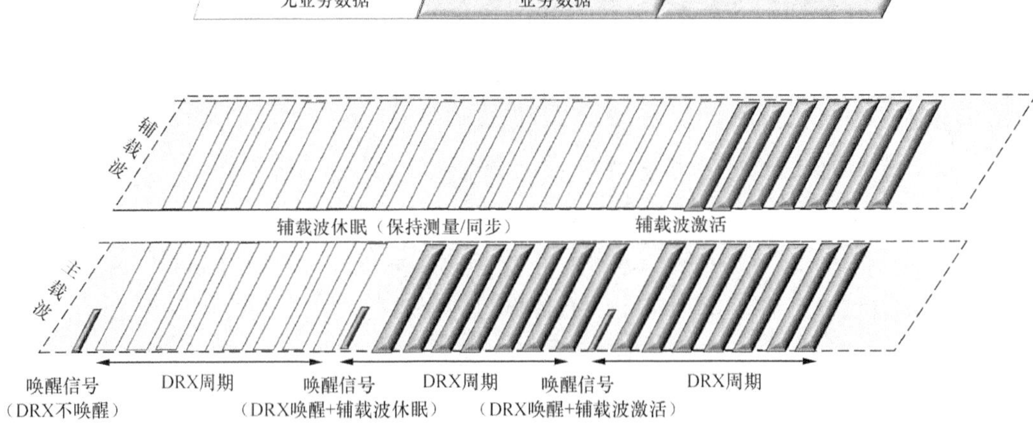

图5.37　采用唤醒信号同时指示DRX唤醒和辅载波激活/休眠

3种辅载波休眠指示方式在是否支持HARQ-ACK反馈、支持的辅载波或辅载波组个数等方面有所区别，具体如表5.6所示。

表5.6　3种辅载波休眠指示方式对比

辅载波休眠/唤醒方式	与C-DRX的关系	ACK反馈确认	指示辅载波组数
基于调度DCI	指示辅载波休眠/唤醒的DCI在DRX 激活时间内发送	复用调度数据的HARQ-ACK反馈	最多5个辅载波/辅载波组
基于非调度DCI	指示辅载波休眠/唤醒的DCI在DRX 激活时间内发送	有直接的ACK反馈	最多15个辅载波/辅载波组
基于C-DRX唤醒信号	指示辅载波休眠/唤醒的DCI在DRX 激活时间之外发送	没有ACK反馈	最多15个辅载波/辅载波组

由于Scell休眠特性是基于终端在休眠BWP和正常BWP之间的切换，因此，在设计上重用了本书5.2.1节介绍的BWP切换时间的定义。具体的，终端在休眠状态和正常状态之间切换的处理时间定义为：

（1）若终端在时隙n的前3个OFDM符号对应时间段收到指示休眠/正常状态转换的DCI，那么终端需要在以时隙n开头为起始的$T_{\mathrm{BWPswitchDelay}}$（数值参考5.2.1节）时间内完成状态的切换；

（2）若终端在时隙n的其余OFDM符号对应时间段收到指示休眠/正常状态转换的DCI，那么终端需要在以时隙n开头为起始的$T_{\mathrm{BWPswitchDelay}}+1$（数值参考5.2.1节）时间内完成状态的切换。

该特性涉及的RRC参数配置如下。

ServingCellConfig information element

```
-- ASN1START
-- TAG-SERVINGCELLCONFIG-START
```

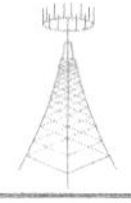

```
ServingCellConfig ::=                    SEQUENCE {
(略)
    dormantBWP-Config-r16                   SetupRelease { DormantBWP-Config-r16 }
OPTIONAL,    -- Need M                                      //配置dormantBWP
(略)
}
(略)
DormancyGroupID-r16 ::=           INTEGER  (0..4)          //配置当前Scell对应
的休眠Scell小区组编号(0~4),每个Scell小区组与DCI中的休眠指示域(dormancy indicat
ion field)一一对应

DormantBWP-Config-r16::=                   SEQUENCE {
    dormantBWP-Id-r16                          BWP-Id
OPTIONAL,    -- Need M                                                //休眠BWP ID
    withinActiveTimeConfig-r16                  SetupRelease { WithinActiveTime
Config-r16 }                 OPTIONAL,    -- Need M
//配置DRX激活时间内休眠指示(DCI format 0_1/1_1)
    outsideActiveTimeConfig-r16                 SetupRelease { OutsideActiveTime
Config-r16 }                     OPTIONAL    -- Need M
//配置DRX激活时间外的休眠指示(DCI format 2_6)
}

WithinActiveTimeConfig-r16 ::=             SEQUENCE {
   firstWithinActiveTimeBWP-Id-r16           BWP-Id
OPTIONAL,    -- Need M       // DRX激活时间内的休眠指示(DCI format 0_1/1_1)比特指
示"1"时,对应的Scell小区组切换到该正常BWP-ID
   dormancyGroupWithinActiveTime-r16          DormancyGroupID-r16
OPTIONAL     -- Need R      // DRX激活时间内的休眠指示(DCI format 0_1/1_1)比特指示
"0"时,对应的Scell小区组切换到该休眠BWP-ID
}

OutsideActiveTimeConfig-r16 ::=            SEQUENCE {
   firstOutsideActiveTimeBWP-Id-r16           BWP-Id
OPTIONAL,    -- Need M     // DRX激活时间外的休眠指示(DCI format 2_6)比特指示"1"
时,对应的Scell小区组切换到该正常BWP-ID
   dormancyGroupOutsideActiveTime-r16         DormancyGroupID-r16
OPTIONAL     -- Need R     // DRX激活时间外的休眠指示(DCI format 2_6)比特指示"0"
时,对应的Scell小区组切换到该休眠BWP-ID
}

(略)

-- TAG-SERVINGCELLCONFIG-STOP
-- ASN1STOP
```

5.3 天线域节能

5G系统的多天线信号处理流程和LTE系统的多天线信号处理流程类似，包括码字（Codeword）的生成、层（Layer）映射、预编码、RE映射、通过天线端口发送信号等步骤，如图5.38所示，涉及的基本概念如下。

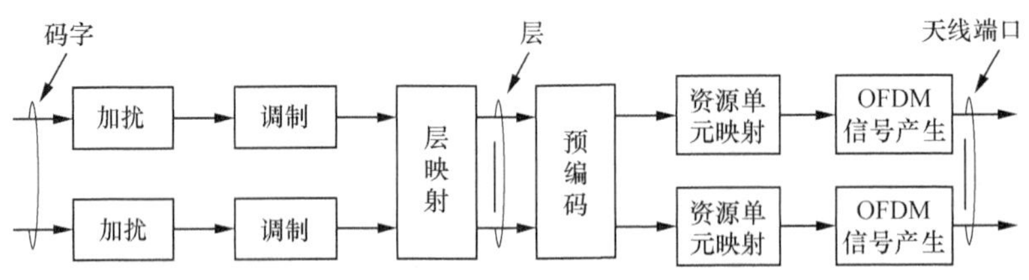

图5.38 5G系统多天线信号处理流程

码字（Codeword）。码字就是在一个时隙上发送的包含循环冗余校验（CRC，Cyclic Redundancy Check）位并经过编码（Encoding）和速率匹配（Rate Matching）之后的独立传输块（TB，Transport Block）。每个终端在一个时隙内最多可以接收或发送两个码字。通俗地说，码字就是带有CRC的TB。

层映射（Layer mapping）。层映射是指将对一个或两个码字分别进行扰码（Scrambling）和调制（Modulation）之后得到的复数符号，根据层映射矩阵映射到一个或多个传输层的处理过程。层映射矩阵的维数为$C \times R$，C为码字的个数，R为使用的传输层的个数。

天线端口（Antenna Port）。天线端口是一个逻辑概念，一个天线端口可以对应一个物理发射天线，也可以对应多个物理发射天线。在这两种情况下，终端的接收机（Receiver）都不会去分解来自同一个天线端口信号。从终端的角度来看，不管信道是由单个物理发射天线形成的，还是由多个物理发射天线合并而成的，天线端口对应的参考信号（Reference Signal）定义了这个天线端口，终端可以根据参考信号得到对应天线端口的信道估计。

在终端节能的研究过程中，主要研究点是减少传输层的数目和终端激活的天线端口的数目。

5.3.1 MIMO层数自适应

如果接收天线和发送天线的数目大于空间信道的秩的数目，可以采用MIMO空间

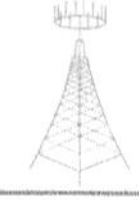

复用的方式发送和接收数据，从而使频谱的利用效率成倍地提升。从节能的角度看，当待传输的数据量较少，网络配置更少的层（Layer）时，终端可以选择使用更少的接收天线而无损失地恢复原始数据。在Rel-15设计中，支持网络通过*maxMIMO-Layers*参数配置终端服务小区的下行最大MIMO层数（Layer）。

```
maxMIMO-Layers              INTEGER (1..8)                    OPTIONAL
```

然而，在NR Rel-15中，这种下行PDSCH最大MIMO层数只能通过RRC信令进行配置，不支持更快的调整方式，如基于物理层信令的动态调整。因此，NR Rel-16引入了基于BWP级别的PDSCH最大MIMO层数的配置，实现了通过每个DL BWP的*maxMIMO-Layers-r16*参数进行配置。BWP级别的PDSCH最大MIMO层数配置的设计允许基站通过PDCCH指示BWP的切换，动态地切换终端接收PDSCH最大MIMO层数，从而实现终端对于接收天线数量的切换，达到节能的效果。

```
maxMIMO-Layers-r16   SetupRelease { MaxMIMO-LayersDL-r16 } OPTIONAL
MaxMIMO-LayersDL-r16:: =INTEGER (1..8)
```

当没有下行链路数据需要传输或者只有很少量的数据需要传输时，终端将一些接收链路切换到节能状态甚至直接关闭，以实现终端节能。终端应保持激活的接收天线Rx数目不小于该BWP上配置的最大MIMO层数。以图5.39为例，如果网络在BWP1上为终端配置的最大MIMO层数为2，在BWP2上为终端配置的最大MIMO层数为4，则在大量数据到达时，网络通过DCI指示终端从BWP1切换到BWP2，终端打开4Rx接收链路；在数据量减小时，网络指示终端切换到BWP1，终端仅打开2Rx接收链路以实现节能。

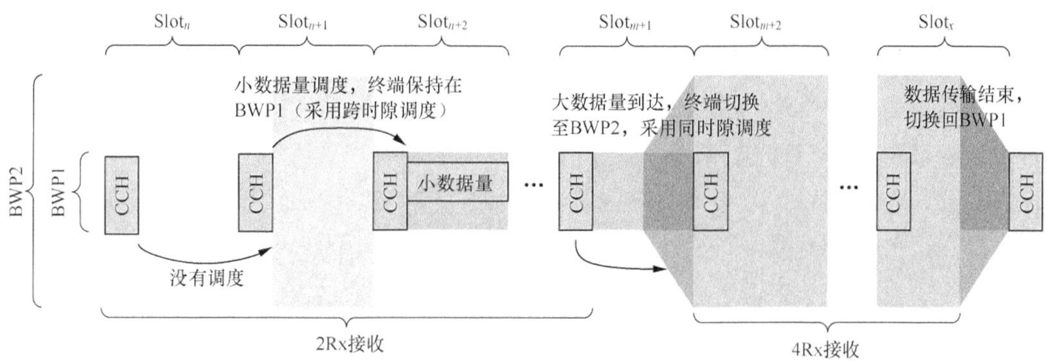

图5.39 通过切换BWP实现终端最大MIMO层数的动态调整

3GPP对动态调整终端MIMO层数或接收天线数的方案进行了相应的评估，相关结论总结如下。详细的评估结果见3GPP TR 38.840。

动态调整终端的MIMO层数或接收天线（面板）数，能够带来3%～30%的终端节能增益和4%的业务传输时延增加。具体的评估结果如图5.40所示。

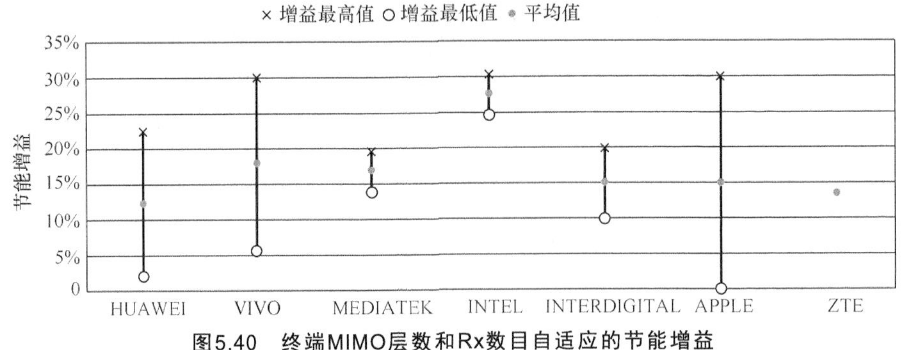

图5.40　终端MIMO层数和Rx数目自适应的节能增益

另外，对于上行MIMO的自适应调整技术，Rel-16版本并没有进行过多的增强。这主要是考虑到Rel-15已经支持了基于BWP配置终端的上行MIMO层数，网络已经可以通过BWP的切换动态地调整终端的上行MIMO层数以实现节能。

5.3.2　毫米波天线节能

毫米波的使用给终端的功耗带来了比较大的挑战。为了弥补毫米波的路径损耗，形成稳定可靠的链路，终端需要利用多个天线形成模拟波束，这些模拟波束形成的方向性能够有效改善链路质量，但也会导致终端功耗大幅增加。功耗增加的原因主要有几个方面：一个典型的天线面板可能需要4个或8个天线单元，这会导致收/发通道的射频器件数量大幅增加，从而导致功耗大幅增加；为了有效覆盖多个方向，终端往往需要安装多个天线面板，面板数量的增加也会导致功耗增加；为了有效地维护工作波束的质量及进行波束切换，终端需要额外增加新的波束训练过程，这也会导致功耗增加；毫米波系统往往覆盖受限，相比FR1小区覆盖半径较大的场景，终端需要进行更加频繁的测量和切换。

在典型的工作模式下，终端会通过减少激活的天线面板的数量来降低功耗，但毫米波系统又需要终端对波束不断地跟踪、训练，根据波束质量选择合适的接收天线面板，因此，在相关设计中考虑了这些因素，允许终端在减少激活天线面板数量的前提下，仍然进行高效的波束训练。

终端毫米波的天线面板从非激活状态转移到能稳定接收的激活态往往需要2～3 ms。如果网络触发用于波束训练的非周期CSI-RS，则终端需要打开未激活的天线面板用于训练波束，因此，网络需要给终端预留足够的时间用于打开天线面板。

在Rel-16中，通过波束切换时间能力的上报，由终端通知网络是否需要额外的时间打开天线面板，以及打开天线面板所需要的时间。终端通过参数*beamSwitchTiming-r16*上报能力信息，利用{224，336}这两个值来表征从接收PDCCH到打开天线面板稳定接收波束所需要的时间，其中224表示224个OFDM符号对应的时间长度，336表示336个符号对应的时间长度。对于使用60 kHz和120 kHz子载波间隔的系统，终端需要分别

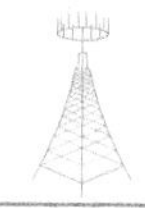

上报对应值。

网络侧根据终端的上报，决定非周期CSI-RS的触发时间。如果网络触发了用于训练终端接收波束（P3过程）的CSI-RS，则需要按照终端能力上报*beamSwitchTiming-r16*中的值来选择PDCCH与对应CSI-RS的时间间隔。由于224个OFDM符号、336个OFDM符号对应的时间长度较长，因此，在用于配置CSI-RS触发时隙偏置值的RRC参数中专门设计了较大的数值。

对于其他种类的非周期CSI-RS触发，终端仍然可以按照较小的切换时间来更换CSI-RS的波束，对应的切换时间取决于网络侧是否配置可切换的天线面板。如果网络为终端配置RRC参数*enableBeamSwitchTiming-r16*，则终端在48个OFDM符号内完成CSI-RS波束的切换，即终端在与接收PDCCH后的48个OFDM符号时间内需要按照约定的波束接收CSI-RS；在该时间段之后，则可以按照PDCCH中指定的波束切换接收波束。如果网络没有为终端配置上述RRC参数*enableBeamSwitchTiming-r16*，则网络可以按照*beamSwitchTiming*上报的值来确定PDCCH和触发CSI-RS之间的时间间隔。

毫米波场景的RRM测量同样为终端带来了巨大的功耗挑战，因为终端对本小区和邻小区的RRM测量都需要在波束级别进行，因此，NR标准中允许网络将本小区和邻小区的测量资源集中到SMTC窗口内，终端不需要在SMTC窗口外进行RRM测量，从而降低了功耗。另外终端在SMTC窗口内执行RRM测量时，可以不支持同时进行数据接收或数据发送，这减少了终端激活多个面板的需求。终端在FR2频段上进行SS-RSRP/SS-SINR/SS-RSRQ测量时，在测量SMTC窗口内的所有SSB符号，以及每一个SSB之前和SSB之后各一个OFDM符号时间段内可以不进行任何PDCCH/PDSCH/TRS或用于CQI测量的CSI-RS接收，也可以不发送PUCCH/PUSCH/SRS。

在L1-RSRP测量中，终端可以选择不同时测量SSB和CSI-RS。在用于L1-RSRP测量的OFDM符号（包括SSB、周期/半周期/非周期 CSI-RS）上，终端不会接收相应的PDCCH、PDSCH、TRS或用于CQI测量的CSI-RS，也不会发送PUCCH/PUSCH/SRS。

上述的调度限制避免了终端在测量的同时处理其他上行或下行信号的收/发，能够帮助终端减少需要同时打开的面板个数，从而降低了同时进行测量与数据发送和接收引入的功耗。在CA场景下，当终端在一个服务小区上进行RRM/L1-RSRP测量时，上述的调度限制也适用于同一频段内的其他服务小区。

5.4　连接态的RRM测量放松

连接态的RRM测量，特别是同频邻小区的测量基本模型与4.1.6节中的空闲态RRM

测量模型类似。对于异频或异系统邻小区测量，连接态的RRM测量对象是根据MO（测量对象）配置确定的，而空闲态的测量对象是终端根据网络侧配置的频点优先级及各频点上的测量结果确定的。

在Rel-16的终端节能WI项目中，只引入了适用于空闲态和非激活态的终端测量放松。智能终端支持的业务种类较多，很多业务在应用层需要保证实时在线，也有一些业务会频繁地产生心跳包的传输，因此这类终端处于连接态的时长比例较大，相应的主要功耗也在连接态。对于这类终端，按照Rel-15/Rel-16标准的需要频繁地进行RRM测量。

目前智能终端上的传感器越来越多，也越来越智能。在很多情况和场景下，终端可以比较清楚地知道自身的移动状态，以及移动的速度等相关信息。此外，智能终端的传感器还可以获取终端周边的环境信息或网络覆盖信息等，根据这些信息，终端可以进一步优化自身行为，从而达到节能的目的。

5.4.1 连接态RRM测量放松的性能评估

从Rel-15中的基本RRM测量模型可以看出，现有的S-Measure机制可以减少终端处于连接态时对于同频邻小区及异频/异系统邻小区的测量，达到一定的节能效果。但是终端还是会根据3GPP TS 38.133中定义的需求对高优先级频点的参考信号进行测量。当终端无法满足S-Measure机制的开启条件时，终端无法减少测量。而为了保证终端的移动性尽量不受影响，现网中通常配置较高的S-Measure门限，这导致大量的终端都无法满足S-Measure机制的开启条件。所以对于这类场景下的终端，连接态RRM测量带来的功耗依然很高。

3GPP TR 38.840中的研究显示了如下几方面内容。

（1）如果将连接态终端的RRM测量间隔扩展4倍，通过仿真可以看到终端节能增益为11.1%～26.6%。当然，连接态RRM测量放松也会有一定的代价，例如可能会使切换失败率增大。我们可以从协议中的仿真结果看到，在终端低移动性场景下，切换失败率为0～0.26%，这是相对较小或可接受的范围。

（2）如果减少连接态终端的测量小区个数，通过协议中的仿真结果可以看到，终端节能增益为1.8%～21.3%。

（3）如果可以在一段受限的时间范围内减少终端的测量处理，那么终端能获得26.43%～37.5%的节能增益。

（4）如果减少终端测量的频率数目，通过协议中的仿真结果可以看出，终端节能增益为21%～38%。

根据上述结论可知，连接态RRM测量放松可以带来比较可观的终端节能增益。同时为了观察RRM测量放松对连接态终端的移动性是否有影响，3GPP开展了仿真研究。

具体的仿真结果见3GPP TR 38.840。

根据仿真结果可以总结出以下内容。

如果对小区中所有的终端（无论信道质量好坏）都进行连接态RRM测量放松，则：

（1）对于低速（3 km/h）移动的终端，如果将其RRM测量间隔扩展4倍，即将测量间隔从200 ms扩展到800 ms，这一扩展对于终端切换失败率的影响是可以忽略不计的（切换失败率≤0.043%）；

（2）对于移动速度不高于30 km/h的终端，减少RRM测量中的L1测量样本对于终端切换失败率的影响可以忽略不计（切换失败率≤0.120%）；

（3）对于中速（30 km/h）或者更高速移动的终端，如果将其RRM测量间隔扩展4倍，即将测量间隔从200 ms扩展到800 ms，则这一扩展对于终端切换失败率的影响是不可忽略的。

进一步限制RRM测量放松的应用条件，例如，只有满足基于RSRP定义的触发条件的终端（例如RSRP较好的终端）才可以执行放松的RRM测量，这能够进一步减少对终端移动性的影响。如果终端采用可配置的RRM测量放松触发条件（如网络配置用于RRM测量放松的RSRP触发门限），我们可以观察到如下评估结果。

（1）对于静止或低速移动的终端，即终端运动速度不超过3 km/h的场景，将测量间隔扩展4倍，即从200 ms扩展到800 ms，对终端移动性没有造成影响。

（2）对于中速（30 km/h）移动的终端，通过设置基于RSRP的RRM测量放松触发条件，小区内只有部分满足条件的终端才可以执行RRM测量放松，与小区内所有终端都执行RRM测量放松相比，终端切换失败率更低，例如，当测量间隔为400 ms时，终端切换失败率≤0.140%；当测量间隔为800 ms时，终端切换失败率≤0.654%。其中，触发RRM测量放松的RSRP阈值应被设置为所有终端的服务小区测量的RSRP值的统计中值。

（3）如果将触发RRM测量放松的条件对应的RSRP阈值设置得更高，例如，将RSRP阈值设置为与S-Measure准则对应的阈值相等，则观察到的终端切换失败率基本可以忽略，甚至接近于0。

综上，基于Rel-16中的研究和评估内容，连接态RRM测量放松具有明显的节能增益，并且对终端移动性的影响可控。因此，在Rel-17的RedCap项目中，连接态的RRM测量放松被作为一个重要特性。

5.4.2 连接态RRM测量放松潜在方案

类似于空闲态或非激活态，Rel-17标准讨论的连接态终端RRM测量放松的范围都仅限于邻小区的测量放松，研究人员识别出的几种比较典型的移动性状态终端包括位置固定的绝对静止终端、在受限范围内移动的终端、相对静止或以较低速度移动的终端等。

在邻小区进行测量放松时，考虑到可能对终端移动性造成影响，3GPP在讨论连接态邻小区RRM测量放松时，优先考虑固定场景和相对静止的场景，然后才考虑低移动性场景。

Rel-17中研究的潜在的连接态终端的邻小区RRM测量放松方案主要包括如下几种。

方案一：终端通过MSG 5向网络侧上报静止状态，并由网络侧配置终端的测量行为。终端可能基于多种方法判断自身的移动性状态，比如，基于终端实现，即终端可以根据自身状态、传感器获得的信息、设备特性等确定移动性状态；或者基于测量结果，即终端根据RSRP/RSRQ来判断移动性状态；或者基于位置信息，即终端根据定位或测量结果来判断移动性状态。

网络侧在接收到终端状态上报后，可能采取的行动包括：

• 基于现有的机制为终端重新配置RRM测量配置；

• 如果连接态的RRM测量放松方法已被定义，比如更长的测量间隔、更少的测量波束/小区数/频率数等，则网络侧可以为终端配置对应的测量放松方法。

终端通过向网络上报其“固定”状态或暂时静止状态，使网络可以及时更改终端的RRM测量配置，达到节能目的。当然，这种方法也有一定的局限性，因为即使终端处于静止场景，其信道链路状况（RSRP/RSRQ）也可能发生变化，所以如果终端不能及时从RRM测量放松状态退出，可能会影响终端的移动性性能。

方案二：网络侧通过专用的RRC消息为终端配置测量放松的触发条件和对应的参数，如低移动性、处于非小区中心等触发条件，终端基于配置的参数确定RRM测量行为。

该方案要求的终端侧处理包括：

• 终端可以根据网络配置的测量放松触发条件进行判断，如果满足触发条件，则自行开启测量放松；

• 当终端满足对应的触发条件时，向网络侧上报触发条件满足状态，由网络侧决定如何配置RRM测量放松或如何重新配置RRM测量。

Rel-17中针对“终端如何根据网络配置执行测量放松”这一问题也研究了不同的解决方案。如果终端能够根据测量放松触发条件自行判断是否执行测量放松，那么与空闲态和非激活态情况类似，网络侧无法知晓终端侧是否正在执行测量放松。这种方法重用了Rel-16中的空闲态和非激活态的测量放松机制，最大限度地保持了连接态与空闲态/非激活态RRM测量放松机制的一致性。网络侧也可以为终端配置对应的触发条件和判断依据辅助终端进行判断，这种方法比方案一中“完全由终端自身判断”的方法更为可靠，而且对移动性产生的影响也更小。

方案三：由核心网节点（如AMF）基于终端的注册信息判断终端是否处于静止状态，并将这一信息下发给网络侧（基站），由网络侧配置终端的RRM测量。

网络侧的处理与方案一类似。

- 可以基于现有的机制为终端重新配置更加节能的RRM测量。
- 如果连接态的测量放松方法已被定义，比如更长的测量间隔、更少的测量波束/小区数等，则网络侧可以为终端配置对应的测量放松方法。

在此方法中，网络根据终端的注册信息判断出终端的静止状态，例如，如果根据注册信息判断终端是部署在固定位置的物联网终端，那么该终端大概率不会发生移动，对此类终端开启RRM测量放松不会造成系统性能的明显影响。但是，这种方法也有一定的局限性，比如，它只适用于部署于固定场景的终端。而且，类似于方案一，即使终端处于静止场景，其信道链路状况（RSRP/RSRQ）也可能发生变化，所以如果终端不能及时从RRM测量放松状态退出，仍可能会影响终端的移动性性能。

方案四：终端在发送给网络侧（基站）的辅助信息中上报静止状态，至于终端如何确定自身的移动性状态有不同的方法，比如：基于终端实现，即终端可以根据自身状态、传感器获得的信息、设备特性等确定移动性状态；基于测量结果，即终端根据RSRP/RSRQ来判断移动性状态；基于位置信息，即终端根据定位或测量结果来判断移动性状态。

网络侧在接收到终端上报的辅助信息后开始执行后续动作，例如基于现有的机制为终端重新配置RRM测量，或为终端配置对应的测量放松方法。

方案五：网络侧基于终端的测量上报来开启或关闭测量放松。

在该方案中，网络侧设备有绝对的控制权。终端的测量上报可以基于现有的测量上报机制，或者其他新定义的测量上报机制。网络基于终端的测量上报判断终端的移动性状态，并对终端的RRM测量进行配置。该方案的局限性在于：网络侧能否基于终端的测量上报准确地判断出终端所处的移动性状态。

上述连接态RRM测量放松方案归纳起来主要包括以下两类。

第一类，终端基于网络侧配置的触发条件自行判断，并在满足条件时自行执行测量放松。这类方案类似于空闲态和非激活态的测量放松方案。

第二类，网络侧基于终端的上报或核心网指示来判断终端的状态，然后基于这些信息来配置终端的RRM测量，如开启或关闭终端的RRM测量放松。

归根结底，这两类方案的区别在于网络侧对终端RRM测量放松的控制程度不同，在第一类方案中，网络侧只提供配置，而移动状态的判断和测量行为的执行都在终端侧。此类方案实现简单，但是由于终端对自身移动性状态判断不准或者测量误差，可能导致终端的移动性性能受到影响。在第二类方案中，是否执行及如何执行测量放松都完全由网络侧决定，此类方案实现相对复杂，但是网络侧可以在确保测量放松对终端移动性性能没有影响的前提下再配置对应的测量放松，因此更为保守。后续的标准增强中也可能会涉及更多的方案。

5.5 RLM/BFD放松

5.5.1 RLM/BFD放松的研究动机

根据3GPP TS 38.213的规定，NR系统的终端应基于配置的无线链路监测参考信号（RLM-RS，Radio Link Monitoring Reference Signal）监测下行链路质量，具体包括Pcell和PScell的下行链路无线链路质量监测。RLM只能在Pcell和PScell的激活BWP上进行，Scell不涉及RLM测量过程。

终端物理层在规定的时间内评估无线链路的质量，并且将评估结果与相应的*Qin*/*Qout*门限（与SINR有关）进行比较，如果所有的RLM-RS的评估结果都低于*Qin*/*Qout*门限，那么终端物理层向高层上报失步（*out-of-sync*）指示，如果至少有一个RLM-RS的评估结果高于*Qin*/*Qout*，则终端向高层上报同步（*in-sync*）指示。

用于RLM的RLM-RS资源由网络基于3GPP TS 38.331中定义的高层参数*RLM-RS-List*进行配置，可以是SSB、CSI-RS，或是SSB和CSI-RS的混合。

3GPP TS 38.133规定了终端需要以指示间隔$T_{Indication_interval}$为周期执行RLM测量。当C-DRX开启时，终端需要在每1.5个DRX周期至少执行一次RLM测量动作。表5.7给出了终端在连接态开启或关闭RLM测量的功耗对比，可以看到，在开启RLM测量时，终端在连接态的平均功耗值为6.614，而在关闭RLM时，终端的平均功耗值仅为4.57。对比两个数值可以看出，RLM测量功耗占连接态终端总功耗的1/3左右。

表5.7 终端在连接态开启或关闭RLM测量的功耗对比

对比场景	开启RLM测量	关闭RLM测量				
工作状态	所有工作状态总功耗	深睡眠状态占比 53%	浅睡眠状态占比 0.08%	微睡眠状态占比 9.25%	PDCCH监听占比 36.29%	PDCCH+PDSCH处理占比 1.3%
功耗对比	6.614（+44%）	4.57（基线）				

参数配置：

longDRXCycle：160 ms

OnDuration Timer：8 ms

Drx－Inactivity Timer：40 ms

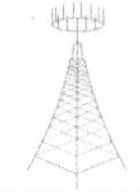

续表

对比场景	有RLM	无RLM
时隙长度：0.5 ms		
*drxStartOffset*与RLM-RS之间的时间偏移：4时隙		
RLM-RS周期：20 ms		
FTP Model 3，数据包大小为0.1 MByte，平均包到达间隔为2000 ms		
配置了连接态唤醒信号WUS，WUS监听时刻与DRX周期的时间偏移为4时隙		
终端在*drx-OnDuration*时间内每时隙进行PDCCH监听		
评估中仅考虑下行业务，未对上行业务进行建模		

RLM用于终端评估服务小区的链路质量。现有标准要求终端在每个DRX周期内部进行RLM测量动作，该要求在DRX周期比较长时，如大于160ms是较为合理的。但随着5G新业务的出现，特别是扩展现实（XR，Extended Reality）类业务同时要求终端节能和时延较低，因此通常终端的DRX周期较短，例如DRX周期为40 ms、20 ms甚至更短。在这种短DRX周期下，强制终端在每个DRX周期内进行RLM测量将造成更大的功耗开销。特别是当采用连接态WUS进行DRX节能时，如果网络没有数据调度，则不唤醒终端进入*drx-On Duraion*，但由于需要进行RLM测量，终端还需要打开接收机接收和处理数据，无法保持睡眠状态，如图5.41所示。

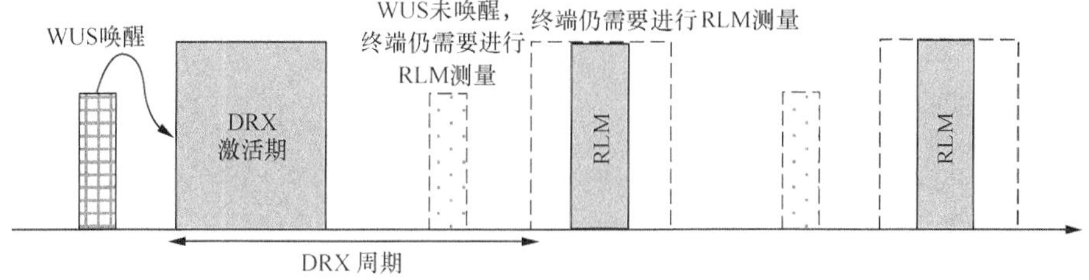

图5.41 开启了WUS终端的RLM

在FR2场景下，现有标准对终端的波束失败检测（BFD，Beam Failure Detection）的要求与RLM类似，因此，BFD也具有与RLM类似的频繁测量导致功耗上升的问题。通常情况下用于RLM和BFD测量的参考信号是共享的，这样终端可以共享相同的物理层信号采样。

因此，为了实现终端节能，特别是在短DRX周期下，放松RLM/BFD是非常必要的。例如，将RLM/BFD测量周期从1个DRX周期延长到*N*个DRX周期。

5.5.2 RLM/BFD放松的节能效果

那么放松RLM/BFD能带来多大的节能增益呢？

首先，对于传统的FTP业务，可以针对较为密集或稀疏的业务到达场景分别建模，如表5.8所示。DRX的配置与表5.7中的DRX配置相同，其余的假设（包括功率模型）遵循3GPP TR 38.840中的标准。

表5.8　FTP业务建模

	FTP Model 3——业务到达较稀疏	FTP Model 3——业务到达较密集
业务模型	FTP Model 3	FTP Model 3
包大小（MByte）	0.1	0.1
平均包到达间隔（ms）	2000	200

我们通过仿真发现，当配置Rel-16中的WUS时，放松RLM测量能够带来很明显的终端节能增益。具体地，当终端C-DRX周期为160 ms并开启了WUS，且将终端RLM测量周期放松为原来的5倍时，我们观察到：

（1）对于密集FTP业务模型（DRX激活率=20%），RLM测量放松可获得15%～27%的节能增益；

（2）对于稀疏FTP业务模型（DRX激活率=2%），RLM测量放松可获得17%～31%的节能增益。

进一步，针对比较密集的业务类型，我们考虑采用更短的DRX周期来进行评估，如40 ms，考虑如下业务类型：

（1）FTP业务1，平均业务包到达时间间隔为200 ms，这种业务与3GPP TR 38.840中的研究假设一致；

（2）FTP业务2，平均到达时间为40 ms，这种业务模型可以用于XR业务中；

（3）VoIP模型，其具体参数与3GPP TR 38.840一致。

表5.9总结了这3种业务模型下DRX周期为40 ms并配置WUS时，RLM放松带来的节能效果的评估，表格中给出的数值为RLM测量放松带来的节能百分比。

表5.9　C-DRX周期为40 ms且配置WUS时，RLM测量放松的终端节能评估

业务模型	RLM放松2倍	RLM放松4倍	RLM放松8倍
FTP Model 1 （包到达间隔200 ms）	16.43%	20.01%	25.82%
FTP Model 2 （包到达间隔40 ms）	11.63%	13.73%	16.67%
VoIP	10.84%	13.34%	16.09%

在实际的网络中，通常采用SSB作为RLM-RS，由于不同用户的*drx-On Duration*配置在时间上可能是错开的，而SSB的发送位置是固定的，因此，对于每个用户来说，*drx-On Duration*时刻与RLM所使用的SSB的相对位置关系可以是不同的。为了更真实

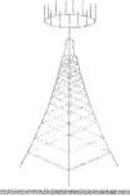

地评估实际网络配置中RLM放松带来的节能增益，我们进行了更多的仿真研究，仿真中采用的重要假设如表5.10所示。

表5.10　RLM放松仿真假设

C-DRX参数配置	WUS配置	业务模型
• *longDRXCycle*：40 ms • *drx-OnDuration Timer*：4 ms • *drx-Inactivity Timer*：4 ms • 时隙长度：0.5 ms	• WUS检测错误概率：1% • WUS时间偏移：4时隙 • 终端未检测到WUS时不唤醒	• FTP Model 3 • 包大小：0.1 MByte • 平均包到达间隔：200 ms

注意：RLM基于SSB展开，SSB的周期为20 ms。

仿真评估中主要研究图5.42所示的3种场景，并建模了不同DRX_Offset与SSB的相对位置。

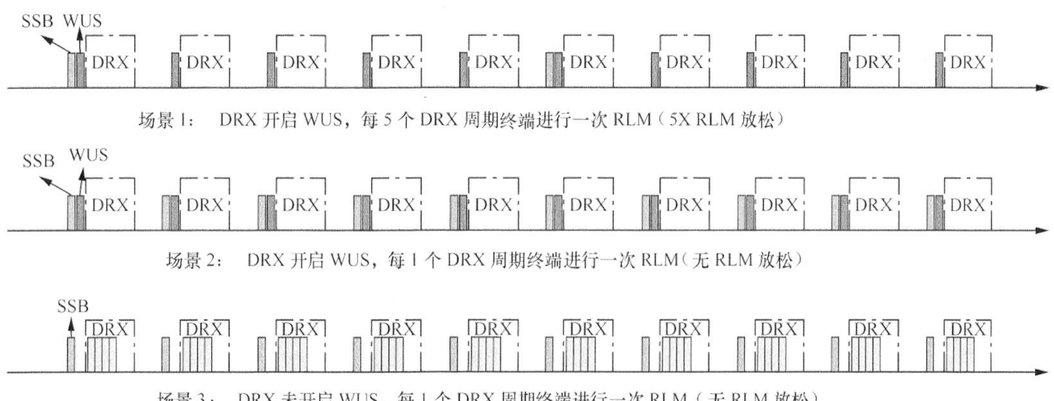

图5.42　RLM放松仿真评估涉及的3种场景

图5.43提供了仿真结果，从图5.43中我们可以看到，如果将RLM放松5倍，根据*drx-OnDuration*的位置和SSB的相对位置（该相对位置由参数*drxStartOffset*表示），相比C-DRX+WUS，RLM放松可以提供14%～27%的额外节能增益。

	drxStartOffset（时隙）	平均功耗	平均业务时延（ms）	终端节能增益（1）相比（2）	终端节能增益（2）相比（3）
（1）WUS＋5倍RLM放松	−2	11.58	41.34	20.85%	29.11%
（2）WUS＋RLM不放松		14.63			
（3）未配置WUS		20.64	34.74		
（1）WUS＋5倍RLM放松	8	11.18	40.73	14.11%	37.26%
（2）WUS＋RLM不放松		13.02			
（3）未配置WUS		20.76	34.75		

图5.43　不同DRX_Offset配置场景的RLM放松节能增益

（1）WUS＋5倍RLM放松	16	12.00	39.86	27.92%	31.84%
（2）WUS＋RLM不放松		16.65			
（3）未配置WUS		24.43	32.18		
（1）WUS＋5倍RLM放松	24	11.73	37.50	24.14%	34.61%
（2）WUS＋RLM不放松		15.46			
（3）未配置WUS		23.64	32.26		
（1）WUS＋5倍RLM放松	32	11.70	38.72	23.59%	19.21%
（2）WUS＋RLM不放松		15.31			
（3）未配置WUS		18.95	33.51		
（1）WUS＋5倍RLM放松	36	11.69	40.15	22.01%	27.37%
（2）WUS＋RLM不放松		14.99			
（3）未配置WUS		20.63	34.12		

图5.43　不同DRX_Offset配置场景的RLM放松节能增益（续）

根据上述一系列的仿真研究，我们可以看到：

（1）对于数据包平均到达间隔在100～200 ms的FTP业务，考虑40 ms C-DRX周期，RLM/BFD的放松可以在Rel-16节能技术的基础上进一步实现终端节能增益。如果配置了WUS并放松RLM测量2～8倍，则可获得14%～27%的节能增益；

（2）对于密集的eMBB或VoIP业务，放松RLM测量2～8倍，也可以实现10%～17%的节能增益；

（3）对于一个特定用户，用于RLM/BFD测量的SSB和*drx-On Duration*之间的时间偏移大小可能会对节能增益产生影响。

5.5.3　RLM/BFD放松对移动性的影响

我们知道，RLM/BFD能够帮助终端实时评估服务小区链路的质量，尽早识别无线链路的质量问题。因此，RLM/BFD对连接态终端的移动性管理而言是至关重要的。随之而来的问题是，RLM/BFD放松是否影响连接态终端的移动性性能？本节将对这一问题进行研究。

在连接态终端移动性评估中，两个重要指标如下。

• 无线链路失败（RLF，Radio Link Failure）触发的时延

我们知道，放松RLM测量周期，理论上会延长终端发现无线链路失败的时延，因此需要评估该RLF触发的时延延长的情况及对终端性能的影响。比较的基线为Rel-15中的RLF触发时延，待评估的是RLM测量周期延长*K*倍后RLF触发时延的延长。

• Delta SINR

RLM放松除了引起测量时延延长外，还可能导致终端对服务小区信号SINR的测量值与真实值之间的偏差增大，该偏差用如下公式定义。

Delta SINR（dB）= MAX {ABS [（RLM放松后的SINR测量值– Rel-15 RLM的SINR测量值）%CDF=X]，ABS [（RLM放松后的SINR测量值 – Rel-15 RLM的SINR测量值）%CDF=Y]}

其中，（X，Y）=（5%，95%）或（1%，99%），其他（X，Y）值亦可考虑。

1. RLF 触发的时延评估

额外RLF触发时延评估参数如表5.11所示。

表5.11 额外RLF触发时延评估参数

参数	取值
频率范围	FR1
信道模型	UMi（Urban Micro，城市微蜂窝）
移动速度	3 km/h，30 km/h
参考信号	SSB
RLM放松系数（K）	2，4，8
C-DRX周期	40 ms
移动性模型	Wrap around（折回模型）
BS天线配置	（M，N，P，Mg，Ng）=（2，4，2，1，1） （d_H，d_V）=（0.5，0.9）λ
BS波束集合	模拟波束方向： 方位角φ_i = [−45°，−15°，15°，45°] 天顶角 θ_j = [90°，115°]
Q_out	−10 dB对应假定的PDCCH误块率：10%
n310	1
T310	1000 ms
n311	1
波束切换	理想的波束切换

在评估中，我们为终端配置了RLM放松的SINR阈值条件X，当SINR高于阈值时，允许终端将RLM放松K倍；否则，不允许RLM放松。处于放松RLM模式的终端，当测量的$SINR$降到阈值以下时，恢复到正常RLM，即恢复到没有任何放松的状态。通过评估X={−6，−3，0，3，6}dB的不同阈值，观察RLF时延增加的统计概率分布，置信概率设置为95%和99%，RLM放松倍数K的取值范围是{2，4，8}，评估中考虑中低速移动终端（3 km/h和30 km/h）。

通过系统仿真我们得到RLM放松K={2，4，8}倍时造成的RLF触发时延的延长值。图5.44和图5.45分别给出95%和99%置信概率情况下的统计结果，表5.12对这些数值进行了汇总。

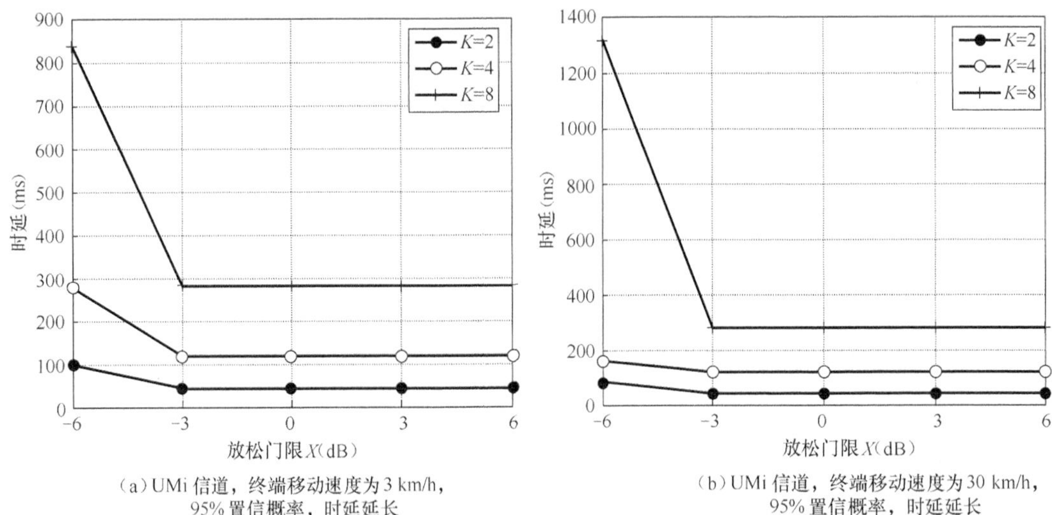

(a) UMi信道，终端移动速度为3 km/h，95%置信概率，时延延长

(b) UMi信道，终端移动速度为30 km/h，95%置信概率，时延延长

图5.44 RLM放松导致的RLF触发时延的延长（95%置信概率）

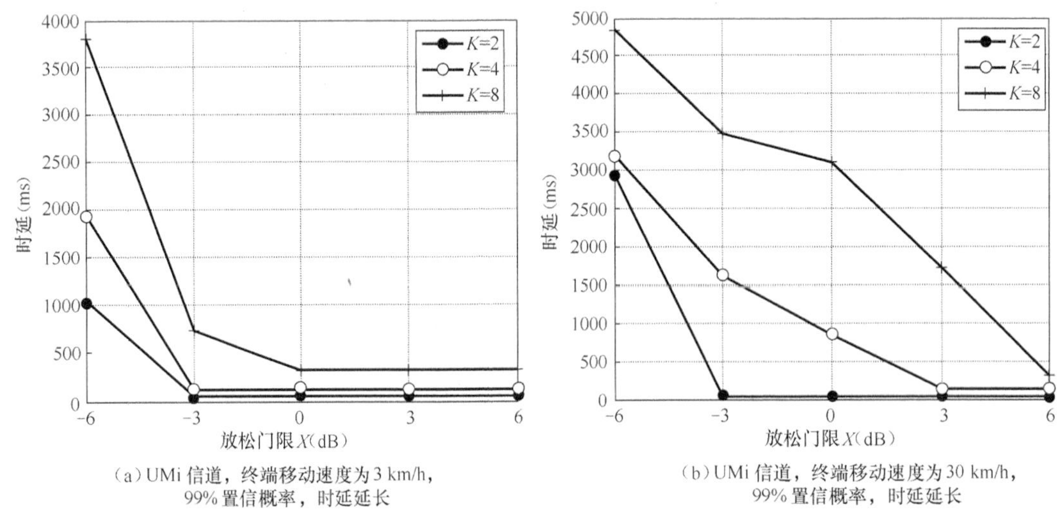

(a) UMi信道，终端移动速度为3 km/h，99%置信概率，时延延长

(b) UMi信道，终端移动速度为30 km/h，99%置信概率，时延延长

图5.45 RLM放松导致的RLF触发时延的延长（99%置信概率）

表5.12 当C-DRX周期为40 ms时，95%或99%置信概率的RLF触发时延延长

		RLF触发时延延长值（ms），采用40 ms的C-DRX周期									
终端移动速度	放松倍数K	95%置信概率下额外的RLF触发时延，当$SINR \geqslant X$ dB时进行RLM放松					99%置信概率下额外的RLF触发时延，当$SINR \geqslant X$ dB时进行RLM放松				
		$X=-6$	$X=-3$	$X=0$	$X=3$	$X=6$	$X=-6$	$X=-3$	$X=0$	$X=3$	$X=6$
3 km/h	2	90	40	40	40	40	1040	40	40	40	40
	4	280	120	120	120	120	1960	160	120	120	120
	8	880	280	280	280	280	3720	720	320	280	280
30 km/h	2	120	40	40	40	40	3000	80	40	40	40
	4	160	120	120	120	120	3400	1580	840	120	120
	8	1300	280	280	280	280	4800	3500	3160	1720	280

为了客观评估RLF触发时延延长带来的影响，需要观察RLF触发时延延长值的相对比例，比较基准是Rel-15/Rel-16中RLF触发的时延性能。在C-DRX周期为40 ms时，该基准RLF触发时延约为：

$Out\text{-}of\text{-}sync$触发时延+ $T310 = 40 \times 1.5 \times 10 + 1000 = 1600$（ms）

通过对比上述系统仿真中得到的RLF触发时延延长值与基准值可知：

如果考虑40 ms C-DRX周期，并且仅允许终端在*SINR*高于*SINR*阈值时放松RLM，则RLF时延在RLM放松倍数K=2时仅增加2.5%，在K=4时增加7.5%，在K=8时增加17.5%，置信概率为99%。

RLM放松的*SINR*阈值设置需要考虑根据不同的缩放因子或移动性进行优化。例如，网络侧可以基于网络中每个小区的终端移动状态的历史统计信息设置优化的*SINR*阈值，以达到最小化终端RLF触发时延的目的。

2. Delta SINR 的评估

关于Delta SINR的评估，我们采用表5.13所示的仿真假设。

表5.13 Delta SINR 评估采用的仿真假设

参数	取值1	取值2
频率范围	FR1	FR2
信道模型	UMi（Urban Micro，城市微蜂窝）	UMi（Urban Micro，城市微蜂窝）
移动速度	3 km/h，30 km/h	终端运动： • 静止，水平面旋转速度为5 r/min • 静止，仰角平面旋转速度为5 r/min • 静止，水平面旋转速度为30 r/min • 移动速度3 km/h，无旋转
参考信号	SSB	CSI-RS
RLM放松系数（K）	2，4，8	2，4，8
C-DRX周期	40 ms	40 ms
移动性模型	Wrap around（折回模型）	Wrap around（折回模型）
BS天线配置	（M，N，P，Mg，Ng）=（2，4，2，1，1） （d_H，d_V）=（0.5，0.9）λ	（M，N，P，Mg，Ng）=（4，8，2，1，1） （d_H，d_V）=（0.5，0.5）λ， （$d_{g,H}$，$d_{g,V}$）=（4.0，2.0）λ 极化方向：+45°，−45°
BS波束集合	模拟波束方向： 方位角φ_i = [−45°，−15°，15°，45°] 天顶角θ_j = [90°，115°]	模拟波束方向： 方位角φ_i = [−60°，−42.86°，−25.71°，−8.57°，8.57°，25.71°，42.86°，60°] 天顶角θ_j = [90°，100°，110°，120°]
Q_out	−10 dB 对应假定的PDCCH误块率：10%	−10 dB 对应假定的PDCCH误块率：10%

续表

参数	取值1	取值2
n310	1	1
T310	1000 ms	1000 ms
n311	1	1
波束切换	理想波束切换	理想波束切换

我们通过系统仿真评估了FR1场景基于SSB的RLM测量，且C-DRX周期为40 ms时的Delta SINR性能。假设K为RLM放松倍数，Delta SINR是基于仿真中最后15×K个DRX周期中的10个SSB-SINR样本进行L3滤波后得到的SSB-SINR的估计值和理想值之间的误差。本评估中建模了物理层SINR估计偏差。图5.46和图5.47分别给出了FR1 UMi场景，终端移动速度分别为3 km/h和30 km/h时的SSB Delta SINR的CDF分布，其中测试了不同的RLM放松阈值*threshold* = {−6，−3，0，3，6}dB。表5.14对相应的评估结果数值进行了汇总，其中X%概率的Delta SINR含义为网络中有X%的终端其Delta SINR数值小于表中的数值。例如，当终端移动速度为3 km/h，RLM放松倍数K=2时，网络中有95%的终端的Delta SINR测量值小于1.05 dB。

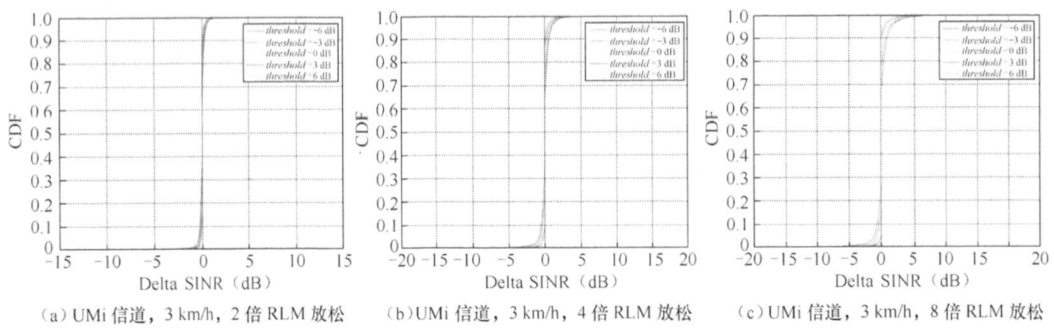

（a）UMi信道，3 km/h，2倍RLM放松　（b）UMi信道，3 km/h，4倍RLM放松　（c）UMi信道，3 km/h，8倍RLM放松

图5.46　基于SSB的Delta SINR的CDF（终端速度3 km/h，FR1）

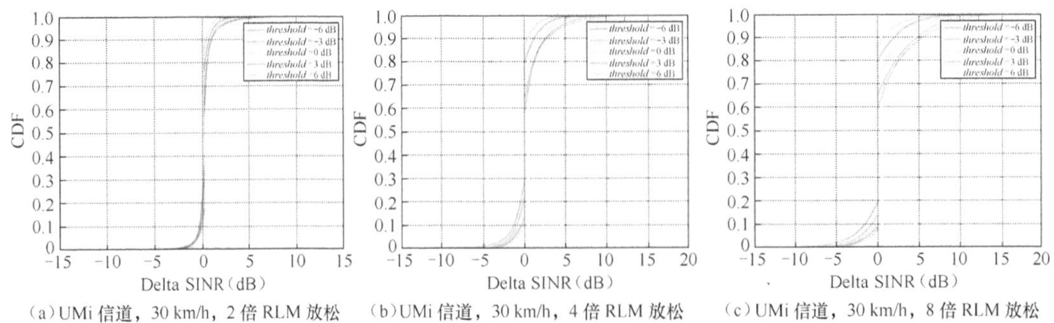

（a）UMi信道，30 km/h，2倍RLM放松　（b）UMi信道，30 km/h，4倍RLM放松　（c）UMi信道，30 km/h，8倍RLM放松

图5.47　基于SSB的Delta SINR的CDF（终端速度为30 km/h，FR1场景）

表5.14　基于SSB的Delta SINR的CDF评估结果

RLM放松倍数	Delta SINR（dB）			
	5%概率，3 km/h	95%概率，30 km/h	1%概率，3 km/h	99%概率，30 km/h
K=2	0.39	1.05	1	2.3
K =4	0.8	2.4	2.6	4.5
K =8	1.35	3.6	5.1	7.5

终端移动速度为3 km/h时，以–3 dB为RLM放松阈值；终端移动速度为30 km/h时，以3 dB为RLM放松阈值

根据上述的评估结果我们可以看到，通过选择合适的场景，如中低速场景，设置合理的RLM放松阈值能够保证终端在检测到无线链路质量变差时及时返回到正常RLM模式，这样也可以保证终端不会错过RLF触发。具体而言：

（1）对于FR1基于SSB的RLM，如果设置合理的RLM/BFD放松阈值，当终端的移动速度小于30 km/h，且置信概率为95%，K=8时，Delta SINR可以小于3.6 dB；

（2）对于FR1基于SSB的RLM，如果设置合理的RLM/BFD放松阈值，当终端的移动速度小于30 km/h，且置信概率为99%，K=8时，Delta SINR可以小于7.5 dB。

我们进一步评估了FR2场景中基于CSI-RS的RLM放松性能。由于在FR2场景中终端需要接收波束扫描/跟踪，因此终端旋转也是一种重要场景，需要在评估时考虑。我们考虑了4种场景。4种场景的Delta SINR评估结果如图5.48～图5.51所示。相应的数值如表5.15所示。

（1）场景1：终端移动速度为0 km/h，终端在水平面上的旋转速度为5 r/min。

（2）场景2：终端移动速度为0 km/h，终端在仰角平面上的旋转速度为5 r/min。

（3）场景3：终端移动速度为0 km/h，终端在水平面上的旋转速度为30 r/min。

（4）场景4：终端移动速度为3 km/h，无旋转。

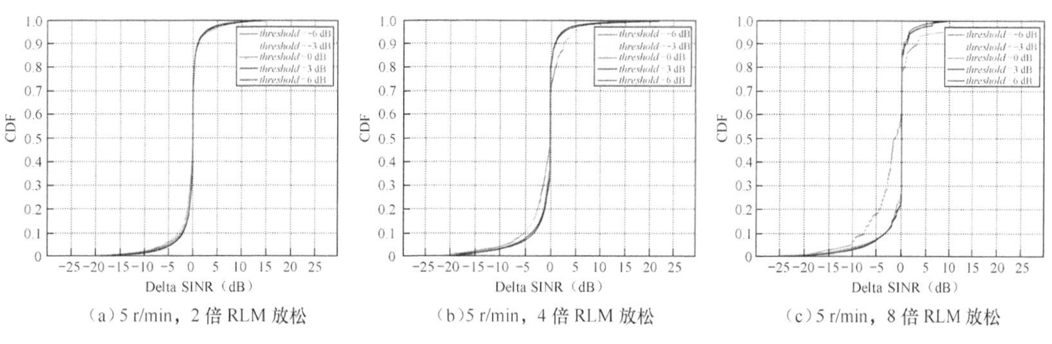

（a）5 r/min，2 倍 RLM 放松　（b）5 r/min，4 倍 RLM 放松　（c）5 r/min，8 倍 RLM 放松

图5.48　场景1的Delta SINR评估结果

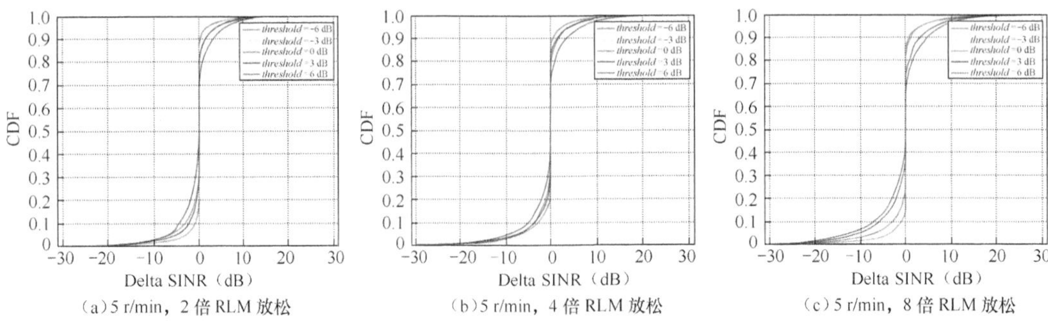

（a）5 r/min，2 倍 RLM 放松　（b）5 r/min，4 倍 RLM 放松　（c）5 r/min，8 倍 RLM 放松

图5.49　场景2的Delta SINR评估结果

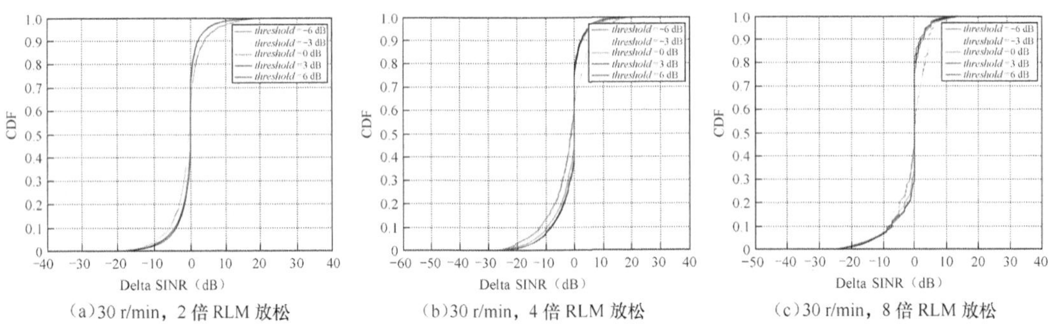

（a）30 r/min，2 倍 RLM 放松　（b）30 r/min，4 倍 RLM 放松　（c）30 r/min，8 倍 RLM 放松

图5.50　场景3的Delta SINR评估结果

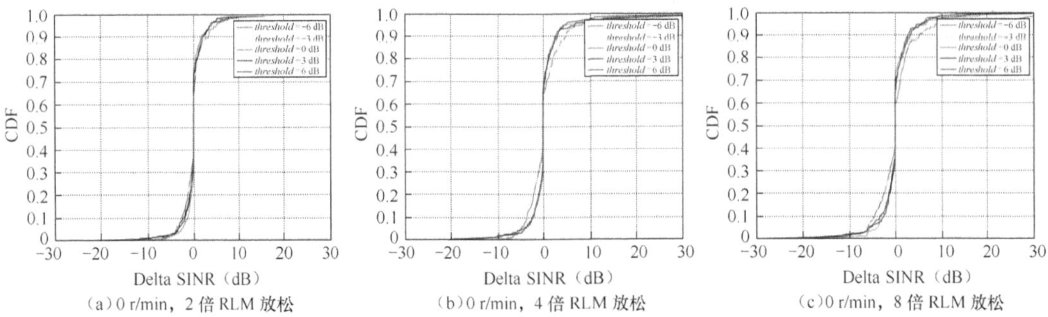

（a）0 r/min，2 倍 RLM 放松　（b）0 r/min，4 倍 RLM 放松　（c）0 r/min，8 倍 RLM 放松

图5.51　场景4的Delta SINR评估结果

表5.15　FR2的RLM的Delta SINR评估（放松开启阈值为3 dB）

RLM 放松倍数	Delta SINR（dB），置信概率为95%				Delta SINR（dB），置信概率为99%			
	场景1	场景2	场景3	场景4	场景1	场景2	场景3	场景4
K=2	4.6	4.9	7.8	3.2	12.5	15.2	16.4	10.8
K=4	6.9	7.2	12.5	3.8	16	16.1	21.9	14
K=8	7.2	10	13	4.2	16.2	20.1	22	15.2

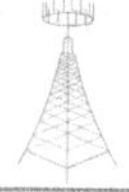

通过这些评估，我们可以得出结论，在FR2场景下，通过设置合理的RLM/BFD阈值，以及将终端限制在低移动场景下，RLM/BFD放松对终端移动性的性能影响是可控的。因此，3GPP在Rel-17中的研究和评估证明了RLM/BFD放松的可行性带来的节能增益。

5.6 终端辅助信息

1. 终端辅助信息简介

处于连接态的终端所有的配置信息都是由网络侧通过RRC消息下发的，网络的配置主要考虑网络的性能，比如网络负载、终端类型、业务传输性能等。为了优化终端用户的体验、辅助网络侧为终端提供更优的配置、进行RRC连接释放等，终端可以向网络侧提供部分辅助信息，该信息被称为终端辅助信息（UAI，UE Assistance Information）。

UAI上报功能最早出现在4G LTE系统中，在5G NR系统中，Rel-15/Rel-16继承了LTE系统中的UAI，包括：

（1）终端延迟预算报告，终端期望的C-DRX参数调整量；

（2）终端过热（Over-heating）辅助信息；

（3）终端内共存（IDC，In-Device Coexistence）辅助信息；

（4）终端用于NR侧链路通信模式的配置授权（Configured Grant）辅助信息；

（5）终端期望网络提供的参考时间信息等。

在Rel-16 终端节能项目中引入了更多以终端节能为目的的辅助参数，包括：

（1）终端期望的C-DRX参数；

（2）终端期望的最大聚合带宽参数；

（3）终端期望的最多辅载波参数；

（4）终端期望的最大MIMO层数参数；

（5）终端期望的跨时隙调度对应的最小调度偏移量参数；

（6）终端期望的RRC状态参数。

2. 终端辅助信息流程

虽然终端辅助信息是终端侧根据自身需求上报的辅助信息，但它的上报仍然受限于网络侧的配置，即终端仅在网络允许时才能进行辅助信息上报。终端辅助信息上报流程如图5.52所示。

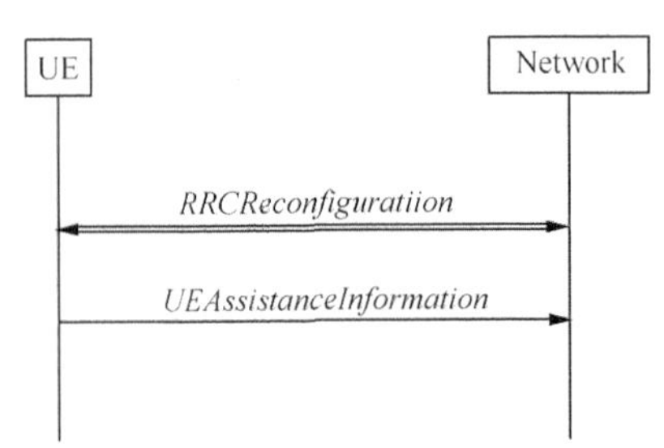

图5.52 终端辅助信息上报流程

在此过程中，网络（Network）为终端（UE）配置允许上报的辅助信息及其取值范围。当网络未配置这些信息时，终端不会上报对应的辅助信息。当网络为终端配置了这些信息时，终端可以根据自身的需求，比如节能需求，向网络侧上报对应的辅助信息。例如，终端可以向网络上报期望的聚合带宽、辅载波数目、MIMO层数等。

系统为了避免终端频繁上报辅助信息，引入了一个禁止上报定时器，网络可以针对不同的辅助信息设置独立的禁止上报定时器，当终端上报一次某辅助信息时，此辅助信息对应的禁止上报定时器便会开启，在禁止上报定时器运行期间，终端不会再次上报该辅助信息，但是其他辅助信息的上报不受影响。对于一个辅助信息来说，只有在相应的禁止上报定时器未运行或者超时后，该辅助信息才被允许再次上报。所述的禁止上报定时器相关的配置由网络侧发送给终端。

终端辅助信息相关的网络侧的配置包含在参数*OtherConfig information element*中，如下。

OtherConfig information element

```
-- ASN1START
-- TAG-OTHERCONFIG-START

OtherConfig ::=                    SEQUENCE {
    delayBudgetReportingConfig  CHOICE{
        release                   NULL,
        setup                     SEQUENCE{
            delayBudgetReportingProhibitTimer   ENUMERATED {s0, s0dot4,
s0dot8, s1dot6, s3, s6, s12, s30}
        }
    }
OPTIONAL        -- Need M
}
OtherConfig-v1540 ::=              SEQUENCE {
    overheatingAssistanceConfig     SetupRelease {OverheatingAssistance
Config}                        OPTIONAL, -- Need M
    ...
}
```

```
CandidateServingFreqListNR-r16 ::= SEQUENCE (SIZE (1..maxFreqIDC-r16))
OF ARFCN-ValueNR

OtherConfig-v1610 ::=                  SEQUENCE {
   idc-AssistanceConfig-r16                SetupRelease {IDC-AssistanceCon
fig-r16}                   OPTIONAL, -- Need M
   drx-PreferenceConfig-r16                SetupRelease {DRX-PreferenceCon
fig-r16}                   OPTIONAL, -- Need M
   maxBW-PreferenceConfig-r16              SetupRelease {MaxBW-Preference
Config-r16}                  OPTIONAL, -- Need M
   maxCC-PreferenceConfig-r16              SetupRelease {MaxCC-Preference
Config-r16}                  OPTIONAL, -- Need M
   maxMIMO-LayerPreferenceConfig-r16        SetupRelease {MaxMIMO-LayerPre
ferenceConfig-r16}             OPTIONAL, -- Need M
   minSchedulingOffsetPreferenceConfig-r16 SetupRelease {MinSchedulingOf
fsetPreferenceConfig-r16}       OPTIONAL, -- Need M
   releasePreferenceConfig-r16             SetupRelease {ReleasePreference
Config-r16}                  OPTIONAL, -- Need M
   referenceTimePreferenceReporting-r16    ENUMERATED {true}
OPTIONAL,  -- Need R
   btNameList-r16                         SetupRelease {BT-NameList-r16}
OPTIONAL, -- Need M
   wlanNameList-r16                       SetupRelease {WLAN-NameList-r16}
OPTIONAL, -- Need M
   sensorNameList-r16                     SetupRelease {Sensor-NameList-r
16}                        OPTIONAL, -- Need M
   obtainCommonLocation-r16                ENUMERATED {true}
OPTIONAL,  -- Need R
   sl-AssistanceConfigNR-r16               ENUMERATED{true}
OPTIONAL -- Need R
}

OverheatingAssistanceConfig ::= SEQUENCE {
   overheatingIndicationProhibitTimer   ENUMERATED {s0, s0dot5, s1, s2,
s5, s10, s20, s30, s60, s90, s120, s300, s600, spare3, spare2, spare1}
}

IDC-AssistanceConfig-r16 ::=   SEQUENCE {
   candidateServingFreqListNR-r16 CandidateServingFreqListNR-r16
OPTIONAL, -- Need R
   ...
}

DRX-PreferenceConfig-r16 ::=         SEQUENCE {
   drx-PreferenceProhibitTimer-r16       ENUMERATED {
```

```
                                         s0, s0dot5, s1, s2, s3, s4, s5, s6, s7,
                                         s8, s9, s10, s20, s30, spare2,
spare1}
}
MaxBW-PreferenceConfig-r16 ::=         SEQUENCE {
    maxBW-PreferenceProhibitTimer-r16       ENUMERATED {
                                         s0, s0dot5, s1, s2, s3, s4, s5, s6, s7,
                                         s8, s9, s10, s20, s30, spare2, spare1}
}
MaxCC-PreferenceConfig-r16 ::=         SEQUENCE {
    maxCC-PreferenceProhibitTimer-r16       ENUMERATED {
                                         s0, s0dot5, s1, s2, s3, s4, s5, s6, s7,
                                         s8, s9, s10, s20, s30, spare2, spare1}
}
MaxMIMO-LayerPreferenceConfig-r16 ::= SEQUENCE {
    maxMIMO-LayerPreferenceProhibitTimer-r16 ENUMERATED {
                                         s0, s0dot5, s1, s2, s3, s4, s5, s6, s7,
                                         s8, s9, s10, s20, s30, spare2, spare1}
}
MinSchedulingOffsetPreferenceConfig-r16 ::=   SEQUENCE {
    minSchedulingOffsetPreferenceProhibitTimer-r16 ENUMERATED {
                                         s0, s0dot5, s1, s2, s3, s4, s5, s6, s7,
                                         s8, s9, s10, s20, s30, spare2, spare1}
}
ReleasePreferenceConfig-r16 ::=         SEQUENCE {
    releasePreferenceProhibitTimer-r16      ENUMERATED {
                                         s0, s0dot5, s1, s2, s3, s4, s5, s6, s7,
                                         s8, s9, s10, s20, s30, infinity, spare1},
    connectedReporting                         ENUMERATED {true}
OPTIONAL  -- Need R
}
-- TAG-OTHERCONFIG-STOP
-- ASN1STOP
```

相关标准协议中并没有规定网络侧收到终端的辅助信息后的行为，即网络侧设备是否响应终端的请求及如何响应都取决于网络侧设备的实现策略，因为从网络侧的角度需要考虑的是系统整体性能的最优化。一般情况下，网络侧设备在不影响系统整体性能的前提下（如当前的负载、系统整体速率）也会响应终端上报的辅助信息，并为终端提供相应配置。

终端上报辅助信息的主要目的是满足终端节能需求：期望的C-DRX参数、期望的最大聚合带宽参数、期望的最大辅载波参数、期望的最大MIMO层数参数、期望的跨时隙调度对应的最小调度偏移量参数等可以辅助网络侧为终端提供对应的配置，帮助终端实现节能。

在实际网络中我们发现，终端完成连接态的业务传输后，网络不会立即释放终端的连接，而是延迟几秒后才会真正释放终端的连接，使终端进入空闲态或者将终端挂起到非激活态，这是因为网络侧设备并不确定后续是否还会有此终端对应的业务。所以设置此时延也是为了避免终端在释放或挂起后，再次频繁地进入连接态。

而终端侧对于后续是否有其他的业务传输需求会比较清楚，所以终端侧有更多的信息可以用来确定其是否有必要继续保持在连接态，还是可以释放RRC连接进入空闲态或非激活态，但是根据现有的流程，终端侧主动释放RRC连接并不被允许，所以在这段时间内，即便终端并没有业务传输需求，也必须继续留在RRC连接态，这样会造成一定的终端功耗浪费。

为了达到终端快速释放RRC连接的目的，在Rel-16 终端节能项目中，在现有的UAI机制中引入了终端向网络侧上报RRC状态的请求消息，用于指示终端请求离开RRC连接态。这样，网络侧设备在收到此请求消息后会结合网络侧的信息更快地将终端释放到空闲态或挂起到非激活态，缩短终端处于RRC连接态的时长，从而达到节能的目的。

5.7　非授权频谱接入中的终端节能考虑

5G NR支持使用非授权频谱进行接入。在非授权频谱上，网络或终端设备在发送信息之前需要侦听信道进行空闲信道评估（CCA，Clear Channel Assessment）或扩展空闲信道评估（eCCA）。具体地，网络或终端设备先进行能量检测（ED，Energy Detection），当检测到能量低于一定门限时，信道被判断为空闲，对应的设备才可以传输业务，这一行为也被称为先听后说（LBT，Listen Before Talk）。由于非授权频谱由多种技术或多个传输节点共享，因此这种基于竞争的接入方式导致了信道可用时间的不确定性，对终端行为（如PDCCH监听、无线信号测量等）产生影响。

通过CCA判断信道是否为空并进行业务传输的过程称为信道接入过程（Channel Access Procedure）。目前，标准中定义了如下4种类型的信道接入过程，用于5G设备接入非授权频谱。

（1）Type 1信道接入过程：在设备初始化信道占用时间（COT，Channel Occupation Time）时使用。设备执行随机回退（Random Backoff）的信道侦听，由于不同优先级业务对应不同的侦听时间，因此，最后获得COT后可用于传输业务的最大时间长度也不同。

（2）Type 2A信道接入过程：在设备共享其他设备COT且传输时间间隔大于25 μs或发送关键信道 / 信号（如SSB）时使用，设备执行25 μs的CCA。

（3）Type 2B信道接入过程：在设备共享其他设备COT且传输时间间隔等于16 μs时使用，设备执行16 μs的CCA。

（4）Type 2C信道接入过程：在设备共享其他设备COT且传输时间间隔小于或等于16 μs时使用，设备不需要执行CCA，但是传输的时间长度不大于584 μs。

1. 时域和频域 COT 指示

在Rel-16 NRU（NR over unlicensed spectrum）项目中，基站的COT指示（包括时域和频域的COT指示）通过GC-PDCCH（Group Common PDCCH）DCI format 2_0来实现。

时域COT指示有如下两种方法，网络可以基于RRC配置选择其中一种。

方法一：当RRC配置DCI format 2_0中有*COT duration*指示域时（用于指示COT长度），基站使用*COT duration*域指示剩余的基站COT长度。

方法二：当RRC配置DCI format 2_0中没有*COT duration*指示域，但有SFI域时，基站以SFI域代表的时隙长度作为剩余的基站COT长度。

对于频域COT指示，基站可以基于RRC消息决定该域是否存在。对于基于负载的设备（LBE，Load Based Equipment）信道接入方式，频域COT指示可以和时域COT指示结合使用。当基站通过RRC配置了时域COT指示域但未配置频域COT指示域时，终端认为所有LBT子带（或RB Set）都是可用的。

终端基于上述时域和频域COT指示执行相应的调整行为，从而达到节能的目的。

• LBT类型转换：对于预配置的上行传输或者指示Type 1 信道接入过程的动态调度上行传输，在没有COT指示信息的情况下，终端需要根据随机回退计数器进行几十到几百微秒的长时信道监听。如果终端接收到COT信息并确认上行传输在指示的COT时间内，终端可以放弃Type 1信道接入过程转而使用Type 2A信道接入过程进行信道接入，这样可以减少信道监听时间，从而提高信道接入概率并实现终端节能。

• 基于LBT子带的PDCCH监听：对于包含多个LBT子带的宽带传输，基站可能仅在部分子带上获得信道（LBT成功）。此时基站仅能在LBT成功的子带上传输，在LBT不成功的子带上不能进行任何传输。因此，终端可以在COT频域指示为LBT不成功的子带上，在COT内停止PDCCH监听，从而达到节能的目的。

SlotFormatIndicator information element

```
-- ASN1START
-- TAG-SLOTFORMATINDICATOR-START

SlotFormatIndicator ::=     SEQUENCE {
()
CO-DurationsPerCell-r16 ::=   SEQUENCE {
    servingCellId-r16            ServCellIndex,
    positionInDCI-r16            INTEGER(0..maxSFI-DCI-PayloadSize-1),
```

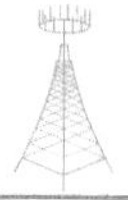


```
    subcarrierSpacing-r16         SubcarrierSpacing,
    co-DurationList-r16           SEQUENCE (SIZE(1..64)) OF
CO-Duration-r16
}
CO-Duration-r16 ::=     INTEGER (0..1120)   // COT duration时域指示相关配置信息

AvailableRB-SetsPerCell-r16 ::=   SEQUENCE {
    servingCellId-r16               ServCellIndex,
    positionInDCI-r16               INTEGER(0..maxSFI-DCI-PayloadSize-1)
}                                   //COT duration频域指示相关配置信息
(略)
}

-- TAG-SLOTFORMATINDICATOR-STOP
-- ASN1STOP
```

2. 搜索空间组切换

在非授权频段，由于信道接入的机会不确定，即LBT在任意时间点都有可能成功，这意味着在基站成功接入信道之前，终端需要采用较小的PDCCH监听周期，以便基站接入信道后能够尽快调度终端。如图5.53所示，基站为终端配置采用频繁的PDCCH监听，即每2个符号进行一次PDCCH监听。在这种情况下，基站在LBT成功后可以立即发送PDCCH来调度终端接收数据，但是终端需要频繁地监听PDCCH，这样会带来较大的功耗。

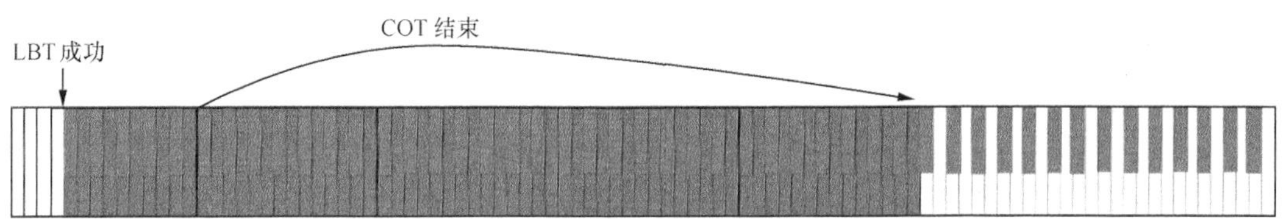

图5.53　非授权频段PDCCH监听

为了解决上述问题，3GPP Rel-16标准中引入了搜索空间组的概念，即对基站为终端配置的搜索空间进行分组。Type 3 CSS（Common Search Space，公共搜索空间）和USS（UE-specific Search Space，终端搜索空间）可以被配置为搜索空间组0或搜索空间组1。一般来说，搜索空间组0中PDCCH监听较为密集，主要用于终端在COT外的PDCCH监听；搜索空间组1的PDCCH监听相对稀疏，主要用于终端在COT内的PDCCH监听。

当收到RRC配置时，终端首先进行搜索空间组0的监听。对于搜索空间组0和搜索空间组1的切换，有显式和隐式两种切换方式。

（1）当DCI format 2_0中配置了搜索空间组切换触发指示域时：

① 终端按照搜索空间组切换触发指示域的指示进行PDCCH监听，即收到的指示

为“0”时，终端开始监听搜索空间组0；收到的指示为“1”时，终端开始监听搜索空间组1，并启动搜索空间组切换定时器。

② 当终端监听搜索空间组1并且搜索空间组切换定时器超时或者到达COT结束时间时，终端恢复监听搜索空间组0。

（2）当DCI format 2_0中没有配置搜索空间组切换触发指示域时：

① 当终端监听搜索空间组0并且在其中检测到任何格式的DCI时，终端切换到监听搜索空间组1并启动搜索空间组切换定时器；

② 当终端监听搜索空间组1并且搜索空间组切换定时器超时或者到达COT结束时间时，终端恢复监听搜索空间组0。

图5.54所示为非授权频谱搜索空间组切换示例，网络为终端配置了SS 0和SS 1，二者分别属于搜索空间组0和搜索空间组1。首先，终端监听PDCCH监听周期较小的SS 0，在检测到基站占用信道后发送的PDCCH后的下一个时隙开始切换为监听周期较大的SS 1。在基站COT结束后的下一个时隙，终端恢复对搜索空间组0的监听。与图5.53相比，终端能够在不影响业务传输性能的前提下减少PDCCH监听的数目，从而达到节能的目的。

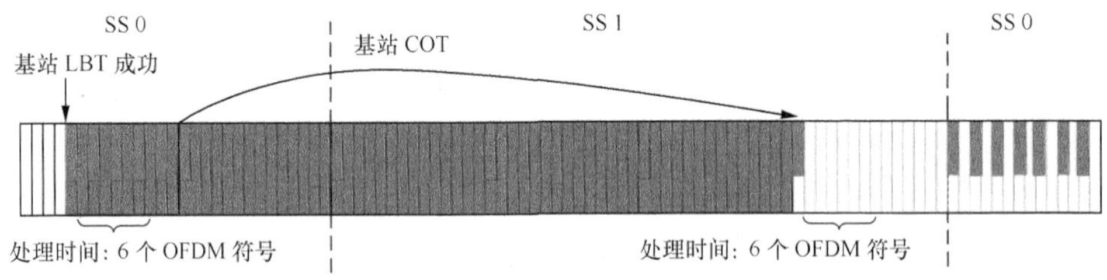

图5.54　非授权频谱搜索空间组切换示例

SearchSpace information element

```
-- ASN1START
-- TAG-SEARCHSPACE-START

SearchSpace ::=                          SEQUENCE {
    searchSpaceId                            SearchSpaceId,
(略)
    searchSpaceGroupIdList-r16                        SEQUENCE (SIZE (1.. 2))
OF INTEGER (0..1)          OPTIONAL,    -- Need R
//配置每个搜索空间关联的搜索空间组
    freqMonitorLocations-r16                        BIT STRING (SIZE (5))
OPTIONAL     -- Need R
}
```

PDCCH-Config information element

```
-- ASN1START
```

```
-- TAG-PDCCH-CONFIG-START

PDCCH-Config ::=                    SEQUENCE {
（略）
SearchSpaceSwitchConfig-r16 ::=     SEQUENCE {
   cellGroupsForSwitchList-r16          SEQUENCE（SIZE （1..4）） OF CellGroup
ForSwitch-r16                    OPTIONAL,   -- Need R
   searchSpaceSwitchDelay-r16           INTEGER （10..52）
OPTIONAL    -- Need R
}                        //配置进行联合搜索空间切换的小区组和切换时间

CellGroupForSwitch-r16 ::=          SEQUENCE（SIZE （1..16）） OF
ServCellIndex

-- TAG-PDCCH-CONFIG-STOP
-- ASN1STOP
```

SlotFormatIndicator information element

```
-- ASN1START
-- TAG-SLOTFORMATINDICATOR-START

SlotFormatIndicator ::=     SEQUENCE {
（略）
SearchSpaceSwitchTrigger-r16 ::=  SEQUENCE {
    servingCellId-r16                   ServCellIndex,
    positionInDCI-r16                   INTEGER
（0..maxSFI-DCI-PayloadSize-1）
} //配置基于DCI format 2_0的搜索空间切换指示

-- TAG-SLOTFORMATINDICATOR-STOP
-- ASN1STOP
```

PDCCH-ServingCellConfig information element

```
-- ASN1START
-- TAG-PDCCH-SERVINGCELLCONFIG-START

PDCCH-ServingCellConfig ::=         SEQUENCE {
   slotFormatIndicator                  SetupRelease { SlotFormatIndicator }
OPTIONAL,   -- Need M
   ...,
   [[
   availabilityIndicator-r16            SetupRelease {AvailabilityIndicator
-r16}                           OPTIONAL,   -- Need M
   searchSpaceSwitchTimer-r16           INTEGER （1..80）
```

```
OPTIONAL    -- Need R    //配置搜索空间切换定时器
    ]]
}

-- TAG-PDCCH-SERVINGCELLCONFIG-STOP
-- ASN1STOP
```

3. CSI-RS 测量校验

在非授权频谱上，由于信道接入的不确定性，网络不能保证CSI-RS的发送，特别是高层配置的周期性CSI-RS和半静态CSI-RS。如果不引入额外机制，终端需要在每个配置的时间点进行CSI-RS存在性的盲检来判断网络是否成功接入信道并发送了CSI-RS。在基站侧信道拥挤的情况下，由于基站无法接入信道，大部分CSI-RS将无法被发送，因此会导致终端消耗大量功率在CSI-RS的存在性的盲检上，从而不能带来性能的提升。

为了解决这个问题，降低终端对CSI-RS存在性盲检的复杂度，从而实现节能，3GPP Rel-16标准引入了对周期性CSI-RS和半静态CSI-RS的存在性校验机制，即：

（1）如果网络为终端配置了RRC参数*CSI-RS-ValidationWith-DCI-r16*但未配置参数*SlotFormatIndicator*，或如果终端在高层配置的接收周期或半静态CSI-RS的符号上未收到DCI，则终端放弃在这些符号上的CSI-RS接收。

（2）如果网络为终端配置了RRC参数*CO-DurationPerCell-r16*但没有配置参数*SlotFormatIndicator*，或如果终端在高层配置的周期性CSI-RS或半静态CSI-RS的下行或灵活符号未被指示在COT内时，则终端放弃在这些符号上的CSI-RS接收。

在这种新定义的CSI-RS测量校验机制下，终端通过DCI或COT指示判断CSI-RS是否被基站成功发送，并只对成功发送的CSI-RS进行测量，这样避免了过多的CSI-RS存在性检验，从而达到了节能的目的。

第6章

5G-Advanced终端节能技术展望

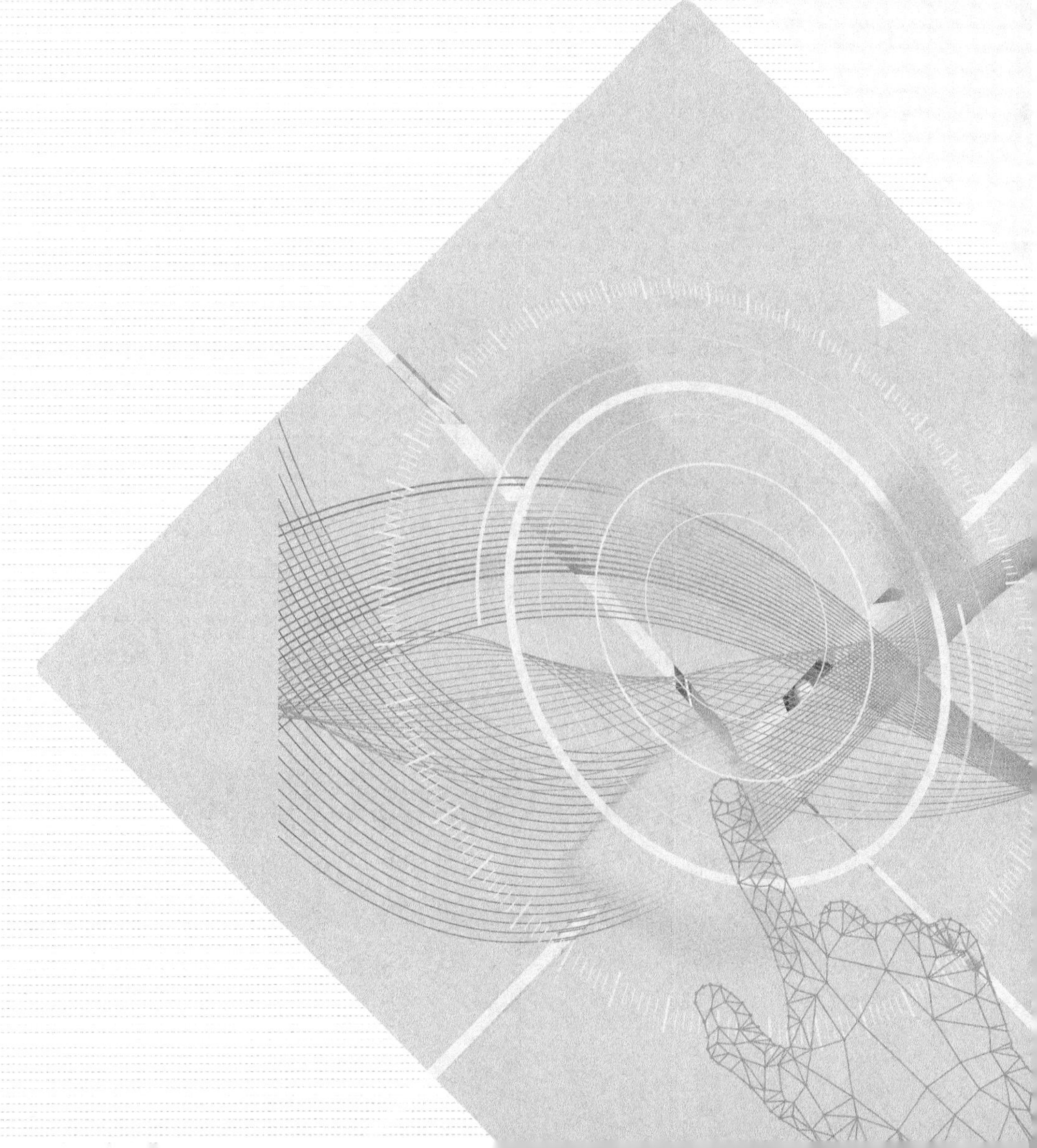

3GPP在2021年4月27日的第46次项目合作组（PCG，Project Cooperation Group）会议上正式将5G演进的名称确定为5G-Advanced。会议还决定5G-Advanced从Rel-18开始。从最新的标准讨论来看，在5G-Advanced的新特性研究和标准化中，终端节能仍会是一个比较重要的技术增强方向。本章将对5G-Advanced中一些重要和潜在的终端节能增强技术进行介绍。需要说明的是，本章涉及的5G-Advanced终端节能演进技术有一部分内容已经明确纳入Rel-18的研究范围，还有一部分可能在后续版本（Rel-19或Rel-20）中继续讨论。

6.1 空闲态/非激活态终端节能进一步增强

6.1.1 RRM测量放松的进一步增强

本书的第4章介绍了3GPP NR Rel-16和Rel-17中的标准化空闲态/非激活态和连接态的RRM测量放松。截止到Rel-17版本，3GPP对5G NR终端的RRM测量放松都只涉及邻小区的RRM测量，即终端可以通过减少部分邻小区测量来节省功耗。但终端为了维持当前小区链路的质量，仍然需要定期“醒来”来测量当前服务小区的质量。

空闲态和非激活态终端对应的服务小区RRM测量要求如表6.1所示，在3GPP TS 38.133中有详细定义。

表6.1 空闲态和非激活态终端对应的服务小区RRM测量要求

DRX周期长度（s）	缩放因子（$N1$）		N_{serv}（DRX 周期个数）
	FR1	FR2*	
0.32	1	8	$M1 \times N1 \times 4$
0.64		5	$M1 \times N1 \times 4$
1.28		4	$N1 \times 2$
2.56		3	$N1 \times 2$

注释*：适用于终端发射功率等级2、3、4；
对于发射功率等级1的终端，所有DRX周期配置$N1 = 8$。

空闲态和非激活态的终端至少要在每$M1 \times N1$个DRX周期范围内测量一次本服务小区的SS-RSRP和SS-RSRQ值，并且按3GPP TS 38.304协议中定义的小区选择S准则进行评估，其中，$N1$为与DRX周期有关的缩放因子。如果配置的SMTC周期大于20 ms且DRX周期小于或等于0.645 ms，则$M1$=2；否则，$M1$=1。

每个有效的服务小区的RSRP和RSRQ测量值是终端根据至少两个物理层测量值进行平滑滤波计算得到的，且两个物理层测量值的采样时间间隔需要大于DRX周期的1/2。

如果终端根据表6.1在N_{serv}个连续的DRX周期内评估出服务小区的测量结果不满足小区选择S准则，则无论当前的测量准则如何限制终端的测量行为，终端都需要开启对所有邻小区的测量，其中的邻小区是由服务小区指示的。

非激活态和连接态终端对应的服务小区RRM测量需求与上述空闲态终端对应的服务小区RRM测量需求类似。

实际上，一些部署在固定场景的终端，比如一些IoT设备，可能从部署到生命周期结束都不会移动，或者仅在一个有限的范围内移动。对于一些相对固定的场景，比如室内环境，这类终端的信道条件基本不会改变，也不会涉及移动性管理问题。为了进一步节能，这类终端可以在满足预设条件的情况下，适当放松当前服务小区的测量，这也不会影响到终端的移动性能。

参考文献[57]对空闲态和非激活态的服务小区RRM测量放松进行了仿真，为了评估终端的节能增益，该文献建模了下述6个场景，这6个场景可以被分为3类。

下面详细介绍各类情况的评估结果。

类别一：Rel-15/Rel-16普通的寻呼监听（如图6.1所示）。

（1）场景1：没有开启服务小区的RRM测量放松，也就是终端需要在每个DRX周期内测量一次SSB，监听一次寻呼。场景1是Rel-15/Rel-16的基线终端行为，是用于对比的参考基准。

（2）场景2：对服务小区的RRM测量放松4倍，也就是终端需要每4个DRX周期测量一次SSB，但在每个DRX周期内监听一次寻呼。在这种场景下，终端可以通过跳过75%的SSB测量，以及在DRX OFF时间段内实现更长时间的深度睡眠来节省空闲态终端待机功耗。

类别二：当开启了寻呼唤醒信号PEI功能时，终端只有在收到唤醒信号时才会监听对应的PO，PEI的唤醒概率取决于寻呼概率，且假设在唤醒信号与SSB之间没有时间间隔。

（1）场景3：没有开启服务小区的RRM测量放松，也就是终端需要在每个DRX周期内测量一次SSB，且在每个DRX周期内监听一次PEI。

（2）场景4：对服务小区的RRM测量放松4倍，也就是终端需要每4个DRX周期测量一次SSB，但在每个DRX周期内监听一次寻呼。

类别三：当开启了寻呼唤醒信号PEI功能时，终端只有在收到唤醒信号时才会监听对应的PO，PEI的唤醒概率取决于寻呼概率，且假设在唤醒信号与SSB之间有3 ms的间隔，在唤醒信号与SSB之间，终端处于微睡眠状态。

（1）场景5：没有开启服务小区的RRM测量放松，也就是终端需要在每个DRX周期内测量一次SSB，且在每个DRX周期内监听一次PEI，PEI和SSB间隔3 ms。

（2）场景6：对服务小区的RRM测量放松4倍，也就是终端需要每4个DRX周期测量一次SSB，但在每个DRX周期内监听一次寻呼，PEI和SSB间隔3 ms。

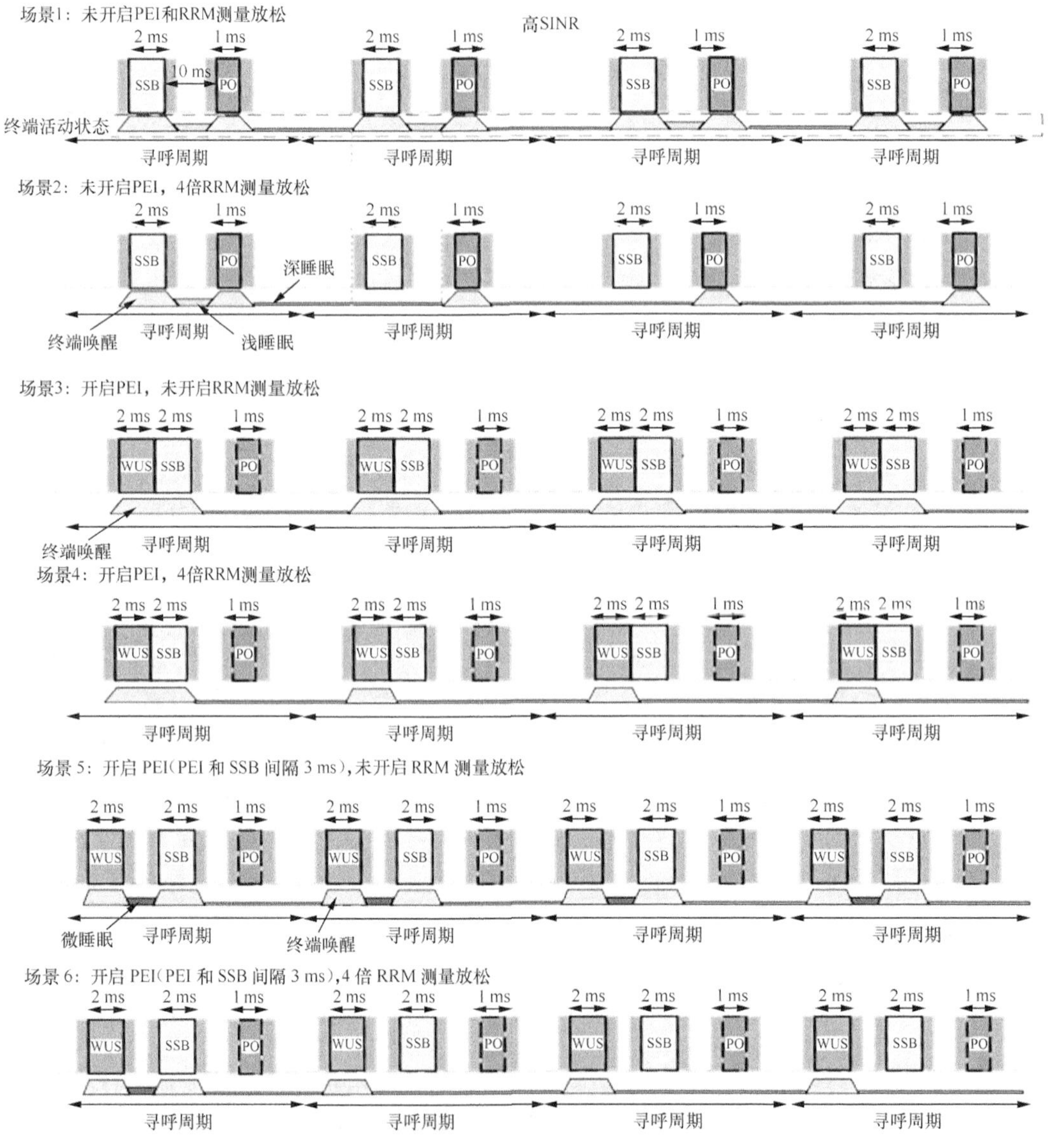

说明：1. 在RRM测量放松仿真中考虑唤醒信号是为了提供不同部署场景下服务小区RRM测量放松的节能增益，也是为了展示在部署唤醒信号的场景下服务小区RRM测量放松的额外增益。

2. 在仿真中未考虑邻小区RRM测量放松，可以认为终端处于小区中心，因此S-Measure机制未开启邻小区测量。这样可以清楚地看到服务小区RRM测量放松的增益。

图6.1　空闲态终端服务小区RRM测量放松评估场景

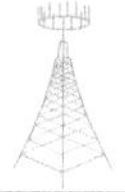

其他仿真假设如下。

（1）寻呼概率为10%，指终端需要在10%的PO位置解码寻呼PDSCH。

（2）SSB与其关联的PO之间的间隔为10 ms。

（3）P_{PEI}=P_{PO}= P_{SSB}=50 power unit（功率单位），其中，

- P_{PEI}为接收唤醒信号PEI的功率；
- P_{PO}为监听寻呼的功率；
- P_{SSB}为测量SSB的功率。

（4）终端工作在初始BWP，带宽为20 MHz。

（5）T_{PEI}=T_{SSB}=2 ms，其中，T_{PEI}和T_{SSB}是接收WUS与SSB的持续时间。

（6）假设终端在静止场景下。

更多的功耗模型见3GPP TR 38.840。

仿真结果如下。

在高SINR场景下，根据S-Measure机制，终端仅执行服务小区RRM测量，此时对终端的服务小区RRM测量进行4倍放松带来的节能增益如表6.2所示。从表中可以看到，获得的节能增益为3.6%～13.3%。

表6.2 对终端的服务小区RRM测量进行4倍放松带来的节能增益

场景		平均相对功耗	对终端的服务小区RRM测量进行4倍放松带来的节能增益
类别一：无PEI	场景1	1.6975	13.3%（场景2与场景1比较）
	场景2	1.4709	
类别二：有PEI，且PEI与SSB紧邻	场景3	1.5367	3.6%（场景4与场景3比较）
	场景4	1.4814	
类别三：有PEI，且PEI与SSB间隔3 ms	场景5	1.627	8.3%（场景6与场景5比较）
	场景6	1.4914	

上述服务小区的RRM测量放松带来的节能增益主要来自于跳过SSB测量的操作。跳过SSB测量可以增加终端的睡眠时间，即可以使用一个更长的深睡眠来替代几个非连续的、短时间的微睡眠，从而节省终端功耗。

6.1.2 基于SFN信号的空闲态/非激活态终端节能增强

随着5G NR在更高频率范围的大规模部署，为了保证覆盖的连续性，会部署更多高密度的小区，例如采用FR2密集组网。另外，5G具有广泛的适用场景，涉及各行业，在未来，也会有更多的密集部署场景。如图6.2所示，在密集场景中，小区或收发节点（TRP，Transmission and Reception Point）的范围相对较小，小区数或TRP数与终端数的比例与

传统的网络部署方式下二者的比例要大得多。

在密集或超密集部署场景中，为了保证终端在移动状态下的性能，需要及时地进行小区重选或切换。因此，终端在空闲态和非激活态需要频繁地进行邻小区搜索、测量、评估，在连接态需要频繁地进行小区测量和对应的测量上报等，这就造成终端功耗增加。

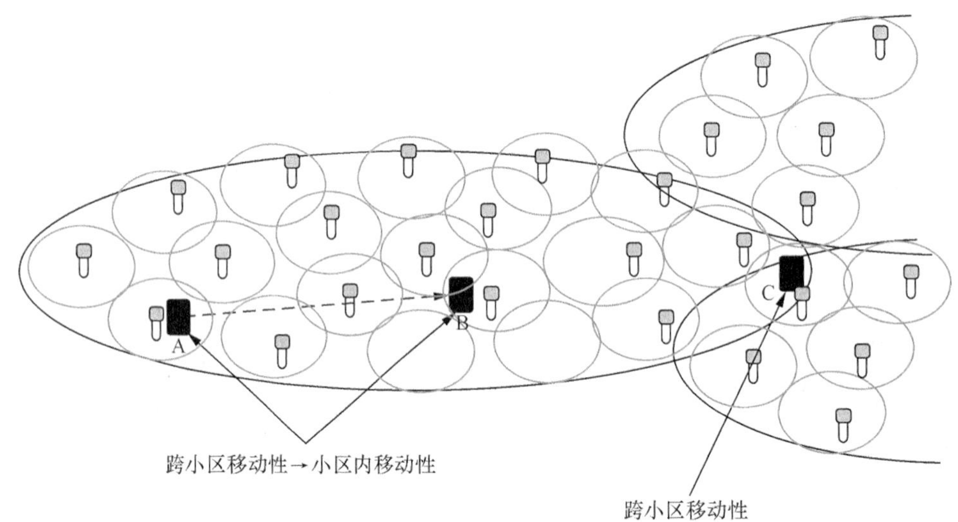

图6.2 密集蜂窝网络部署中的终端移动性

5G网络能够较好地支持终端高速移动的场景，在这种场景中，虽然小区范围与传统的部署无异，但由于终端的移动速度很高，为了保证及时的小区重选和切换，终端需要频繁地进行小区搜索、测量及上报。因此，高速移动场景同样存在移动性较高造成频繁进行小区搜索和测量从而使终端功耗增加的问题。

所以，为了尽量减少密集部署场景和高速移动场景下的小区搜索和测量，降低终端功耗，我们可以考虑将一定范围内的多个小区或多个TRP聚合为一个超级小区（Super Cell），或称为单频网络（SFN）。

在SFN内，空闲态和非激活态终端可以直接驻留在SFN层，即终端仅处理通过SFN发送的参考信号，比如SFN SSB，而并不对小区级或者TRP级的参考信号进行测量，因此终端在SFN范围内跨小区或跨TRP移动时不会触发小区重选过程。当终端处于SFN的中心区域，即在测量到SFN参考信号质量满足S-Measure门限的情况下，终端只需要测量驻留SFN层的参考信号，以及高优先级频率对应的邻小区。只有在终端处于SFN区域边缘，即测量到SFN参考信号不满足S-Measure门限时，才需要测量其他的邻小区。SFN的范围越大，则终端基于S-Measure机制减少邻小区测量的概率越大。

当然，SFN区域也不是越大越好，考虑到实际网络部署的条件限制，如回程链路的条件等，通常我们只部署小范围的SFN区域。如图6.3所示，在一个地理区域内的多个小区或TRP，可以聚合成多个较小的SFN区域，终端只有在跨SFN区域移动时，才会执行小区选择和重选。而终端在一个SFN区域内移动时，其移动方式类似于终端在通常的小区范围内的移动方式，并不会触发重选过程，甚至不会触发对邻小区的测量。

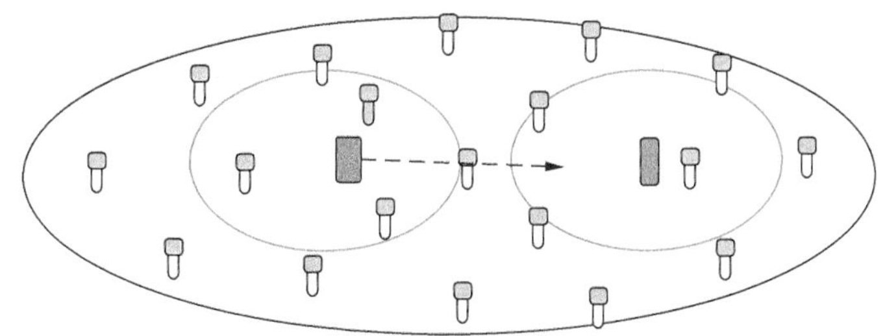

图6.3 终端跨SFN区域移动示意图

当然，采用SFN部署方式也会带来网络信令开销的增加，比如网络侧在原有小区级别或者TRP级别参考信号的基础上还需要发送额外的SFN层的参考信号。网络侧是否需要配置SFN层的系统信息、RACH资源、寻呼消息等取决于后续具体的研究和设计。一般来说，越多的信号或信道被设计为在SFN层上发送，则终端获得的节能增益越大，而网络侧的复杂度或信令开销也越大。因此，终端的节能增益与网络侧的开销需要一个折中。

以寻呼消息为例，网络侧可以通过SFN发送寻呼，即网络侧在SFN范围内所有小区为待寻呼的终端发送相同的寻呼消息，这样会更大概率地保证终端的寻呼消息接收性能，降低寻呼漏检概率（Paging Miss Rate）。我们对通过SFN发送寻呼消息带来的终端节能增益和寻呼漏检概率进行了仿真评估。

具体地，我们仿真了如下两种场景。

（1）单小区寻呼（基准场景）：网络在TA区域内的所有小区（比如57个小区）发送寻呼消息。终端基于现有的下行测量信号（如SSB）进行小区选择、重选。

（2）SFN寻呼（比较场景）：网络在一个SFN区域内的所有小区发送寻呼消息，评估中考虑了SFN区域内包括不同数量的小区的情况。

其他的仿真假设如表6.3所示。

表6.3 寻呼消息评估假设

仿真假设	参数值
站间距	200 m
终端移动速度	30 km/h
层3滤波系数（Alpha）	0.5

续表

仿真假设	参数值
寻呼DRX周期	1.28 s
调制与编码策略	MCS 0

系统仿真中得到的寻呼漏检概率如表6.4所示。从仿真结果可以看出，采用SFN寻呼发送方式后，终端寻呼漏检概率显著降低，而且参与SFN发送的小区数越多，寻呼漏检概率越低。作为一种极限情况，如果将仿真中所有小区（57个小区）作为一个SFN区域共同发送相同的寻呼消息，则可以将寻呼漏检概率降为0。

表6.4　寻呼漏检概率评估结果

寻呼漏检概率	单小区	3小区SFN	9小区SFN	14小区SFN	19小区SFN	28小区SFN	57小区SFN
单小区寻呼（基准）	0.1573	N/A	N/A	N/A	N/A	N/A	N/A
SFN寻呼	N/A	0.1185	0.0446	0.0359	0.0299	0.0172	0

为了研究SFN寻呼方案的终端节能增益，我们采用了3GPP TR 38.840中定义的终端功耗模型进行评估。同样，我们对比如下两种场景。

（1）单小区测量（基准场景）：在评估过程中，我们假设小区中有50%的终端处于高SINR场景，20%的终端处于中等SINR场景，30%的终端处于低SINR场景。所有终端按现有机制基于单小区SSB测量服务小区，以及根据S-Measure准则来判断和执行邻小区的测量（未开启RRM测量放松）。

（2）基于SFN的测量（比较场景）：终端在SFN区域内基于SFN-RS执行服务小区的RRM测量，并按S-Measure准则来判断和执行相邻SFN区域的RS测量（未开启RRM测量放松）。

通过系统仿真，我们得到了基于SFN的测量相比单小区测量获得的终端节能增益，如表6.5所示。从表中可以看到，基于SFN的测量可以获得非常可观的终端节能增益。

表6.5　基于SFN的测量的终端节能增益

	3小区SFN	7小区SFN	19 小区SFN	57小区SFN
考虑所有终端	9.44%	14.14%	18.85%	28.28%
仅考虑中/低SINR终端	14.72%	22.05%	29.4%	44.1%

虽然基于SFN的测量和寻呼能够带来可观的节能增益，但客观地说，原有的单小区发送的寻呼消息和SSB并不能完全取消，在此基础上引入SFN寻呼或SFN-SSB会带来额外的网络开销，因此，在终端节能增益和网络开销之间存在一个折中，未来是否引

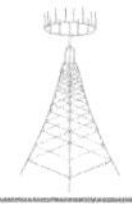

入此技术及如何标准化此技术还取决于进一步的标准讨论。

6.1.3 近零功耗唤醒接收机

目前，智能手表、智能眼镜和智能手环等可穿戴设备受到电池容量的限制，无法保持很长时间的待机状态。在3GPP Rel-17 RedCap项目中提出的可穿戴设备支持1～2周待机的需求，并没有得到有效的满足。另外，3GPP SA组的研究中有大量的资产追踪（Asset Tracking）、智慧家庭（Smart Home）及工业和安全领域应用驱动器（Actuator）的场景，在这些场景中，要求终端支持设备可以长时间待机，并具有“秒”级别的响应速度，这一需求是目前的技术无法满足的。一些典型的超长待机和秒级唤醒时延的应用场景如图6.4所示。

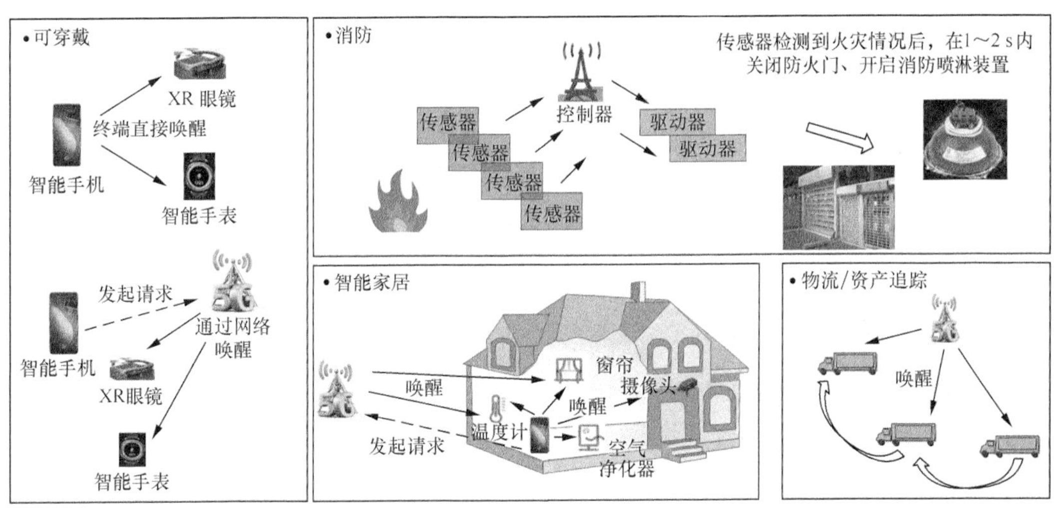

图6.4 一些典型的超长待机和秒级唤醒时延的应用场景

空闲态/非激活态终端功耗变化如图6.5所示，从图6.5（a）中我们可以看到，由于需要周期性醒来监听寻呼消息，终端间隔1.28 s产生最大电流的峰值。图6.5（b）显示的是图6.5（a）中一个电流峰值的放大，从图6.5（b）可以看出，在寻呼监听过程中，由于监听寻呼消息之前需要进行一些必要的测量，因此，终端还会提前醒来“预热”，而空闲态/非激活态终端的功耗主要由这些操作引发。

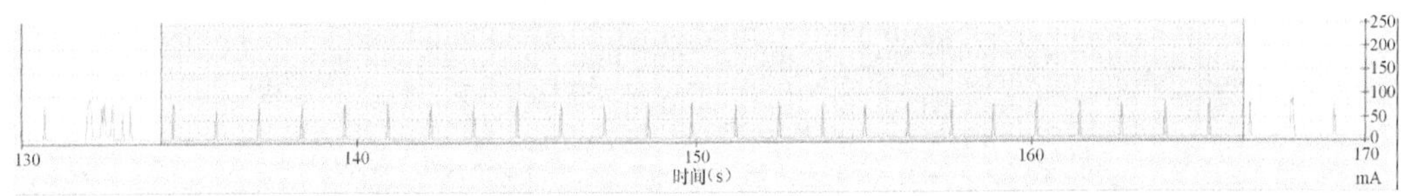

（a）空闲态/非激活态终端功耗的时间分布图（Band n41，20 MHz，DRX 周期为 1.28 s）

图6.5 空闲态/非激活态终端功耗变化

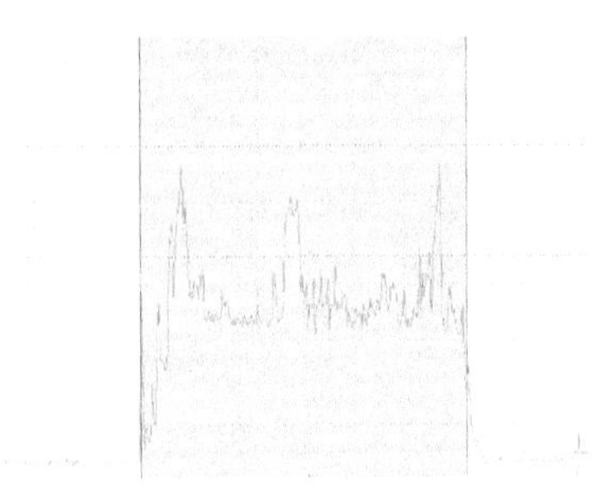

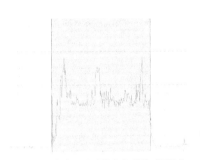

（b）终端监听寻呼消息之前的“预热”

图6.5　空闲态/非激活态终端功耗变化（续）

考虑到不同的电池容量，我们针对典型的智能手表的待机时间进行分析，结果如表6.6所示。需要说明的是，此评估假设终端处于纯待机状态。从表6.6可以看到，由于受到手表可用电池容量的限制，5G手表在纯待机状态下的待机时长也仅有1～3天，很难满足1～2周的待机需求。

表6.6　终端待机功耗和待机时长的评估

	空闲态终端平均电流	空闲态终端平均功耗	待机时间（电池容量）		
4G手表	4 mA	16 mW	2.08天（200 mAh）	4.16天（400 mAh）	6.25天（600 mAh）
5G手表	7 mA	28 mW	1.19天（200 mAh）	2.38天（400 mAh）	3.57天（600 mAh）

为了延长终端的待机时间，传统的节省功耗的办法大多是减少终端周期性监听寻呼消息的频次，如使用eDRX、PSM等技术，即采用类似方法将终端在空闲态的功耗从几十mW量级降低到几十μW量级，然而这将导致寻呼的时延变得非常大。以图6.6为例，要实现超长待机，需要将eDRX寻呼监听周期设置为分钟级甚至小时级，对于可穿戴设备、资产盘点追踪、工业驱动器而言，这样的寻呼时延是不合适的。为了实现超低功耗，同时保持秒级的寻呼时延，需要采用新的唤醒信号方案配合终端侧的实现。一种可行的方案是使用近零功耗唤醒接收机。图6.6给出了eDRX和近零功耗唤醒方案的唤醒时延对比。

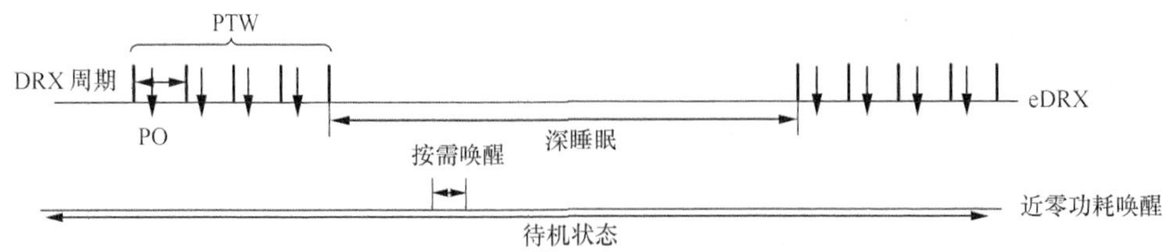

图6.6　eDRX和近零功耗唤醒方案的唤醒时延对比

目前，近零功耗唤醒接收机是业内的研究热点，它能够在近零功耗条件下，依赖少量的自身储能或从环境中收集的能量（Energy Harvesting）驱动电路监听唤醒信号。

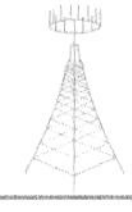

终端仅在被唤醒后开启主通信模块，在未被唤醒时关闭主通信模块以实现节能，如图6.7所示。近零功耗唤醒接收机使得终端在保持功耗很低的同时不间断地接收唤醒信号，有效解决了唤醒时延较高的问题。一些标准化组织，如IEEE已于2017年开始研究近零功耗唤醒接收机，已经完成了相应的IEEE 802.11ba标准的发布。

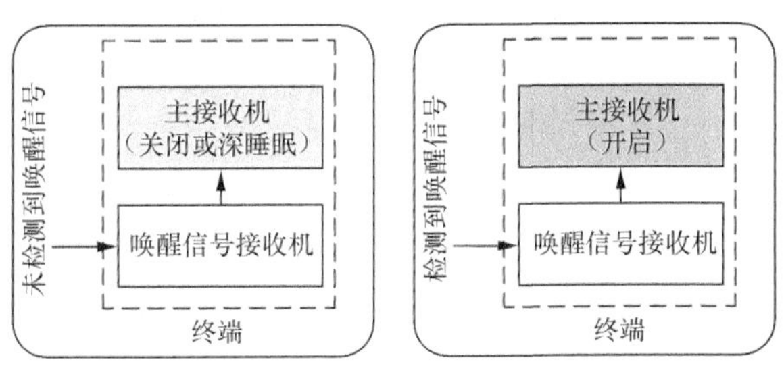

图6.7 通过单独的近零功耗唤醒接收机唤醒主通信模块

这种大幅度的能耗降低是通过更简单的接收机结构实现的。目前已有很多研究人员对此进行了深入的研究并发表了相关的研究结果。

图6.8所示为一种近零功耗唤醒接收机的架构。该架构采用了包络检波，省去了传统的射频前端接收机中功耗较高的高质量本地晶体振荡器和混频器模块。另外，后端采用了简单的模拟电压比较电路，省去了传统接收机中的高质量模数转换器（ADC，Analog- to-Digital Converter）。最后的数字处理部分可以利用简单的微控制器（MCU，Microcontroller Unit）或者更简单的数字状态机（DSM，Digital State Machine）来对接收到的唤醒信号进行基带处理，根据结果决定是否唤醒终端的主通信模块。

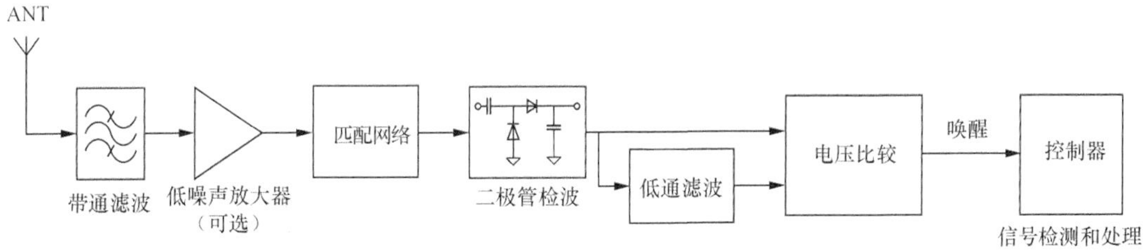

图6.8 一种近零功耗唤醒接收机的架构

上述一系列简化的接收机架构，能够实现大幅度的终端接收机功耗节省，将待机功耗降低为1/100～1/1000，达到μW甚至nW量级。但是，由于接收机采用较为简单的包络检波，因此，终端的检测灵敏度有所下降，这导致终端的覆盖性能相比传统的寻呼消息和寻呼唤醒信号PEI要差。

从标准化的角度来看，近零功耗唤醒接收机的引入给5G-Advanced系统的设计带来了新的挑战，例如需要设计新的适用于近零功耗接收机处理的基于开关键控（On-Off-Keying）的波形，需要解决接收机灵敏度下降带来的网络覆盖问题、干扰抑制问题、终端移动性管理问题、现有系统信号同频共存问题等。

在此我们简单讨论一下接收机灵敏度的问题。我们根据3GPP的评估方法进行了研究。图6.9和图6.10分别是室内热点（Indoor Hotspot）场景下和密集城区（Dense Urban）场景下终端接收功率的分布。从图中可以看到如下两点。

（1）如果唤醒接收机的接收灵敏度能达到–70 dBm，那么在室内热点场景下有85%～95%的用户能够达到接收灵敏度要求，在密集城区场景下有80%～85%的用户能够达到接收灵敏度要求。

（2）如果唤醒接收机的接收灵敏度能达到–90 dBm，那么在室内热点和密集城区场景下绝大多数用户能达到接收灵敏度要求。

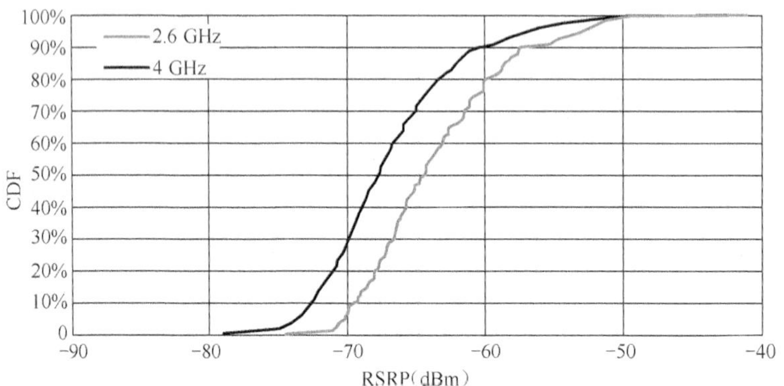

图6.9　室内热点场景下终端接收功率RSRP的分布

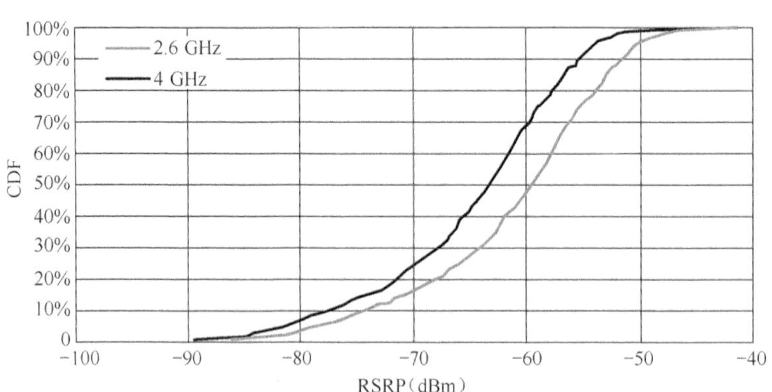

图6.10　密集城区场景下终端RSRP的分布

近零功耗唤醒接收机是驱动未来所有的终端，如数亿级消费终端、亿万级物联网设备等在蜂窝网络环境下实现超强待机和低功耗接收的关键性技术。目前3GPP已经同意了在Rel-18中对低功耗唤醒信号和唤醒接收机进行研究，该技术有望在5G-Advanced系统中完成标准化和商用。

6.2 XR终端的节能优化

扩展现实（XR，Extended Reality）技术是虚拟现实（VR，Virtual Reality）、增强现实（AR，Augmented Reality）、混合现实（MR，Mixed Reality）等的统称。XR广泛应用于游戏娱乐、移动办公、远程医疗、在线教育等领域，被业界普遍认为是5G系统的重要应用之一。

XR技术涉及的业务通常需要高传输速率、高可靠性和低传输时延，这种要求可以被理解为eMBB和URLLC业务要求的结合，这也给5G通信网络的传输能力和容量带来了很大的挑战。同时，XR通常应用于轻量级终端，如XR眼镜、头盔等，这些终端由于尺寸和重量的限制只能支持较小的电池容量。因此，终端节能成为XR业务能否实现的决定因素之一。

图6.11给出了一种典型的XR终端进行视频流播放时主要模块的功耗占比，其中通信模块功耗占46%左右、显示模块功耗占34%左右、其他模块功耗占20%左右。从图中可以看出，通信模块功耗占比最大，因此优化通信模块的功耗对XR终端而言至关重要。

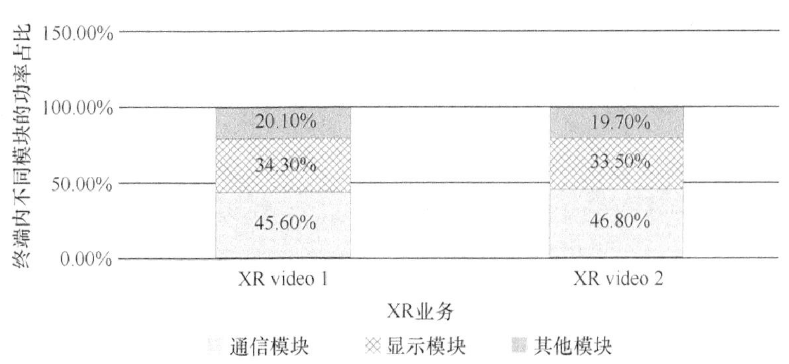

图6.11 XR终端各模块功耗占比示意

典型的XR业务流程如下。

（1）XR终端采集用户的姿态信息、控制信息等，并将采集到的信息发送到应用服务器。

（2）应用服务器生成相应的视频流数据，并根据用户信息进行视频编码、渲染和压缩，将视频流发送给XR终端。

（3）XR终端对视频流进行解压缩、解码和渲染。

XR业务在上行主要传输控制类信息，包括用户姿态信息、控制命令等，上行的业务量通常较小；下行主要传输视频流，业务量较大。

XR视频流的业务量与帧速率有关，60帧/秒和120帧/秒分别对应帧周期为16.67 ms和8.33 ms，因此，理想的XR下行业务流具有周期性的特征。但是，应用层的处理时延及网络的传输时延等会造成实际的XR视频流呈“准周期”特性，即视频帧实际到达时间在理想帧周期位置附近存在一定的抖动（Jitter）。以图6.12为例，Jitter的分布符合截断的高斯分布（Truncated Gaussian Distribution），均值为0，标准差为2 ms，因此抖动范围为[−4，4]ms。

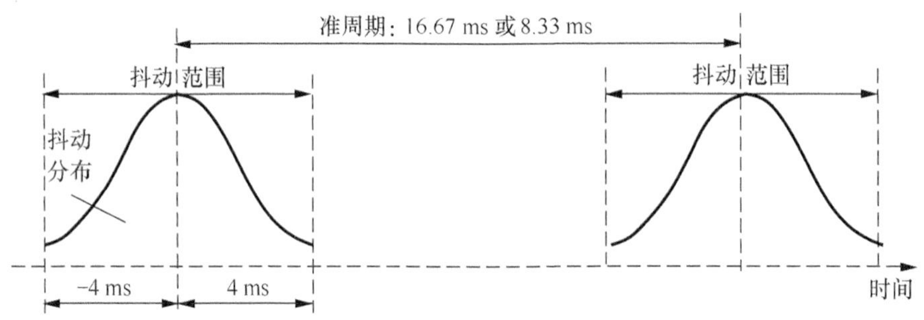

图6.12　XR业务中的抖动

对于具有周期性或准周期特征的业务，最有效的终端节能方法是采用DRX技术。但由于XR视频帧的到达周期为5G时隙长度的非整数倍，且存在较大的抖动，采用传统的DRX配置并不能很好地优化XR终端的功耗。因此，可以考虑以下几个增强方向。

（1）DRX起始偏移调整

在4G和5G中，目前仅支持整数毫秒周期的DRX配置，如长DRX周期为10 ms、20 ms、32 ms等，短DRX周期为2 ms、3 ms、5 ms等。如图6.13所示，XR视频帧的到达周期和配置的DRX周期不匹配，这将造成部分视频帧数据因为不能被及时发送到接收端而被丢弃，影响用户体验。为了解决这一问题，网络可以为XR终端配置较短的DRX周期，或者关闭DRX，以此保证视频数据的正确、及时传输，但相应地会造成XR终端功耗的大幅度增加，因此不推荐在实际场景中采用此方案。

我们可以将调整DRX起始时间偏移量（DRX start-offset）的方法用于非整数周期的视频帧业务中。如图6.13所示，可以将DRX周期等分，周期性地切换DRX起始时间位置，这样能够实现每个视频帧到达时刻都被DRX激活时间覆盖，也就保证了所有视频帧都能在包传输时延预算（PDB，Packet Delay Budget）内被调度。

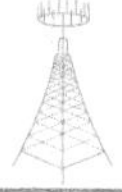

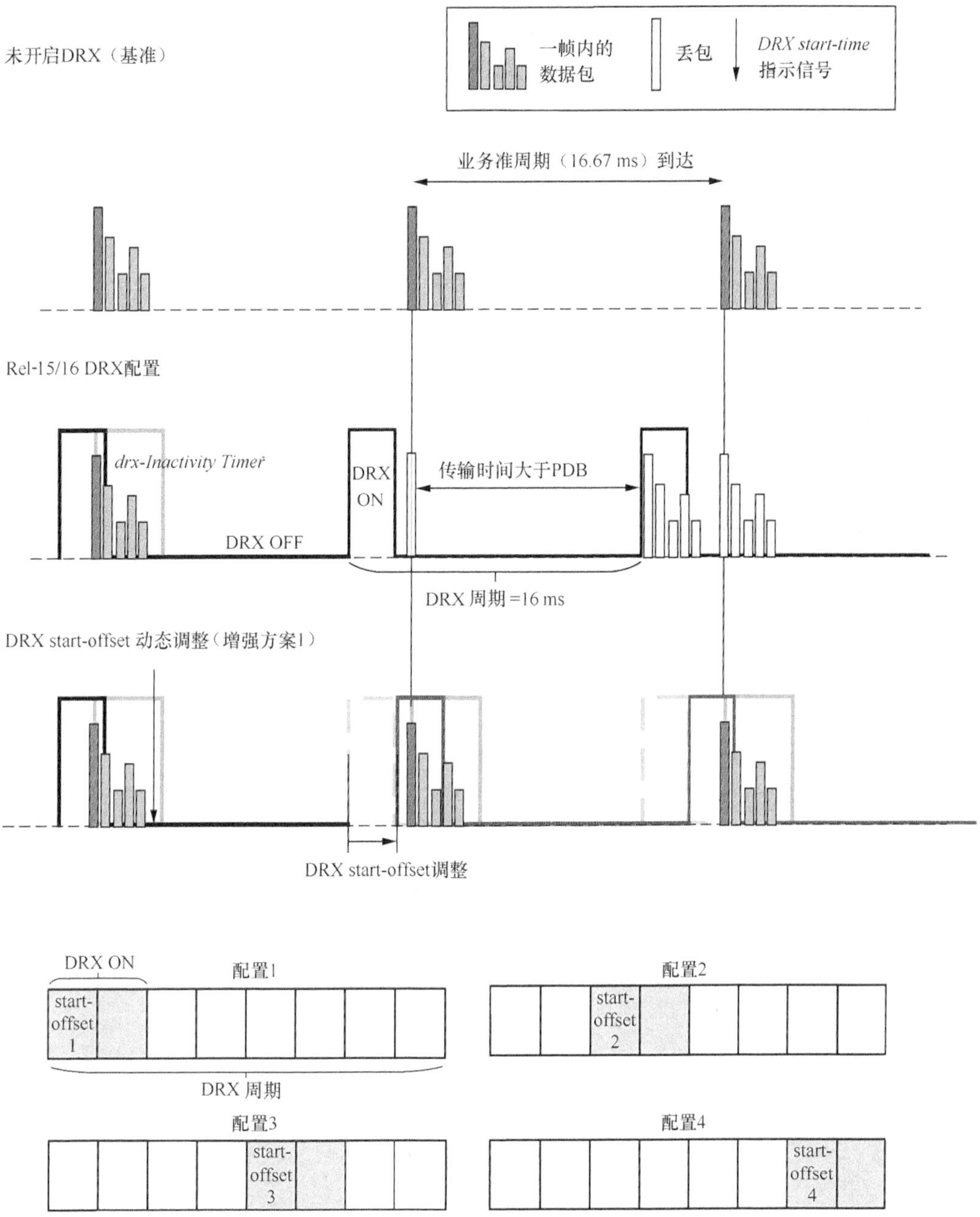

未开启DRX（基准）

一帧内的数据包
丢包
DRX start-time 指示信号

业务准周期（16.67 ms）到达

Rel-15/16 DRX配置

drx-Inactivity Timer
DRX ON
传输时间大于PDB
DRX OFF
DRX 周期=16 ms

DRX start-offset 动态调整（增强方案1）

DRX start-offset调整

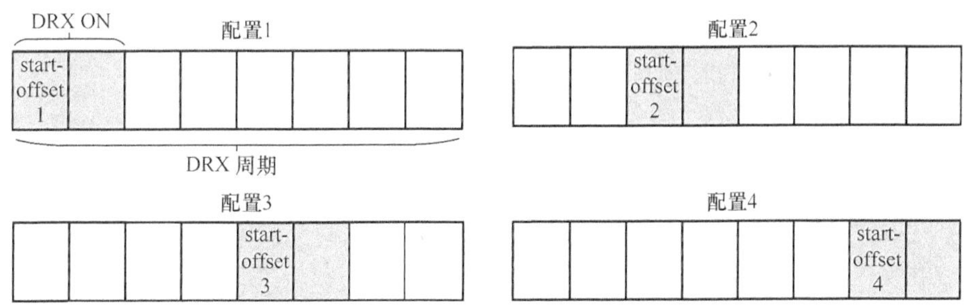

图6.13 DRX起始时间偏移量调整

（2）减少PDCCH的监听

为了应对视频帧的抖动及无线传输环境的动态变化，同时为了保证调度的灵活性，网络侧通常会为终端配置运行时间较长的*drx-Inactivity Timer*，而下行视频业务可能在*drx-Inactivity Timer*运行过程中完成传输。但是，根据DRX机制，终端需要持续监听直到*drx-Inactivity Timer*结束，这将会造成一定时间段的冗余监听，增加终端的功耗。为了减少前一个数据包传输结束到下一个数据包到达之前的终端冗余监听行为，可以考虑引入PDCCH监听跳过技术，网络通过控制信令指示终端在当前数据包传输结束后立即暂停PDCCH监听（PDCCH Monitoring Suspend），以及告知暂停监听的持续时间段，这能够有效地降低终端的功耗。图6.14给出了PDCCH监听跳过方案。

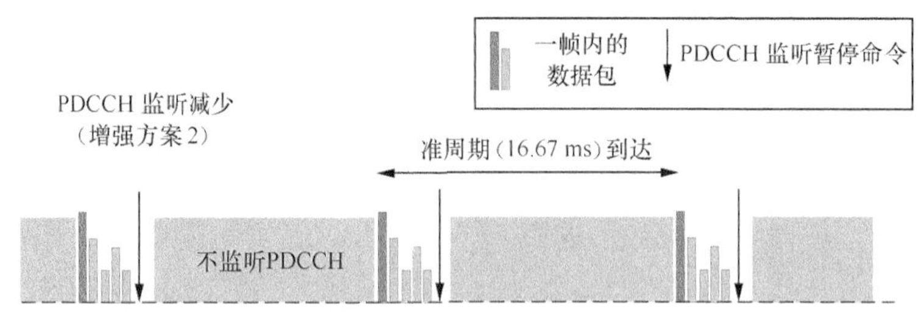

图6.14　PDCCH监听跳过方案

（3）低功耗唤醒信号技术

虽然XR视频帧的到达具有准周期特性，但由于抖动的存在，实际数据包到达时间可能会早于或晚于理想到达时间。为了应对这种抖动，网络侧通常会配置较长的*drx-OnDuration Timer*，这会造成终端在业务包到达之前进行长时间的冗余PDCCH监听，从而增加功耗。已有的DRX唤醒信号（DCI format 2_6）只能在*drx-OnDuration*之前被监听，无法满足终端在*drx-OnDuration*之内唤醒的需求。通过引入适用于*drx-OnDuration*之内的低功耗终端唤醒信号，终端可以在收到该唤醒信号后才开启功耗较高的PDCCH监听，尽量减少或者去除冗余的PDCCH监听，从而节省终端功耗，如图6.15所示。

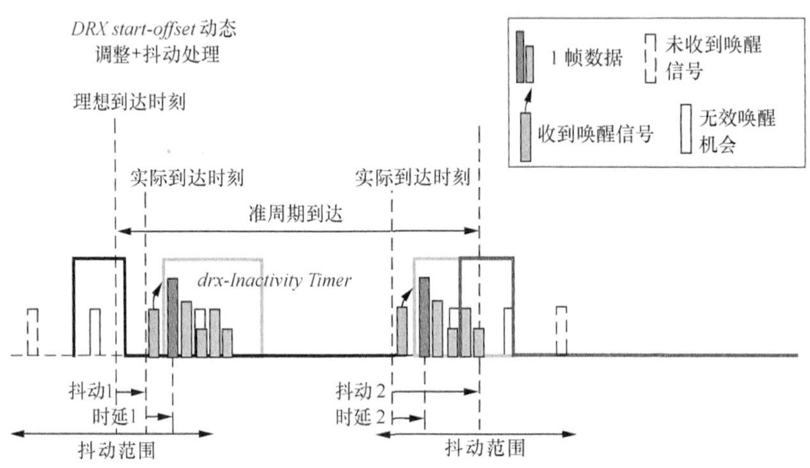

图6.15　通过低功耗唤醒信号降低终端监听功耗

（4）终端节能技术

XR业务的另一个关键指标是系统容量，其定义为满足设定业务QoS指标条件的系统支持的最大用户数。如图6.16所示，如果将QoS指标条件设定为系统中有90%以上的用户满足XR业务的QoS需求，包括时延和可靠性需求等，那么XR系统容量上限为每小区承载6个用户。该仿真中采用下行速率为45 Mbit/s（60帧/秒）的XR下行业务，并对上行用户姿态（User Pose）业务进行了建模，每4 ms进行一次姿态信息采样，更详细的仿真假设如表6.7所示。需要说明的是，图6.16所示的仿真中未采用任何终端节能技术，即终端始终监听基站的调度信息，此时网络的调度灵活性最高，网络容量达到上限。

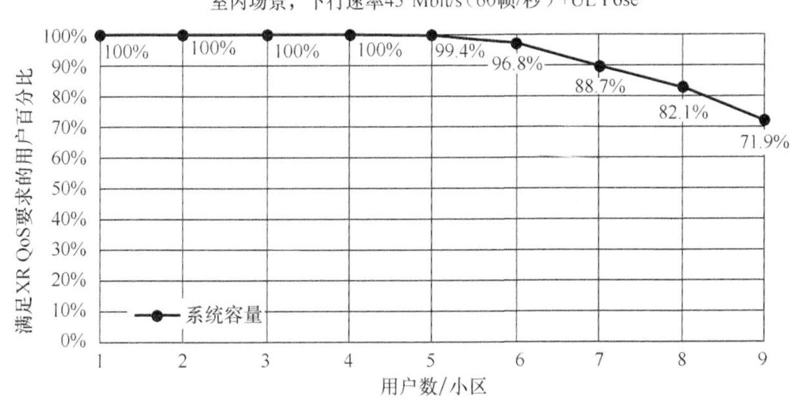

图6.16 未采用终端节能方案时的XR系统容量

表6.7 XR系统容量仿真假设

参数	取值
场景	室内热点场景，50 m×120 m范围内12个热点
信道模型	InH
载波频率	4 GHz
信道带宽	100 MHz，1.72%保护带
子载波间隔	30 kHz
帧结构	DDDSU（S: 10D:2G:2U）
基站发射功率	24 dBm/20 MHz
终端最大发射功率	23 dBm
调度算法	多用户MIMO（MU-MIMO）系统的公平（Proportional Fair）调度算法

根据前面的分析，终端节能技术对XR业务至关重要。因此，我们进一步评估了采用终端节能技术后系统容量的变化，评估的几种方案如表6.8所示。

表6.8 终端节能技术对XR系统容量的影响评估

评估的方案	DRX周期（ms）	*drx-OnDuration Timer*（ms）	*drx-Inactivity Timer*（ms）
基线场景	N/A		
Rel-15/ Rel-16 DRX配置1	10	8	4

续表

评估的方案	DRX周期（ms）	*drx-OnDuration Timer*（ms）	*drx-Inactivity Timer*（ms）
Rel-15/ Rel-16 DRX配置2	16	12	4
增强方案1（DRX起始偏移量调整）	16	6	3
增强方案2（PDCCH监听跳过）	N/A		

各方案的详细描述如下。

- 基线场景：未采用任何终端节能方案，终端始终保持监听PDCCH。
- Rel-15/ Rel-16 DRX配置1：第1组DRX参数配置，具体参数取值如表6.8所示。
- Rel-15/ Rel-16 DRX配置2：第2组DRX参数配置，具体参数取值如表6.8所示。
- 增强方案1：基于视频帧到达时刻进行DRX起始时间偏移量调整。
- 增强方案2：PDCCH监听跳过方案。

图6.17给出了评估的几种方案中终端各工作状态的时间占比。从图中可以看到，Rel-15/ Rel-16的DRX机制并不能有效地减少冗余的PDCCH监听，原因是视频帧周期与DRX周期不匹配，以及业务到达时间存在抖动，网络需要配置较短的DRX周期和进行时间较长的*OnDuration Timer*或*Inactivity Timer*。而进行了DRX起始时间偏移量调整（增强方案1）或者采用PDCCH监听跳过（增强方案2）能够大幅度地减少冗余PDCCH的监听。需要说明的是，这组仿真结果是在较低的网络负载场景（每小区3个用户）下得到的。

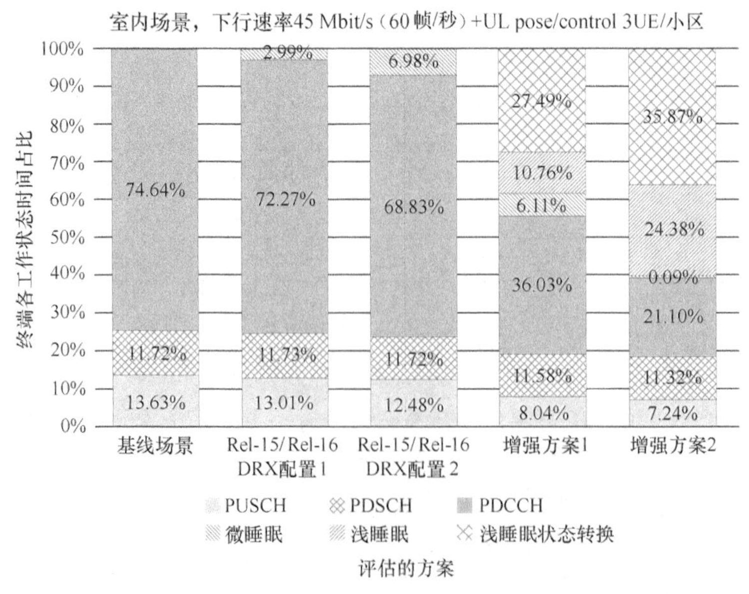

图6.17　低系统负载场景下终端各工作状态的时间占比

为了分析不同系统负载条件下终端节能方案对网络容量的影响，我们进行了进一步的系统仿真评估，图6.18和图6.19分别给出了系统在低负载和高负载条件下的性能，包括平均终端节能增益（PSG，Power Saving Gain）、系统容量（System Capacity），资源占用率（RU，Resource Utilization）。从图中可以看到，在低负载场景下（每小区3个用户，RU≈22%）采用DRX起始时间偏移量调整的方案（增强方案1）和PDCCH监听跳过方案（增强方案2）能够显著地降低终端功耗，同时不会对系统容量造成影响，即所有终端的XR业务的QoS需求都能被满足。

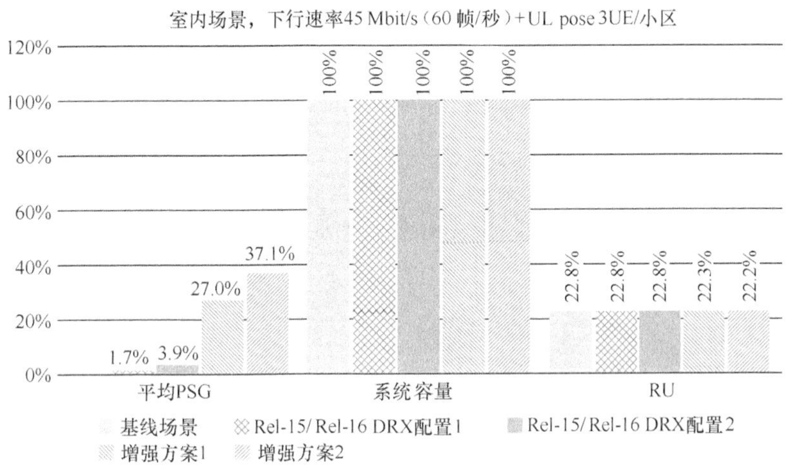

图6.18 系统在低负载场景下的性能评估结果

高负载场景下（每小区6个用户，RU≈44%）的评估结果如图6.19所示，采用DRX起始时间偏移量调整方案（增强方案1）和PDCCH监听跳过方案（增强方案2）仍能够获得明显的终端节能增益，同时对系统容量的影响很小（小于4%）。

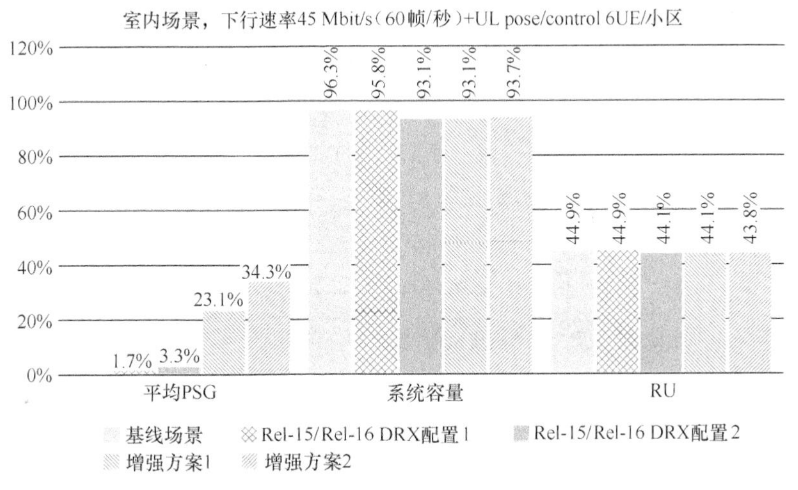

图6.19 系统在高负载场景下的性能评估结果

6.3 更低终端发射功率等级

根据2.3节介绍的5G终端功耗评估模型，相同单位时间内终端上行发射产生的功耗要明显高于下行接收对应的功耗。因此，降低终端发射的功耗也是非常重要的，一个重要的手段是提升终端发射机的功率效率。5G终端的发射机链路包括Tranceiver（收发信机）、功率放大器（PA，Power Amplifier）、Switch（开关）、Filter（滤波器）、Antenna（天线）等，典型的终端发射机链路结构如图6.20所示。

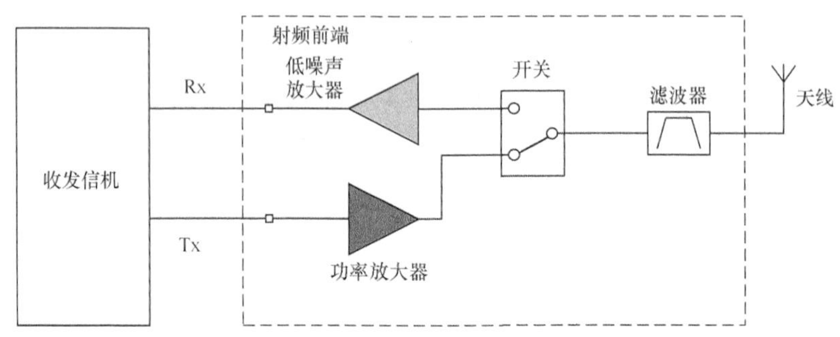

图6.20 典型的终端发射机链路结构

从图6.20中可以看到Tranceiver输出的信号需要经过PA放大后再经过天线发射出去。PA是需要供电的，并且因为实现的限制，PA不能将输入功率完全转换为输出功率。功率放大器的效率大致可以定义为$PAE=(P_{out}-P_{in})/P_{DC}$，其中，$P_{out}$为PA输出的射频信号功率，$P_{in}$为PA输入射频信号功率，$P_{DC}$为PA的直流供电功率。

在5G当前的版本中，在Uu（终端与基站的空口链路）接口和Sidelink（终端和终端之间的直连链路，又称旁链路）接口上至少支持最大23 dBm的发射功率的终端，称为PC3 （Power Class 3）终端。部分终端在Uu接口上还支持最大26 dBm的发射功率，称为PC2 （Power Class 2）终端。为了支持更高的发射功率，PA具有较大的信号放大能力，通常终端的PA采用砷化镓（GaAs）工艺，因为较大的电流才能驱动PA正常工作。因此，PC2或PC3终端的功率放大器效率表现不佳，特别是在低发射功率区间。以图6.21为例，在终端实际发射功率为10 dBm时，PC2和PC3终端的PAE只有7%～9%，这意味着九成以上的功率被PA自身消耗掉而并没有用于信号的放大。

如果能够降低终端发射功率等级，例如允许终端支持的最大发射功率为20 dBm（称为PC5），则终端有机会采用效率更高的绝缘硅（SOI，Silicon-On-Insulator）工艺的PA架构。图6.21展示了PC5终端在10 dBm发射功率时的功率放大器效率达到15%以上，功率放大器效率的提升意味着PA自身消耗的功率降低，有更多的能量被用于信号

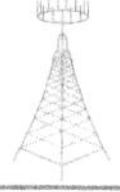

放大，提高了终端的功率效率，降低了终端的功耗。

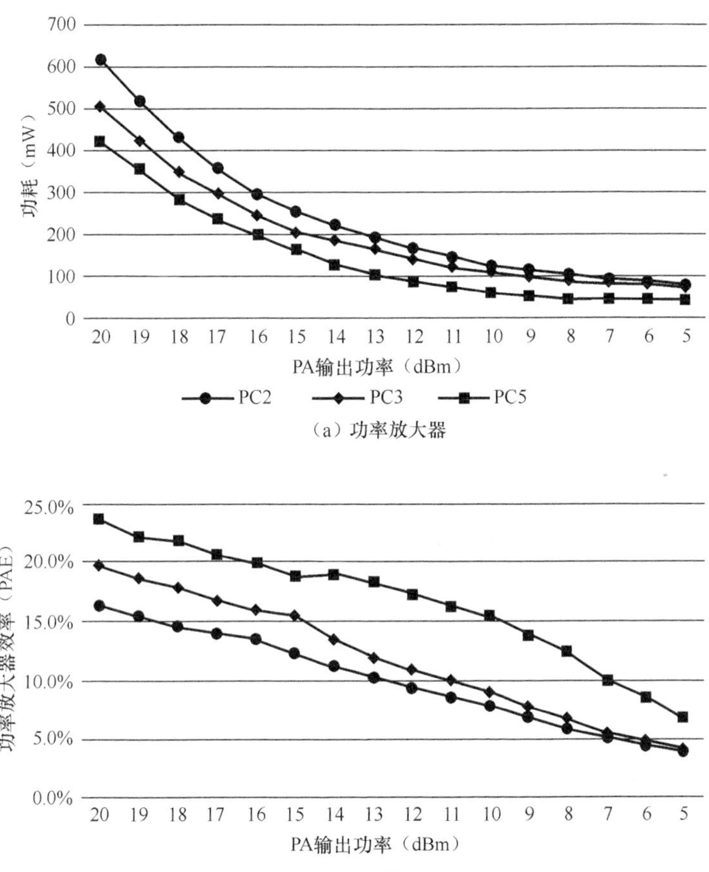

（a）功率放大器

（b）功率放大器效率（PAE）与输出功率的关系

图6.21 PC2/PC3/PC5终端的功率放大器效率对比

需要说明的是，终端发射功率等级的降低会导致上行覆盖能力的损失，因此，此类低功率等级终端的使用在一定程度上会受限，例如在一些室内IoT场景使用。我们可以通过物理层设计的增强弥补发射功率下降造成的覆盖损失，如采用物理层Repetition的方式。图6.22给出了室内（Indoor）和密集城区（Dense Urban）部署场景的终端发射功率分布，从图中可以看出：

- 在室内场景中，10 dBm终端发射功率可以满足所有终端的覆盖需求；
- 在密集城区场景中，14 dBm终端发射功率可以满足所有5 MHz发射带宽终端的覆盖需求，以及85%以上的20 MHz发射带宽终端的功率需求。

因此，低终端发射功率等级具有比较广泛的应用场景。

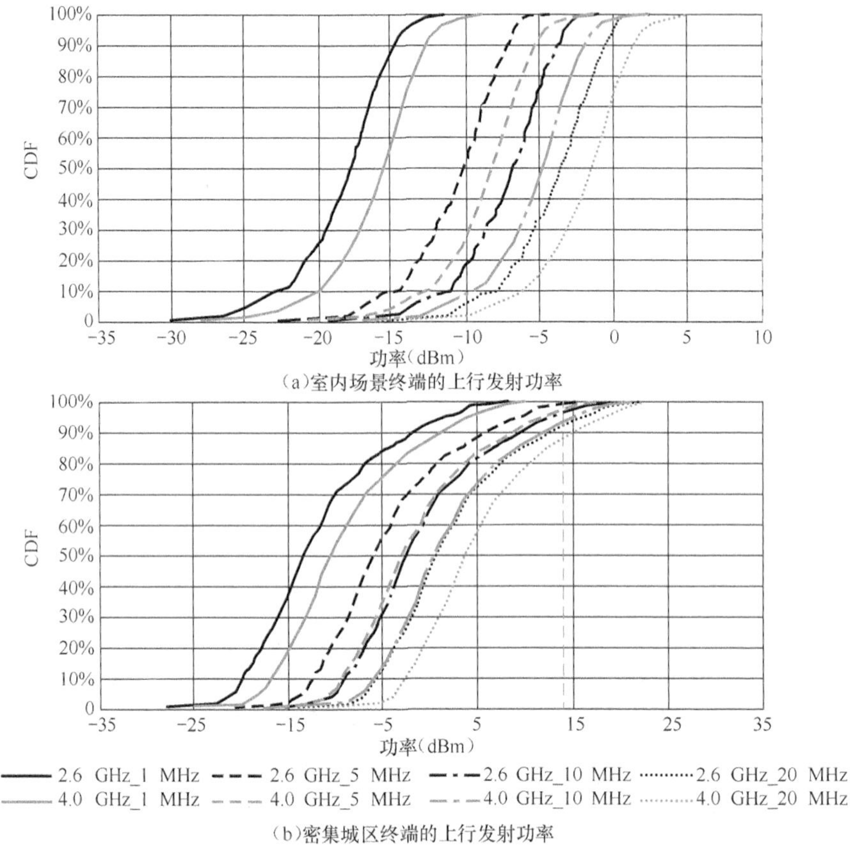

(a)室内场景终端的上行发射功率

(b)密集城区终端的上行发射功率

图6.22 5G室内场景和密集城区场景的终端发射功率分布

6.4 反向散射通信技术

反向散射通信是指通信设备利用其他设备发出的或环境中存在的射频信号，对其进行信号调制来传输自己的信息。反向散射通信设备的调制电路如图6.23所示，设备通过调节其内部阻抗来控制电路的反射系数Γ，进而改变入射信号的幅度、频率或相位，实现信号的模拟或数字调制。公式（6.1）表示电路反射系数。

$$\Gamma=\frac{Z_1-Z_0}{Z_1+Z_0}=|\Gamma|e^{j\theta_\Gamma} \tag{6.1}$$

其中，Z_0为天线特性阻抗，Z_1是负载阻抗。假设输入信号为$S_{in}(t)$，则输出信号为$S_{out}(t)=|\Gamma|S_{in}(t)e^{j\theta_\Gamma}$。模拟调制调节内置模拟电路可以改变阻抗$Z_1$，数字调制利用控制器改变阻抗$Z_1$。

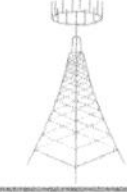

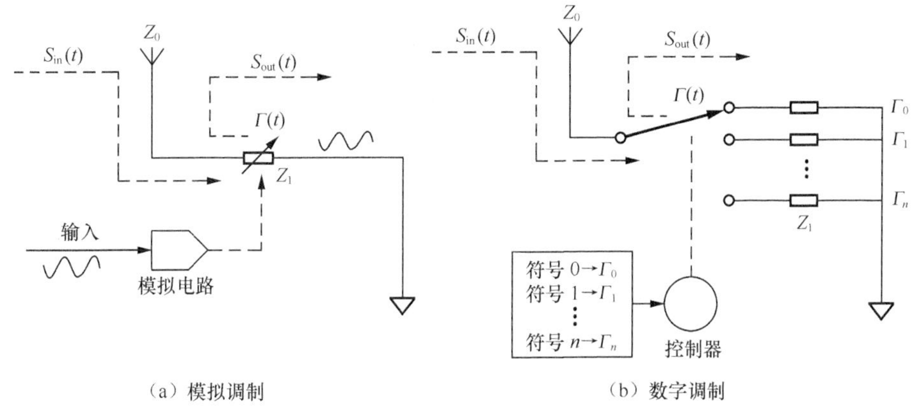

图6.23 反向散射通信设备的调制电路

根据上述工作原理可知，反向散射通信设备需从外部射频信号中获取能量，以供给内部电路模块工作，同时对收到的射频信号调制携带自己的信息。在这一过程中，通信设备不需要额外的供能，因此可以实现零功耗通信。近年来，反向散射通信技术已成为研究热点。反向散射技术能够使设备摆脱电池的束缚，降低设备生产和维护成本，契合了5G与6G的更低功耗、更低成本、更广连接的需求，有广泛的应用前景。

（1）低功耗可穿戴设备

可穿戴设备可通过反向散射通信技术来降低设备功耗甚至实现零功耗通信，延长续航时间。当周边的射频信号可供设备通信时，可穿戴设备利用反向散射通信技术将采集的信息传送给智能终端。图6.24展示了两个低功耗智能可穿戴设备示例，智能手表对智能手机发出的蓝牙信号、Wi-Fi信号等射频信号进行反向调制，将采集到的步数、心率等信息发送给智能手机；具有多生理参数监测功能的服装内嵌反向散射传感单元能够实时获取人体体温、呼吸频率、心电等生理参数信号，利用外界射频信号将信息返回智能终端以供分析。

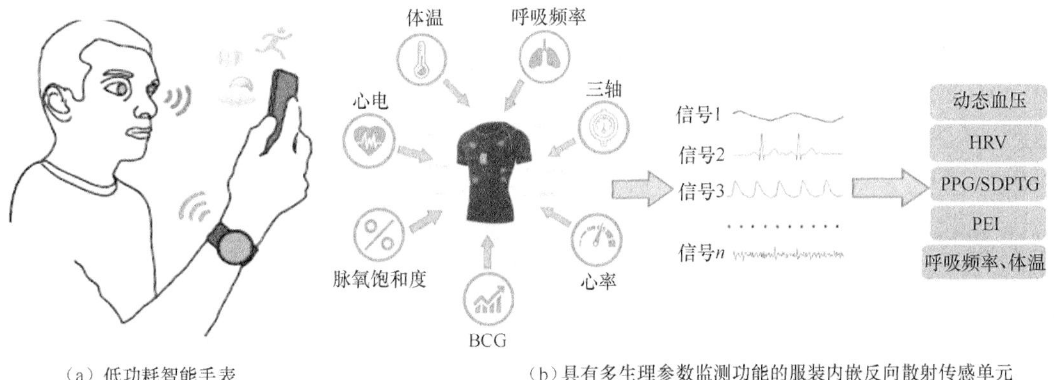

图6.24 低功耗智能可穿戴设备示例

（2）生物内置传感芯片

将生物芯片嵌入生物体内，该芯片利用外部射频源进行通信。如图6.25所示，生物芯片采集到脑部生物信息数据后，利用外部射频源将数据反射回手机（终端），终端分析接收到的信号并恢复脑部信息。

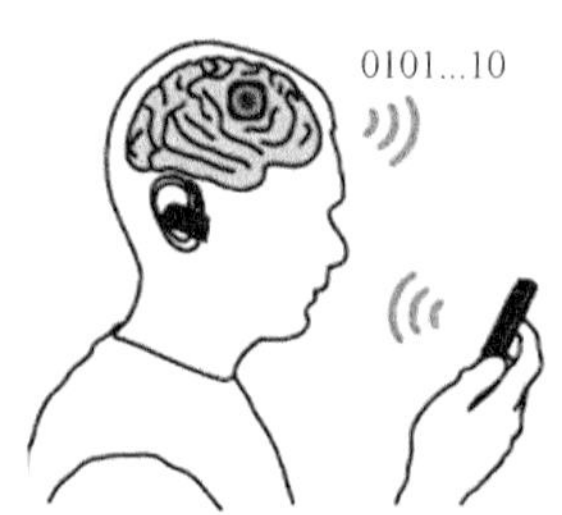

图6.25　生物内置传感芯片

（3）智慧农业

参考文献[68]设计了一种昆虫物联网平台，平台实物和平台电路图分别如图6.26（a）和图6.26（b）所示。无源传感器贴在活体昆虫上，传感器利用反向散射通信技术与固定站点进行通信。智慧农业场景如图6.26（c）所示，在昆虫上安装水分、温/湿度、光照等传感器，传感器获得作物的生长环境、授粉状态等信息，将获取的信息定期传回固定站点，站点分析后及时给出调控方案，实现精细化农业生产控制。

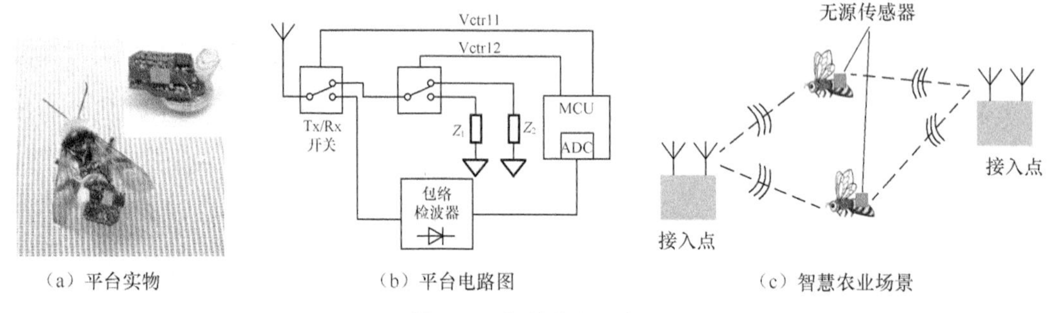

（a）平台实物　（b）平台电路图　（c）智慧农业场景

图6.26　智慧农业平台

（4）工业传感器网络

未来的智慧工厂内将会部署大量的无线传感器，组成一个无线传感器网络，用于监测工业生产相关过程和参数。这种场景中使用的传感器较为多样化，包括麦克风传感器、二氧化碳传感器、压力传感器、湿度传感器等。各种类型的传感器采集到的信息将被传送给中央控制节点，传输速率一般要低于2 Mbit/s，电池续航时间一般为几年，此外还有设备尺寸小、成本低的要求。反向散射通信技术可以很好地满足工业传感器网络的相关需求。

（5）水下物联网

参考文献[70]将压电材料应用于无源标签，利用压电效应进行水下声波信号和电

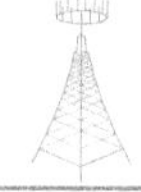

信号之间的相互转换，实现水下的反向散射通信。如图6.27所示，带有温/湿度、酸碱度等监测模块的无源传感器被部署在水下，用来收集水体数据，传感器利用反向散射通信技术将信息传送回终端，实现低能耗、易部署的水体监测。

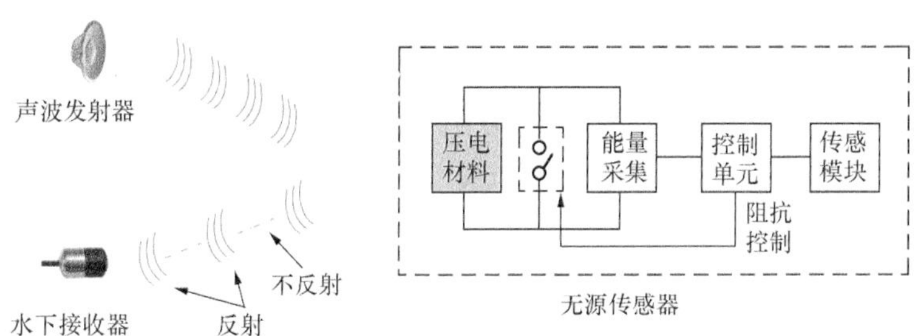

图6.27 水体监测系统

反向散射通信技术也面临着一系列挑战，以下是一些主要挑战和对应的研究方向的归纳。

（1）反向散射通信的理论性能分析。例如，考虑灵敏度受限的理论性能分析，现有的反向散射研究大多数没有考虑电路的灵敏度，而在实际场景中，只有无源设备接收到的射频信号的能量超过某阈值时，其内部电路才被激活。因此，结合实际中无源设备灵敏度的约束来分析容量、覆盖等系统性能的方法有重要的研究价值和工程指导意义。

（2）信道估计和复杂信号检测。反向散射通信系统中的无源设备发送导频的能力受限，接收端收到的信号是反射信号与射频源信号叠加而形成的信号，尤其在多用户接入时，接收信号如何建模、信道参数如何提取、如何检测反射信号都是新兴的研究课题。

（3）大规模用户接入。无源设备的存储和计算能力有限，传统网络中的防冲突算法很难适用于大规模无源设备的接入。大量用户接入场景下的防冲突算法是有实用价值的研究方向。

（4）自干扰消除。无源反向散射通信系统中的接收信号是有用的反射信号和泄露的自干扰信号的叠加，自干扰信号的强度可能远大于反向散射信号的强度。如何从强自干扰信号中恢复有用信号是一个很大的挑战。

（5）广域覆盖。由于受到衰减和干扰的影响，反向散射传输的距离受限。当前，通过中继、扩频和增加功率放大器等增加通信距离，结合大规模反射阵列、蜂窝物联网和多层异构网络等技术实现广覆盖是网络的演进方向之一。

（6）近距离高速率传输方案设计。无源设备由于受到能量、晶振稳定性及同步和干扰等限制，一般采用低阶调制，因此其通信速率较低。如何进一步提高近距离传输速率是反向散射通信面临的关键挑战之一。

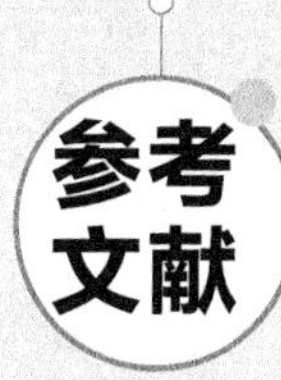

[1] ITU-R M.2083-0 建议书：IMT 愿景– 2020 年及之后 IMT 未来发展的框架和总体目标，M 系列.

[2] IMT-2020（5G）推进组. 5G 愿景与需求白皮书.

[3] NGMN Alliance. NGMN 5G White Paper.

[4] GTI Sub-6GHz 5G Device White Paper. 2018.

[5] 3GPP TS 38.101-1. NR User Equipment（UE）Radio Transmission and Reception.

[6] 3GPP TS 38.101-2.NR User Equipment（UE）Radio Transmission and Reception.

[7] 3GPP TS 38.213.NR Physical Layer Procedures for Control.

[8] 3GPP TR 38.840. Study on User Equipment（UE）Power Saving in NR（Release 16）.

[9] 3GPP R1-1811281. UE Power Saving Evaluation Methodology Qualcomm Incorporated.

[10] 3GPP TS 38.211. NR Physical Channels and Modulation.

[11] 3GPP TS 38.213.NR Physical Layer Procedures for Control.

[12] 3GPP TS 38.331. NR Radio Resource Control（RRC）Protocol Specification.

[13] 3GPP TS 38.304.NR User Equipment（UE）Procedures in Idle Mode and RRC Inactive State.

[14] 3GPP R1-2106606. Paging Enhancements for Idle/Inactive Mode UE Power Saving.

[15] 3GPP RP-211574. Revised WID on Support of Reduced Capability NR Devices.

[16] 3GPP TS 36.304. Evolved Universal Terrestrial Radio Access（E-UTRA）User Equipment（UE）Procedures in Idle Mode.

[17] 3GPP TS 38.133. NR Requirements for Support of Radio Resource Management.

[18] 3GPP R1-1900147. On UE Power Consumption Reduction in RRM Measurements.

[19] 3GPP R1-2005388. Discussion on Paging Enhancements for Idle/Inactive Mode UE Power Saving.

[20] 3GPP R1-1903017. UE Power Consumption Reduction in RRM Measurements,.Qualcomm Incorporated.

[21] 3GPP RP-191607.New WID: UE Power Saving in NR.

[22] 3GPP R2-2009080. Summary of RRM Relaxation Behaviors.

[23] 3GPP RP-211574.Revised WID on Support of Reduced Capability NR Devices.

[24] 3GPP TS 23.501 .System Architecture for the 5G System（5GS）.

[25] 3GPP R1-2005389 .Discussion on TRS/CSI-RS Occasion（s）for Idle/Inactive UEs.

[26] 3GPP TS 38.300. NR and NG-RAN Overall Description.

[27] 3GPP R1-2007602. Extension（s）to Rel-16 DCI-based Power Saving Adaptation for an Active BWP.

[28] 3GPP R1-2007676. Discussion on DCI-based Power Saving Adaptation in Connected Mode.

[29] 3GPP R1-2007701.Extension to Rel-16 DCI-based Power Saving Adaptation during DRX Active Time.

[30] 3GPP R1-2007870.PDCCH Monitoring Adaptation.

[31] 3GPP R1-2007974. Extension to Rel-16 DCI-based Power Saving Adaptation during DRX Active Time.

[32] 3GPP R1-2008023. Discussion on PDCCH Monitoring Reduction during DRX Active Time.

[33] 3GPP R1-2008055. Discussion on DCI-based Power Saving Adaptation during DRX ActiveTime.

[34] 3GPP R1-2008177. Discussion on DCI-based Power Saving Techniques.

[35] 3GPP R1-2008267. Discussion on DCI-based Power Saving Adaptation.

[36] 3GPP R1-2008289. Potential Extension（s）to Rel-16 DCI-based Power Saving Adaptation during DRX ActiveTime.

[37] 3GPP R1-2008476. Enhanced DCI-based Power Saving Adapation Apple.

[38] 3GPP R1-2008691. PDCCH-based Power Saving Signal Design Considerations.

[39] 3GPP R1-2008711. DCI-based Power Saving Enhancements. Fraunhofer HHI.

[40] 3GPP R1-2008714. Power Saving Adaptation during Active Time.

[41] 3GPP R1-2008935. UE Power Saving Enhancements for Active Time.

[42] 3GPP R1-2008966. Discussion on DCI-based Power Saving Adaptation during DRX Active Time.

[43] 3GPP R1-2008994 On. PDCCH Monitoring Reduction Techniques during Active Time.

[44] 3GPP R1-2009056. Discussion on Extension（s）to Rel-16 DCI-based Power Saving Adaptation.

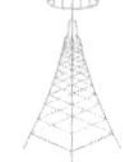

[45] 3GPP R1-2009107. Enhanced DCI based Power Saving Adaptation Lenovo.

[46] 3GPP R1-2009150. Discussion on Power Saving Techniques for Connected-mode UE Spreadtrum Communications.

[47] 3GPP R1-2009189 .Discussion on Extension to DCI-based Power Saving Adaptation.

[48] 3GPP R1-2009203.Discussion on Potential Enhancements for Power Savings During Active Time Ericsson.

[49] 3GPP R1-2009268.DCI-based Power Saving Adaptation during DRX Active Time Qualcomm Incorporated.

[50] 3GPP R1-2009299.On Power Saving Adaptation during the DRX Active Time Sony.

[51] 3GPP R1-2005411.Discussion on Efficient Activation/De-Activation Mechanism for Scells.

[52] 3GPP TR 36.839. Mobility Enhancements in Heterogeneous Networks（E-UTRA）.

[53] 3GPP R2-1905962. Evaluation on the Mobility Impact for RRM Measurement Relaxation.

[54] 3GPP R1-2100456.Discussion on RLM/BFD/RRM Relaxation.

[55] 3GPP R4-2104066. Updated Evaluation Assumptions for R17 RLM/BFD Relaxation.

[56] 3GPP R4-2107084. Evaluation Results on R17 RLM and BFD Relaxation for NR.

[57] 3GPP R2-2100459. TP for TR 38875 on Evaluation for RRM Relaxation.

[58] 3GPP RWS-210161. Mobility Enhancements in Rel-18.

[59] 3GPP TR 38.875. Study on Support of Reduced Capability NR Devices.

[60] 3GPP RWS-210168. Motivation for New Study Item on Ultra-Low Power Wake up Signal in Rel-18.

[61] Bassirian P, Moody J, RoyA, et al. A 76dBm 7.4nW Wakeup Radio with Automatic Offset Compensation.

[62] Salazar C, Kaiser A, Cathelin A, et al. A 13.5 A -97dBm-sensitivity Interferer-resilient 2.4 GHz Wake-up Receiver using Dual-IF Multi-N-Path Architecture in 65nm CMOS.

[63] An Ultra-Low-Power 2-step Wake-Up Receiver for IEEE 802.15.4g Wireless Sensor Networks, Takayuki Abe, Takashi Morie, Kazutoshi Satou, Daisuke Nomasaki, Shigeki Nakamura, Yoichiro Horiuchi and Koji Imamura, 2014 Symposium on VLSI Circuits Digest of Technical Papers.

[64] Enhanced Power Saving Schemes for eXtended Reality. vivo Communications Research Institute, IEEE 32nd Annual International Symposium on Personal, Indoor and Mobile Radio Communications （PIMRC）: Workshop on eXtended Reality

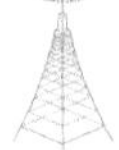

（XR） for 5G and Beyond.

[65] 3GPP RWS-210135. Support Lower Power Class for NR.

[66] 3GPP RWS-210171.Support of Lower UE Power Class for Uu and SL in Rel-18.

[67] IMT-2030（6G）推进组. 6G总体愿景与潜在关键技术白皮书[J].互联网天地，2021（6）: 2.

[68] IYER V, NANDAKUMAR R, WANG A, et al. Living IoT: A Flying Wireless Platform on Live Insects[C]. ACM MobiCom, Los Cabos, Mexico, 2019: 1-15.

[69] 3GPP. Study on Communication for Automation in Vertical Domains[R]. 2020.

[70] JANG J, ADIB F. Underwater Backscatter Networking[C]. ACM SIGCOMM, Beijing China, 2019: 1-13.

[71] 3GPP TS 38.321. Medium Access Control（MAC）Protocol Specification.